Vorwort

Der geographische Facettenreichtum der Polarregionen hat im Laufe der letzten Jahrzehnte zu einer kaum überschaubaren Flut an Detailpublikationen geführt. Dieses Studienbuch wurde im Umfang bewusst limitiert. Es kann daher weder einen annähernd abgerundeten Forschungsstand noch einen räumlich ausgewogenen Informationskatalog bieten. Präsentiert wird eine thematisch gewichtete Selektion unter Verzicht bestimmter Teilthemen. So kommt z. B. die antarktische Fauna mit ihren publikumswirksamen Pinguin-Populationen ebenso zu kurz wie die Behandlung neuester ozeanographischer oder meeresbiologischer Forschungen. Andererseits werden Aspekte betont behandelt, die in einer 'allgemeinen' Physischen Geographie vielleicht weniger erwartet werden und die bisher auch kaum überblickshaft zusammengefasst wurden: Vereisungsgeschichte der Antarktis, damit verbunden die globale Klimaentwicklung und klimatische Fernwirkungen. Es wird die Rolle der Ozeane im polaren und globalen Geschehen angesprochen und in dem Zusammenhang am Schluss die widersprüchliche Diskussion und Spekulation um 'global change' und anthropogene Klimaveränderung angerissen. Des Weiteren versucht das Studienbuch, wesentlich erscheinende Zusammenhänge aufzuzeigen oder bisher in der Fachliteratur unterrepräsentierte, zu einseitig beleuchtete Themen gebührend zu behandeln.

Hauptadressaten dieser Publikation sind Studierende, Lehrer oder geographisch interessierte Leser - weniger jedoch fachspezifisch ausgerichtete Kollegen. Deshalb wird es auch im Sinne des Studienbuch-Charakters gewagt, sehr komplexe und komplizierte, didaktisch nur schwer vermittelbare Prozesse vereinfacht und modellhaft darzustellen (z. B. Kryoturbations- und Solifluktionsprozesse). Dies geschieht vor dem Hintergrund vielfältiger persönlicher Beobachtungen, eigener wissenschaftlicher Untersuchungen und genereller Erfahrungen in Teilen beider Polargebiete.

Der Deutschen Forschungsgemeinschaft (DFG) ist für die Förderung verschiedener Projekte zu danken, insbesondere für die Unterstützung eines mehrwöchigen Aufenthalts auf den Süd-Shetlands (1984), einer zweimonatigen Polarstern-Expedition zur Antarktischen Halbinsel (1987) und für die Finanzierung der mehrjährigen, multidisziplinären und internationalen Geowissenschaftlichen Spitzbergen-Expedition 'Stofftransporte Land - Meer in polaren Geosystemen' (SPE 1990-1992), die vom Autor koordiniert und über längere Abschnitte geleitet wurde.

Herrn Dr. U. Glaser (Würzburg) bin ich - wie die etwa 150 Teilnehmer(-innen) an SPE 90-92 - zu tiefstem Dank verpflichtet für seinen unermüdlichen Einsatz in der logistischen und technischen Organisation der Spitzbergen-Expedition. Als Begleiter von Dr. Glaser konnte ich bereits 1969 in zweieinhalb Monaten intensive Geländerfahrungen in West-Spitzbergen sammeln, angeregt und auf polare Breiten neugierig gemacht durch meine akademischen Lehrer Prof. Dr. J. Büdel und Prof. Dr. A. Wirthmann. Zahlreichen Kollegen und Mitarbeitern bin ich für ihre Expeditions-Kameradschaft verbunden.

Herr Dipl.-Ing. J. Heinemann – Kartograph am Institut für Geographie in Stuttgart – fertigte mit großem persönlichen Engagement und geographischem Sachverstand die Druckvorlagen zu den zahlreichen Abbildungen. Letztere bilden den unverzichtbaren Grundstock wissenschaftlicher oder faktischer Aussagen des Buches. Ihm sei herzlichst gedankt. Ebenso danke ich meiner Sekretärin - Frau Carmen Rieg, die in gekonnter Manier die kamerafertige Vorlage des Textes erstellte sowie cand. Geogr.Bettina Allgaier für das Korrekturlesen.

Folgenden Kollegen und Mitarbeitern Habe ich für ihre Unterstützung und Auskünfte zu danken: Dr. J. Eberle (Stuttgart), Prof. Dr. B. Eitel (Passau), Prof. Dr. D. Fütterer (AWI), Dr. H. Grobe (AWI), Dipl.-Geogr. B. Jakob (Stuttgart), Prof. Dr. G. Kleinschmidt (Frankfurt/M.), Frau Dr. U. Schauer (AWI) und Prof. Dr. D. Thannheiser. Herr Prof. Dr. E. Löffler (Saarbrücken) hat das Manuskript als Mitherausgeber der Teubner-Studienbücher durchgesehen. Ihm danke ich für seine Anregungen.

Stuttgart, im März 1999   Wolf Dieter Blümel

Inhalt

Verzeichnis der Abbildungen und Tabellen

1 Zur Entdeckungsgeschichte der Polargebiete

Dank moderner Fernerkundungsmethoden, terrestrischer Vermessung und Untergrundssondierung sind die letzten 'weißen Flecken' auf den Landkarten nahezu verschwunden, ist zumindest die topographische Information zu beiden Polargebieten vervollständigt worden. Dennoch schwebt ein Hauch von 'last unknown', dem letzten Unbekannten, über diesen lebensfeindlichen Extremgebieten, lockt neben Wissenschaftlern vor allen Dingen auch Abenteurer an. Hier lassen sich offensichtlich Gelüste nach der Erkundung eigener Grenzen, nach Selbstbestätigung durch den 'Kampf gegen die Unbillen der Natur', läßt sich die Sucht nach dem 'ultimativen Kick' noch erfüllen. Diese Jagd nach Rekorden und Extremleistungen ist jedoch nicht neu: Die von persönlichem Ehrgeiz oder Nationalismus getriebenen Wettläufe zu den Polen um die Jahrhundertwende bis zum Ersten Weltkrieg trieben manche groteske Blüte. So das Duell zwischen den beiden Amerikanern Robert Peary und Frederick Cook in den Jahren 1908/1909, die beide behaupten, den Nordpol erreicht zu haben. Sie bezichtigen sich zwar gegenseitig der Täuschung, doch sehr wahrscheinlich ist aber, dass keiner von beiden am Pol war. Ernsthafte Beweise wurden jedenfalls von keinem der beiden geliefert; Vermessungen nicht durchgeführt. Da Peary sich auf eine mächtigere Lobby stützen kann, erklärt ihn der amerikanische Kongress offiziell als Sieger. Erst vierzig Jahre später landen drei russische Flugzeuge am Nordpol und bestimmen genau ihre geographische Position.

Die einschlägige Literatur über historische Expeditionen, die geographisch-topographische Entschleierung polarer Regionen bis hin zu den aktuellen Forschungstätigkeiten füllt ganze Bibliotheken. An dieser Stelle kann nur ein fragmentarischer Überblick geboten und auf Einstiegsliteratur verwiesen werden: IMBERT (1990) hat die Entdeckungsgeschichte der Polargebiete und wichtige Expeditionen zu den Polen sehr lebendig zusammengefasst. KOSACK (1967) präsentierte zahlreiche Daten zur Polarforschungsgeschichte. Bei STÄBLEIN (1978, 1981) findet sich ein Abriss über polare Entdeckungsfahrten und wissenschaftliche Expeditionen, vor allem unter Leitung oder Beteiligung deutscher Polarforscher. KOHNEN (o.J.: 50-73) widmet sich der Darstellung der Antarktisforschung; eine vollständige, detaillierte Geschichte der deutschen Arktis- und Antarktisforschung stammt von REINKE-KUNZE (1992a).

1.1 Terra australis - ein vermuteter Südkontinent

In der Zeit des Humanismus finden antike Texte ein neues Interesse. Landkarten, die der griechische Geograph Ptolemäus im ersten Jahrhundert n. Chr. entworfen hatte, kommen ab 1475 gedruckt in Umlauf. Sie weisen eine *terra incognita* (unbekanntes Land) ab 20° südlicher Breite aus. Es soll die *terra australis* sein, der sagenumwobene Südkontinent. Die ptolemäischen Vorstellungen bestimmen das Weltbild der Renaissance, obwohl schon bald genauere geographische Kenntnisse gewonnen werden: Vasco da Gama beweist mit der Umsegelung des Kaps der Guten Hoffnung im Jahr 1497, dass der Indische Ozean kein Binnenmeer ist. Fernao de Magalhaes sucht einen westlichen Seeweg nach Indien und durchfährt 1520 die nach ihm benannte Magellan-Straße. Das südlich liegende Feuerland hält er für den Antarktischen Kontinent. Differenzierter wird das Bild im 17. Jahrhundert mit der Umsegelung von Kap Hoorn. Feuerland erweist sich nun als eine Insel. Abel Tasman entdeckt 1642 das spätere Tasmanien und Neuseeland, bemerkt aber nicht, dass er Australien umfahren hat. Die geographische Neugier der Europäer auf den fiktiven Südkontinent erlahmt allmählich dank der inzwischen lebhaften Handelsbeziehungen mit Indien und Asien.

Erst im 18. Jahrhundert beginnt erneut die Suche nach der *terra australis incognita*. Vorstellungen tropischer, paradiesischer Fruchtbarkeit des 'Südlandes' machen die Runde. James Cooks mehrjährige Reisen (1768 - 1771 und 1772 - 1775) lassen ihn bis über den südlichen Polarkreis vorstoßen und bringen damit die Ernüchterung: Es gibt offensichtlich keinen Südkontinent, allenfalls in der Nähe des unwirtlichen Pols.

Bevor Antarktika schließlich als Kontinent 'offiziell' entdeckt wurde, waren seine umgebenden Küsten bereits ausgebeutet. Cooks Berichte lockten nämlich Robbenjäger und Walfänger in die west-antarktischen Gewässer. Sie hielten verständlicherweise ihre Erkenntnisse geheim. (Chilenische Archäologen legten 1984 auf King George Island die Reste von Walfängerhütten aus dem 18. Jahrhundert frei.) Der in russischen Diensten stehende Fabian von Bellingshausen gilt als eigentlicher Entdecker Antarktikas. Er umrundet den Kontinent und stößt 1820 im Westen auf die Peter- und die Alexander-Insel. Edward Bransfield entdeckt im gleichen Jahr die Antarktische Halbinsel. 1823 dringt James Weddell bis 74°S in das Gebiet der heutigen Weddell-See vor. In den folgenden Jahrzehnten werden weitere Teile Antarktikas bekannt (nach MAY 1988): John Biscoe sichtet 1831 Enderby-Land, Charles Wilkes 1840 das spätere Wilkes-Land. Ebenfalls im Jahr 1840 stößt Jules S. Dumont d'Urville auf das Adelie-Land. Ein Jahr später durchquert James C. Ross auf seiner sensationellen Expedition den Packeisgürtel und entdeckt Victoria-Land, die Ross-Insel, Mount Erebus und das Ross-Schelfeis.

Weitere Stationen in der Erkundung der Antarktis:
- Eine deutsche Expedition unter Kapitän Eduard Dallmann entdeckt 1873 die Bismarck-Straße an der Antarktischen Halbinsel.
- 1899 überwintert die Southern Cross-Expedition am Kap Adare (Victoria-Land).
- Georg von Neumayer, Begründer der deutschen Südpolarforschung, wirbt seit langem für ein erstes 'Internationales Südpolarjahr', das auf dem Berliner Geographenkongress 1899 behandelt wird. Das Jahr 1902 wird dazu erklärt. Leiter der deutschen Expedition auf dem Forschungsschiff *Gauss* ist der Geograph Erich von Drygalski. Untersuchungen zum Magnetfeld der Erde stehen im Mittelpunkt des Programms. Mit dem 'Südpolarjahr' beginnt die Ära verstärkter wissenschaftlicher Forschungstätigkeit in der Antarktis.
- 1902 versuchen R. Scott, E. Wilson und E. Shackleton erstmals, den Südpol zu erreichen, müssen aber bei 82°S umkehren.
- Ernest Shackleton unternimmt 1908 zusammen mit drei Kameraden einen neuen Versuch, der nur 180 km vor dem Ziel abgebrochen werden muss.

- Den Südpol erreicht als erster Roald Amundsen am 14. Dezember 1911, gewinnt den von nationalem Prestigegedanken getriebenen Wettlauf gegen Robert Scott, der als zweiter am 18. Januar 1912 enttäuscht am Pol eintrifft. Auf dem Rückweg kommt Scott zusammen mit seinen Begleitern ums Leben, nur 18 Kilometer vom nächsten Depot entfernt.

- Der Deutsche Wilhelm Filchner entdeckt 1911 bei 35°W das Gegenstück zum Ross-Schelfeis - das nach ihm benannte Filchner-Schelfeis. Der Plan, den Südpol zu erreichen, scheitert.

- 1914 schlägt der Versuch E. Shackletons fehl, den Kontinent zu durchqueren.

1.2 Erkundungen der Arktis: Suche nach Passagen

Geographische Erkundungen und Informationen über das Nordpolargebiet waren häufig 'Abfallprodukte' ökonomisch motivierter Schiffsexpeditionen: Es war die Suche nach einem kürzeren Seeweg nach China, die gezielte Expeditionen stimulierte. In Frage kam eine Nordwestpassage um Amerika herum oder ein Weg entlang der sibirischen Küste (Nordostpassage).

Nordwestpassage

Bereits seit Beginn des 16. Jahrhunderts werden Suchfahrten nach einer Nordwestpassage organisiert. Der Florentiner Verrazano entdeckt 1524 die Mündung des Hudson Rivers; J. Cartier findet 1534 die Mündung des Sankt-Lorenz-Stroms und stößt tausend Kilometer in das Inland vor. M. Frobisher erreicht 1576 - 78 die spätere Hudson-Straße bei 60°N.

J. Davis soll 1585 für die Engländer die China-Passage finden. Er kartiert den Bereich der Davis-Straße/Baffin Bay zwischen Grönland und dem Kanadischen Archipel. Frühes Packeis verhindert die weitere Erkundung der nordwestlichen Inselwelt. H. Hudson folgt 1610 den Beschreibungen von Davis, entdeckt die Hudson Bay, verzettelt sich darin und muss überwintern. Die meuternde Mannschaft setzt ihn mit seinem sechzehnjährigen Sohn aus und segelt nach England zurück. W. Baffin ist 1615 - 16 dem Ziel Westpassage nahe. Er entdeckt den Lancaster-Sund, hält ihn aber für eine Meeresbucht und gibt die Suche auf. Danach erstirbt das Interesse der Seefahrtnationen England und Frankreich an der Passage für zwei Jahrhunderte.

Nach dem Ende der Napoleonischen Kriege rüstet England wieder Polarexpeditionen aus. Die Suche nach der Nordwestpassage beginnt von neuem, unter Beteiligung von J. Barrow, J. Ross, W.E. Parry und J. Franklin. Vermessungen zur See und von Land machen die Existenz einer Passage wahrscheinlich. Franklin will sie endgültig bezwingen, startet 1845 mit zwei Schiffen und 129 Mann Besatzung. Keiner kehrt zurück, die gesamte Expedition bleibt verschollen. Zahlreiche vergebliche Suchfahrten werden in den Folgejahren organisiert. Erst vor etwa zehn Jahren gelang es einem kanadischen Team, das tragische Schicksal der Expedition aufzuklären: Sie scheiterte an den Folgen von

Bleivergiftung, verursacht durch neuartigen Konservenproviant (BEATTY & GEIGER 1992). In den Jahren 1850 - 53 durchfährt R.J. McClure die Passage von West nach Ost; R. Amundsen 1903 - 06 in der ursprünglich gesuchten Richtung.

Nordostpassage

Der andere kürzere Weg nach China und Indien wäre eine Nordostpassage, an Sibirien entlang. England und Holland wollen das spanisch-portugiesische Handelsmonopol mit Indien kampflos brechen; W. Barents dringt 1594 über Novaja Semlja bis etwa Kap Tscheljuskin vor und glaubt, die Passage gefunden zu haben. Ein Handelskonvoi im Folgejahr wird aber von Packeis blockiert. Bei einem dritten Versuch entdeckt Barents 1596 die Inselgruppe Spitzbergen wieder, die die Wikinger bereits um das Jahr 1100 'Svalbard' (*Land der kalten Küste*) getauft hatten. Barents scheitert erneut an der Nordostpassage und stirbt vermutlich an Skorbut.

Russische Seefahrer sind in polaren Meeren erfolgreicher. Sie benutzen wesentlich kleinere, besser manövrierbare Schiffe (Kotschis) und weiten mit ihnen den Handel mit Sibirien aus. Im Jahr 1648 bringt S. Deschnjew sechzig Pelztierjäger von der Kolyma- zur Anadyr-Mündung. Er benutzt also, ohne es zu wissen, die Schlüsselstelle der Nordostpassage, die heutige Bering-Straße. Zar Peter der Große rüstet 1724 weitere Expeditionen aus, um die Ostverbindung mit Amerika zu erkunden. V. Bering findet die Meeresstrasse, landet aber erst zehn Jahre später an der Küste Alaskas. Auch Katharina II. fördert neue Expeditionen unter der Führung der Brüder Laptew. Bei einer Landexpedition auf der Taymir-Halbinsel erreicht Tscheljuskin die nördlichste asiatische Landspitze. Diese zahlreichen Erkundungsfahrten münden in die Gründung der Russisch-Amerikanischen Gesellschaft, die bis 1867 Alaska zu ihrem Besitz zählt. Schließlich gelingt dem Norweger A.E. Nordenskjöld die Bezwingung der Nordostpassage 1878/79 bei einer Expedition, die nicht nur ökonomischen, sondern auch wissenschaftlichen Zielen diente. Zuvor hatten K. Weyprecht und J. Payer 1872 - 74 Franz-Josef-Land entdeckt, eine Inselgruppe oberhalb 80°N zwischen Spitzbergen und Sewernaja Semlja.

Wettlauf zum Pol

Lange bleibt aber eine zentrale Frage noch ungeklärt: Liegt der Nordpol auf Festland? F. Nansen will die Antwort finden, angeregt durch die Nachricht, dass Teile eines vom Eis vor Russlands Küste zerdrückten Schiffes später an der grönländischen Küste gefunden wurden. Nansen leitet davon eine Drift des polaren Meereises ab. Er lässt sich mit seinem Schiff *Fram* einfrieren, um so die Frage nach Land oder Meer am Pol zu klären. Die Expedition dauert von 1893 bis 1896. Der Pol wird zwar nicht erreicht, es resultieren aber wichtige Erkenntnisse über Strömungen, Packeis und Klima (s.Abb. 51).

Das Ziel Nordpol bleibt noch offen und ruft im Technikzeitalter neue Wissenschaftsabenteurer auf den Plan:

- S. Andree versucht 1896 einen Ballonflug von Spitzbergen aus zum Pol und kommt mit seinen Begleitern um.
- R. Peary und F. Cook wetteifern 1908/09 um die Erstbegehung. Sehr wahrscheinlich hat keiner von beiden - entgegen ihren Behauptungen - den Pol erreicht.
- Im Jahr 1925 will R. Amundsen den Pol per Flugzeug erreichen. Er muss 136 Seemeilen davon entfernt wassern.
- 1926 startet U. Nobile mit einem Luftschiff, erreicht aber den Pol nicht. Ein zweiter Versuch 1928 endet mit einer Katastrophe. Amundsen bleibt bei einem Rettungsversuch verschollen.
- Erst 1948 landen drei russische Flugzeuge nachweislich auf den Packeisfeldern am Pol.
- Endgültige Klarheit über die 'Polfrage' bringen die Fahrten des amerikanischen Atomunterseebootes *Nautilus*, das 1962 den Pol unter Wasser erreicht. Sowjets und Engländer kreuzen ebenfalls mit U-Booten im Nordpolarmeer, das sich als riesiges Becken ohne übermeerisches Festland erweist (Abb. 46).

1.3 Zur wissenschaftlichen Erkundung der Polargebiete

Zu den Pionieren in der wissenschaftlichen Erkundung der Arktis zählt Alfred Wegener, Begründer der Kontinentalverschiebungs-Theorie. Als der wachsende Luftverkehr mehr Informationen über die atmosphärischen Bedingungen verlangt, wird der erfahrene Polarforscher Wegener beauftragt, meteorologische Stationen in Grönland zu errichten, unter anderem die Station *Eismitte* in 3000 m Höhe. Bei diesem Unterfangen im Jahr 1930 bleibt er verschollen. Seine Kollegen Loewe und Georgi liefern in der Folge wichtige Erkenntnisse zur Klimatologie und Glaziologie Grönlands.

Vor allem in der Zeit nach 1945 kommt eine vielseitige Polarforschung auf beiden Kalotten in Gang. Zahlreiche Aktivitäten unter internationaler Beteiligung stehen in Zusammenhang mit dem *Zweiten Geophysikalischen Jahr 1957/58* in der Antarktis (KOHNEN o.J.). Bis heute beteiligt sich eine wachsende Zahl von Nationen an der Antarktis-Forschung, sei es durch saisonale Expeditionen, feste Stationen oder den Betrieb von Forschungsschiffen. Sie gilt sowohl der geo- und biowissenschaftlichen Erkundung des Kontinents wie seines umgebenden Kaltwassergürtels. (Nähere Informationen müssen den Publikationen der jeweiligen Nationen entnommen werden.)

Die Bundesrepublik Deutschland trat 1979 dem Antarktisvertrag bei (vgl. KOHNEN o.J.). Sie richtete 1980 in Bremerhaven das *Alfred-Wegener-Institut für Polar- und Meeresforschung* (*AWI*) ein und stellte im Dezember 1982 den Forschungseisbrecher *Polarstern* in Dienst. Seit 1980/81 betreibt Deutschland die Überwinterungsstation *Georg-von-Neumayer* (KOHNEN o.J.; Abb. 4). Das AWI realisiert vielfältige, international eingebundene Forschungsvorhaben in der Antarktis wie der Arktis, teils in Kooperation mit dem *GEOMAR* (Kiel).

1.4 Deutsche Beiträge zu physisch-geographischer Polarforschung nach 1950

Die weißen Flecken auf den Landkarten, die den Geographen Dr. A. Petermann Mitte des letzten Jahrhunderts noch sehr aufregten, sind heute weitgehend getilgt, die 'großen Würfe' sind getan. Zahlreiche Geographen waren an der frühen Phase der generellen Erkundung von Polargebieten maßgeblich und richtungsweisend beteiligt. In den letzten Jahrzehnten arbeiten sie aber verstärkt an speziellen Fragestellungen, sei es als 'Einzelkämpfer', in kleinen Gruppen oder als Mitglieder großer Expeditionen. Die Schwerpunkte liegen dabei auf Fragen der Geomorphodynamik, Vereisungs- und Klimageschichte, Bodengeographie und Geobotanik, Landschaftsökologie, Hydrologie und Glaziologie oder Meteorologie/Klimatologie. Namen und Ergebnisse vieler Beteiligter werden in den nachfolgenden Ausführungen berücksichtigt. Einige größere Unternehmungen deutscher Polargeographen der Nachkriegszeit seien hier genannt:

- Julius Büdel (Geographisches Institut Würzburg) realisierte 1950 und 1960 die beiden ersten *Stauferland-Expeditionen* nach Südost-Spitzbergen. Im Mittelpunkt standen geomorphologische Fragestellungen. 1967 folgte eine dritte Unternehmung unter Leitung von J. Büdel und A. Wirthmann mit weiteren elf Wissenschaftlern unterschiedlicher Spezialisierung.
- U. Glaser (Geographisches Institut Würzburg) unternahm 1969 zusammen mit vier Kollegen (W.D.Blümel; G. Hofmann; P. Kvitkovich; D. Thannheiser) eine zweieinhalbmonatige Expedition durch Teile West-Spitzbergens. Die Untersuchungen galten dem Phänomen der isostatischen Landhebung sowie geobotanischen Fragen.
- D. Barsch und L. King (Geographisches Institut Heidelberg) leiteten im Polarsommer 1978 die Heidelberg-Ellesmere Island-Expedition (Kanadische Arktis). Bearbeitet wurden geomorphologische, glaziologische, hydrologische und klimatische Fragestellungen.
- D. Barsch, W. D. Blümel, W.-A. Flügel, R. Mäusbacher, G. Stäblein und W. Zick bearbeiteten 1984 physisch-geographische Problemstellungen auf den Süd-Shetland-Inseln (West-Antarktis), die 1985/86 von der Arbeitsgruppe um R. Mäusbacher fortgeführt wurden.
- W. D. Blümel, P.-P. Manzel und G. Stäblein untersuchten 1987 auf einer zweimonatigen Expedition (logistisch unterstützt von FS *Polarstern*) Teile der Antarktischen Halbinsel und vorgelagerter Inseln.
- W. D. Blümel (Geographisches Institut Stuttgart) koordinierte und organisierte (unterstützt durch U. Glaser/Würzburg) die dreijährige, multidisziplinäre *Geowissenschaftliche Spitzbergen-Expedition 1990-1992 (SPE 90-92)* mit jährlich 40 - 50 Teilnehmern(-innen). Das Rahmenthema lautete: 'Stofftransporte Land - Meer in polaren Geosystemen'.

2 Abgrenzung und Flächenanteile der Polargebiete

2.1 Astronomische Abgrenzung und Beleuchtungsverhältnisse

Abgrenzungen sind unabdingbar in der systematischen Beschreibung und vergleichenden Erklärung der Erdoberfläche mit ihrem vielfältigen geographischen Inventar. Die Schiefe der Ekliptik als ein astronomischer Parameter äußert sich in der schon 'klassisch' gewordenen globalen Dreigliederung - *Polargebiete, Mittelbreiten* sowie jeweils ein durch den Äquator halbierter *Tropengürtel* innerhalb der Wendekreise. Der Vorteil der mathematisch-astronomischen Begrenzung der Polargebiete durch den nördlichen bzw. südlichen Polarkreis (jeweils 66°33') ist offensichtlich: Zwischen einem jährlich einmaligen 24-Stunden-Tag (Sommersonnenwende) und zeitgleich einer 24-Stunden-Nacht am gegenüberliegenden Polarkreis (Winterhalbkugel) unterliegen beide Polarkalotten etwa gleichen, bilanzierbaren Einstrahlungs- und Energieverhältnissen. Ausgeprägte halbjährig symmetrische Beleuchtungsjahreszeiten mit gleichen Polartages- und Polarnachtlängen charakterisieren Arktis wie Antarktis.

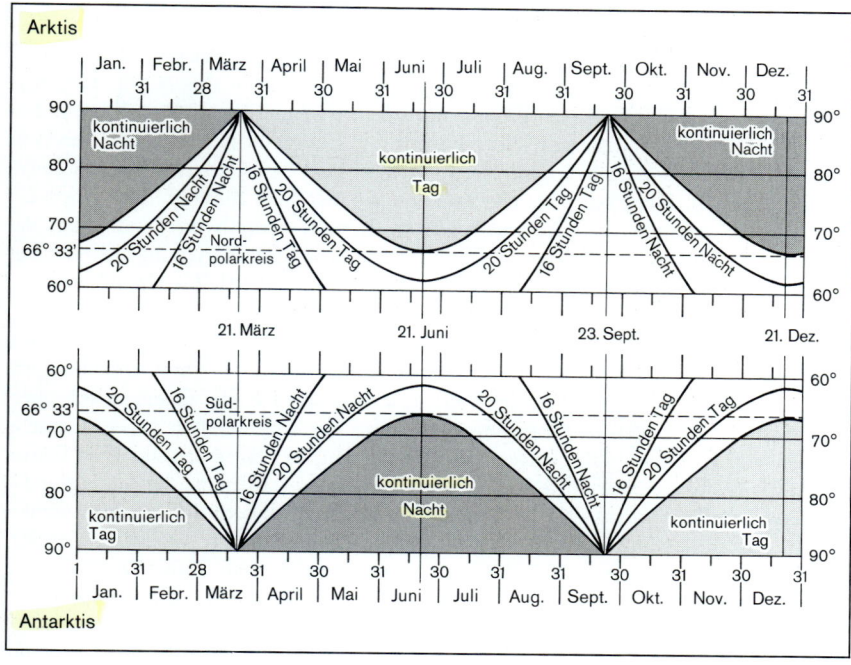

Abb. 1: Tages- und Nachtlängen der Nord- und Südkalotte zwischen 60° N/S und den Polen (aus STÄBLEIN 1983a: 97)

Polargebiete sind somit bipolare Zonen, in denen einmal oder an mehreren Tagen im Jahr die Sonne nicht unter- bzw. aufgeht. Die für die jeweilige geographische Breite berechenbaren Tages- und Nachtlängen können aus Abb.(1) entnommen werden.

Anmerkung: Im Laufe der Jahrtausende ändert sich die Neigung der Erdachse gegenüber der Erdumlaufbahn. Der Winkel beträgt heute 23°27' und schwankt innerhalb von 41.000 Jahren zwischen 24°18' und 21°55' (IMBRIE & PALMER-IMBRIE 1981), so dass sich auch Wende- und Polarkreise in ihrer geographischen Breite verschieben. In den damit verbundenen Änderungen der hemisphärischen Einstrahlungsverhältnisse und Energie-haushalte liegt wohl eine wesentliche Ursache für die quartären Kaltzeit-Warmzeit-Zyklen (Milankovich-Theorie; BROECKER & DENTON 1990; s. auch Kap. 3.5.3; 7.4.2).

2.2 'Geographische' Abgrenzungsmöglichkeiten gegen die Mittelbreiten

Für die geographische Praxis bleibt diese klare astronomische Grenzziehung unbefriedigend, da die Ausprägung landschaftlicher Merkmale nicht mit den konzentrischen, zirkumpolaren Beleuchtungszonen korreliert. Die Form der Landmassen und ihre Orographie, klimatische Ozeanität oder Kontinentalität, Einflüsse von Meeresströmungen verhindern eine 'ideale' Ausprägung von breitenparallelen Landschaftszonen.

An dieser Stelle sollte der grundsätzliche Unterschied beider irdischer Polarregionen betont werden: Meeresflächen verkörpern die zentralen Teile des Nordpolargebiets (Arktis), umgeben von Kontinentflächen und Inseln (N-Amerika mit dem Kanadischen Archipel, Grönland, Spitzbergen, Nord-Europa und Eurasien). Relativ enge Meeresverbindungen bestehen zwischen dem Nordpolarmeer und den Ozeanen Atlantik sowie Pazifik (Abb. 2). Umgekehrt ist die Situation auf der Südhalbkugel. Hier wird ein Kontinent in polarer Lage (Antarktika; Abb. 3) vom Südpolarmeer umgeben, das Anschluss hat an alle drei Weltmeere. Diese inverse Land-Meer-Verteilung allein zwingt zu einer individuellen Abgrenzung der Polargebiete gegen die Mittelbreiten.

Thermisch definierte Grenzen sind oft willkürlich (z.B. die 0°C-Jahresisotherme) und nur schwer räumlich festzulegen. Sie eignen sich jedoch, wenn sie sich in landschaftsprägenden Merkmalen äußern. So ist die Wald- bzw. Baumgrenze eine allgemein akzeptierte klimatische und pflanzengeographische Grenze der Mittelbreiten gegen arktische Polargebiete. 'Baumlose' Pflanzengesellschaften der Tundra prägen den südlichen Gürtel der Arktis (Abb. 2). Nicht tiefe Temperaturen oder der Dauerfrost des Untergrundes limitieren den Baumwuchs und die Verjüngungsfähigkeit, sondern die von der sommerlichen Einstrahlung und Erwärmung sowie deren Dauer gesteuerte Vegetationsperiode. Die *Baumgrenze* ist also eine Wärmemangelgrenze, die sich nach SCHULTZ (1995: 172) wie folgt feststellen lässt: *"Sinkt die Vegetationsperiode im Mittel unter 3 Monate mit tm > 5 °C (oder unter 105 - 110 Tage mit Tagesmitteln von > 5 °C) oder bleibt sie sehr kühl (kein Monat mit tm > 10 °C), so gelingt es selbst den bestangepassten Baumarten nicht mehr, die Bildung ihrer neuen Triebe und Assimilationsorgane soweit abzuschließen, dass sie der Gefahr der winterlichen Frosttrocknis standhalten, d.h. sie verdorren ("erfrieren")."*

Für die *Waldgrenze* - Rand eines mehr oder minder geschlossenen Baumbestands - kann etwa die 12°C-Isotherme des wärmsten Monats angegeben werden. Von einer 'Grenze' i.e.S. ist hier nicht zu sprechen, da in Form der Wald- und Strauchtundra ein breiter Übergangssaum entwickelt ist, der durch Relief-, Expositions- und Standortseinflüsse räumlich modifiziert wird (Abb. 2; vgl. Kap. 8.2). Auf der *Nordhalbkugel* ist diese pflanzengeographische Begrenzung durch unterschiedliche Vegetationszonen aufgrund entsprechender Landmassen rund um das packeisbedeckte arktische Polarmeer anwendbar.

Auf der *Südhalbkugel* dagegen liegt der vereiste Kontinent Antarktika in polarer Lage, umgeben von Wassermassen. Mangels Festländern in den entsprechenden geographischen Breiten ist die Waldgrenze nicht existent. Zur Abgrenzung der Südpolarregion wird die sog. *Polarfront (früher: Antarktische Konvergenz)* benutzt. Das ist der Randbereich des *Antarktischen Ringstroms* (Abb. 3), dessen kalte Wässer an die wärmeren der angrenzenden Südozeane stoßen. Im Bereich der *Polarfront* werden Kaltwassertemperaturen von etwa -1,6°C, im 'Warmwasser' etwa 2 - 3°C gemessen (EICKEN 1995). Dieser nur wenige Dekakilometer breite, meeresbiologisch-ozeanographisch bedeutsame Grenzsaum ist jährlichen Lageänderungen und Verwirbelungen unterworfen, deckt sich aber regional grob mit dem 60. südlichen Breitengrad. Dies war Grundlage für eine internationale Konvention, das antarktische Polargebiet auch völkerrechtlich mit diesem Breitengrad zu umgrenzen.

2.3 Allgemeine und regionale Flächenanteile der Polargebiete

Die unterschiedliche, inverse geographische Ausprägung beider Polargebiete soll hier nur als tabellarische Übersicht der globalen Flächenanteile (Land / Meer) eingefügt werden (verändert nach STÄBLEIN 1983a). Weitere Informationen und Charakteristika finden sich in den entsprechenden Kapiteln.

(a) Übersicht

Mio km²	Abgrenzungskriterium	% der Erdoberfläche oder % der Meeresflächen	
21,2	Land oberhalb Polarkreise (66°32'51''N/S)	4	%
26,4	10°C-Juli-Isotherme Arktis (Baumgrenze)	5	%
51,9	Antarktische Polarfront (10°C-Februarisoth.)	10	%
37,7	0°C-Jahresisotherme	7	%
34	maximale Flächen mit Meereis (nicht zeitgleich)	7	%
64	Eisbergverbreitung	13	%
71,4	Polarzonen 60 – 90° N/S	14	%

(b) Regionale Gliederung (polwärts der Baumgrenze)

		% der Festlandsflächen
2,7	Kanadische Arktis	1,8 %
2,3	Sowjetische Arktis	1,5 %
2,2	Grönland	1,5 %
0,4	Alaska	0,3 %
0,06	Svalbard (Spitzbergen u.a.)	0,04%
7,6	Arktische Festlandsflächen	5,1 %
14	Antarktika	9,4 %
21,6	Polargebiete ohne Polarmeere	14,4 %

(c) Polare Meere (polwärts der Polarfront)

		% der Meeresflächen	
14,3	Arktisches Mittelmeer (Nordpolarmeer, Arktik)	4	%
51,8	Zirkum-antarktisches Meer (Südpolarmeer)	14	%
71,1	Polare Meere	19,8	%

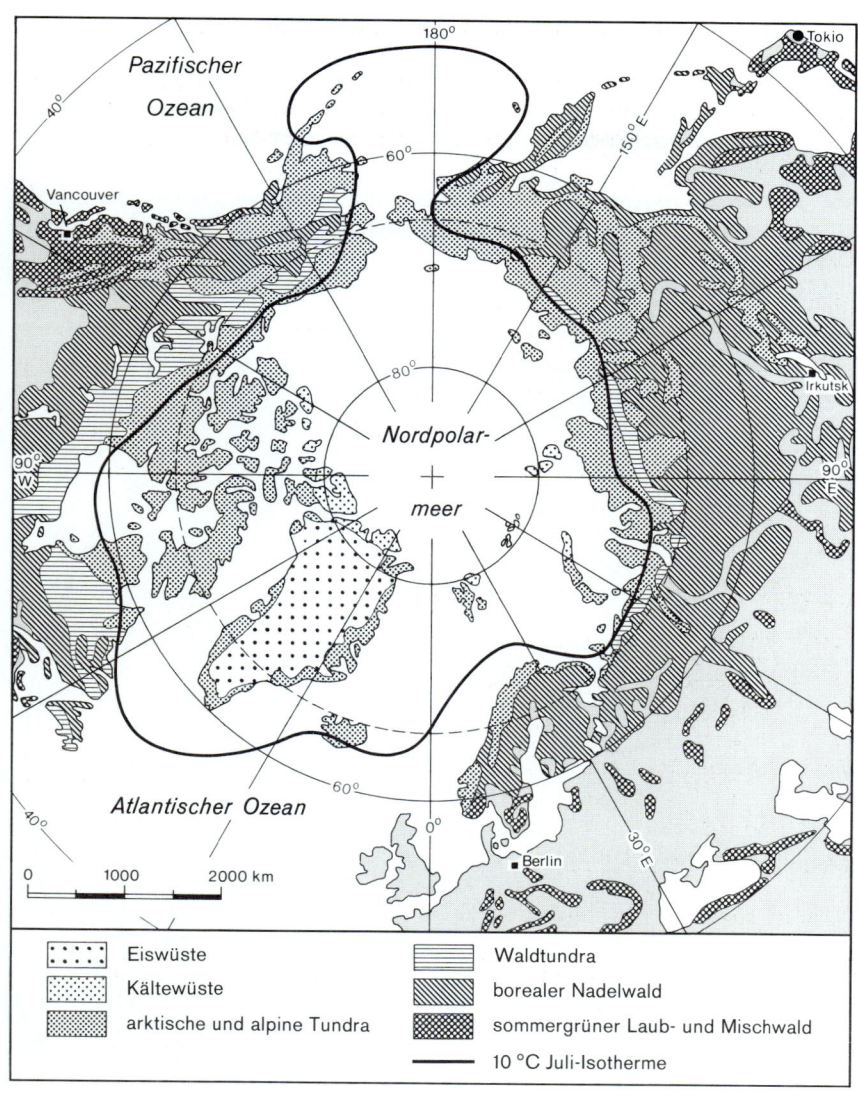

Abb. 2: Vegetationsgeographische Zonierung / Gliederung der Nordpolarkalotte. Das Polargebiet im engeren Sinne umfasst Bereiche nördlich der Baumgrenze, die häufig mit der
10°C-Juli-Isotherme als Wärmemangelgrenze korreliert wird. Es lässt sich in *Eiswüste*,
Kältewüste (= *Frostschutzzone*) und *Arktische Tundra* gliedern. In der *Waldtundra* drückt
sich der Übergangssaum zwischen Polargebiet und Mittelbreiten aus. Manche Autoren
benutzen die Baum- andere die Waldgrenze (12°C-Juli-Isotherme) zur Trennung dieser
beiden Zonen (zusammengestellt aus verschiedenen Quellen).

3 Südpolargebiet (Antarktis, Antarktika)

3.1 Physisch-geographische Kennzeichen der heutigen Antarktis (Größenverhältnisse, Lagebeziehungen, Oberflächengestalt)

Mit dem Begriff *Antarktis* ist die Gesamtheit der südpolaren Ökosysteme gemeint. Hierzu gehören der von mächtigen Inlandeismassen oder Talgletschern überlagerte Gesteinssockel des Kontinents Antarktika, dessen heute unvergletscherte Festlandsflächen (= Periglazialgebiete), Schelfeisflächen, das im Jahresgang unterschiedlich weit ver-

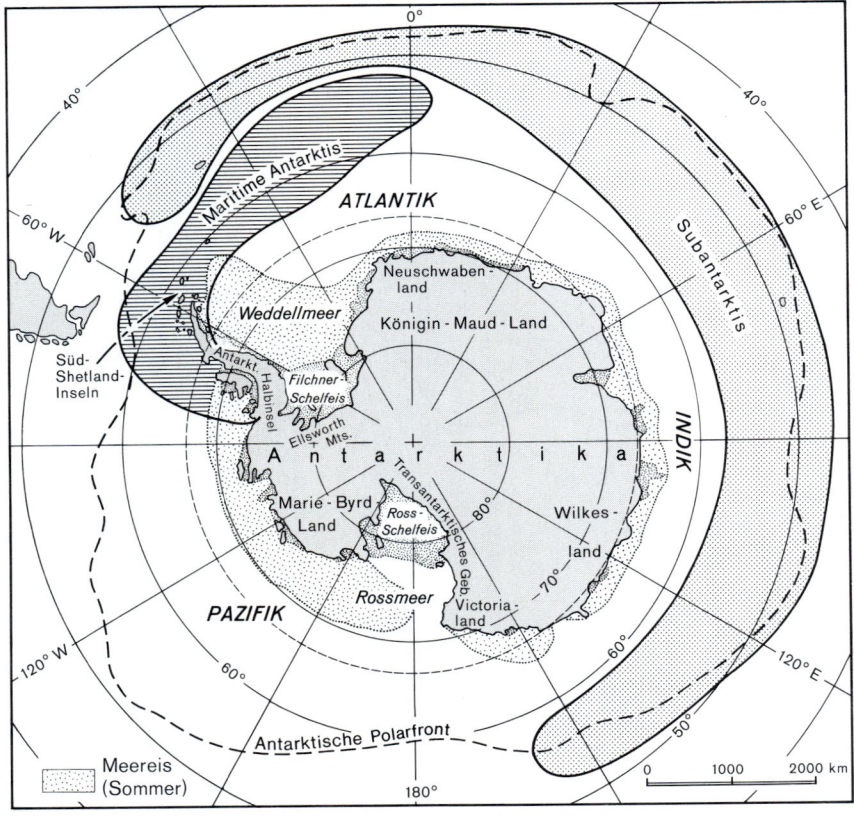

Abb. 3: Die Bezeichnung *Antarktis* umfasst den Kontinent Antarktika mit Inlandeis und Schelf-eisgebieten sowie den Antarktischen Ringstrom (mit Treibeisgürtel), nach außen be-grenzt durch die *Polarfront* sowie einige Subantarktische Inselgruppen. Die *Maritime West-Antarktis* repräsentiert einen eigenständigen, ozeanisch geprägten Klima- und Le-bensraum innerhalb der trocken-kalten *Ost-Antarktis* (aus Blümel 1990b).

breitete Meereis (einschließlich Treibeis, Packeis und driftende Eisberge) sowie ganzjährig ungefrorene Kaltwasserflächen innerhalb der *Polarfront* (früher 'Antarktische Konvergenz'; Abb. 3).

Der Kontinent Antarktika liegt oberhalb von 65° südlicher Breite. Zusammen mit seinen vereisten Schelfeisgebieten und Küstensäumen umfasst er nahezu 14 Mio. km², das entspricht der 39-fachen Fläche der BRD oder der Fläche der USA plus Mexiko. Als eigentliche Festlandsfläche Antarktikas sind 12 393 000 km² ermittelt worden. Von der Spitze der Antarktischen Halbinsel über den Pol bis zur gegenüberliegenden Küste (Kap Pionsett) misst man etwa 5700 km Luftlinie; vom Abbot-Schelfeis im Westen entlang dem 90. Längengrad bis zum Shackleton-Schelfeis im Osten ca. 4800 km (Abb. 4).

Auffällig im Grundriss des Südkontinents ist die strukturelle Dreigliedrigkeit mit dem dominierenden, halbkreisförmigen ost-antarktischen Schild, einem vom Transantarktischen Gebirge und den angrenzenden Buchten (Weddell-Meer mit dem Filchner/Ronne-Schelfeis und Ross-Meer mit dem Ross-Schelfeis) bestimmten Mittelteil sowie der mehrgliedrigen West-Antarktis mit der Antarktischen Halbinsel. Die Eigenständigkeit der West-Antarktis in Bezug auf Großrelief, Vergletscherung und geologische-tektonische Struktur dokumentiert sich ebenfalls in ihrem klimatischen und vegetationsgeographischen Charakter (vgl. Kap. 6.2.1 und 6.2.5).

Antarktische Kaltwassermassen aus dem *Ringstrom* grenzen mit der *Polarfront* an alle Südozeane (Abb. 3), tauchen ab und treten tausende von Kilometern weiter nördlich in Form kalter Meeresströmungen an den Küsten Süd-Amerikas und des südwestlichen Afrikas in Erscheinung. So sind Humboldt- und Benguela-Strom z.B. klimaprägend und Ursache für Küstenwüsten (Atacama, Namib).

Das nächstliegende Festland ist Feuerland - die Südspitze Süd-Amerikas - ca. 1300 km von der Antarktischen Halbinsel durch die Drake-Passage getrennt. Die Distanz zu Süd-Afrika beträgt ungefähr 4000 km, die zu Australien grob 3300 km.

Antarktika ist der höchste Kontinent der Erde: 60% seiner Fläche liegen oberhalb 2000 m Meereshöhe. Größte Höhen werden mit 4300 m im Dronning Maud-Land sowie 4200 m in der West-Antarktis (Palmer-Land) erreicht. Auf dem zentralen Hochland östlich des Pols verzeichnet man maximale Höhenlagen zwischen 3000 m und knapp 4000 m ü.M. (Abb. 4). Die mittlere Höhe Antarktikas beträgt 2040 m; die der übrigen Kontinente nur 730 m. Ursache für diese ungewöhnliche Höhenlage ist eine stellenweise sogar über 4000 m mächtige Eiskappe. (Weitere Ausführungen zur Vergletscherung usw. s. Kap. 6.1).

Nur etwa zwei Prozent der Fläche Antarktikas sind heute unvergletschert. Solche *Periglazialgebiete* können von Eis umgebene 'Oasen' sein (z.B. Dry Valleys, Schirmacher Oase) oder Gebirgszüge, steile Grate sowie einzelne Gipfel (Nunataks), die aus dem Eis herausragen. An Küstenstandorten sind Periglazialgebiete häufiger zu finden. Ursache dafür ist der postglaziale, warmzeitliche Gletscherrückgang am Kontinentrand und die

einsetzende isostatische Landhebung. Hierdurch entstanden neue festländische Lebensräume (vgl. Kap. 3.4.2; 6.1; Abb. 10-12, 22, 23).

Verglichen mit Teilen nordpolarer Periglazialgebiete, spielt fließendes Wasser in Form
von Bächen oder Flüssen nur eine untergeordnete Rolle im Landschaftshaushalt und in
der Reliefentwicklung. In den kleinflächigen Periglazialgebieten speisen Schneeschmelz-
wässer saisonal kurzlebige Abflüsse meist nur geringer Erosions- und Schleppkraft. In
besonders trockenen Bereichen kontinentaler Prägung fehlt Oberflächenabfluss völlig.

3.2 Grundzüge der erdgeschichtlichen Entwicklung

Als eigenständiger Kontinent entwickelte sich *Antarktika* aus einem Bruchstück des
Urkontinents *Gondwana*. Dessen Geschichte wiederum geht zurück auf Pangäa, einen
Einheitskontinent, umgeben von nur einem einzigen Ozean. Aus ihm gingen während
des Erdmittelalters Laurentia und Gondwana hervor. Pangäa setzte sich ihrerseits aus
verschweißten Vorläuferkontinenten zusammen. Erst seit kurzer Zeit sprechen Geolo-
gen in diesem Kontext von Rodinia - also einem Prä-Pangäa-Kontinent. Antarktika war
nach KLEINSCHMIDT (1997) sowohl zentraler Teil Rodinias als auch Gondwanas.

Der riesige Südkontinent Gondwana - umgeben vom Ur-Pazifik - zerbrach während der
Kreidezeit vor ca. 100 Mio. Jahren (MILLER 1983) bzw. im Zeitraum von ca. 200 - 50
Mio. Jahren (Jura bis Tertiär; KLEINSCHMIDT & BRAUN 1988). Plattentektonische
Dynamik schuf neue Festländer oder Teile davon (Süd-Amerika, Afrika, Australien,
Antarktika, Vorderindien, Iran, Madagaskar, Neuseeland; Abb. 5). Mit zunehmender
Distanz der driftenden Platten entstanden aus Riftsystemen Meeresarme und später
weiträumige neue Ozeane. Ihre Böden aus dichteren, vulkanischen Gesteinsschmelzen
erweitern sich noch heute an mittelozeanischen Rücken. Antarktika geriet bei der
Plattendrift allmählich in eine südpolare Lage, was sich als entscheidender Faktor der
global-klimatischen Entwicklung bis hin zur Gegenwart entpuppte (s. Kap. 3.5.).

Die heutige Ost-Antarktis wird vom Arktischen Schild gebildet, in dem vorherrschend
kristalline Gesteine (Metamorphite, Magmatite) mit Altern bis zu 4 Mrd. Jahren anstehen. Einige geologische 'Wachstumsphasen' (Gebirgsbildungsphasen, Orogenesen; Abb.
5) sind für die aktuelle geologisch-tektonische Struktur und das Großrelief des Kontinents entscheidend. Sie waren verbunden mit unterschiedlich starken Metamorphosen,
z.T. sogar Aufschmelzungen älterer Gesteine, Vulkanismus oder Sedimentbildung.
Strukturelle Veränderungen geschahen durch Faltung oder Bruchtektonik. Resultierend
läßt sich die zeitliche Entwicklung und der geologische Grundriss Antarktikas in
folgende Einheiten gliedern (vgl. Abb. 5):

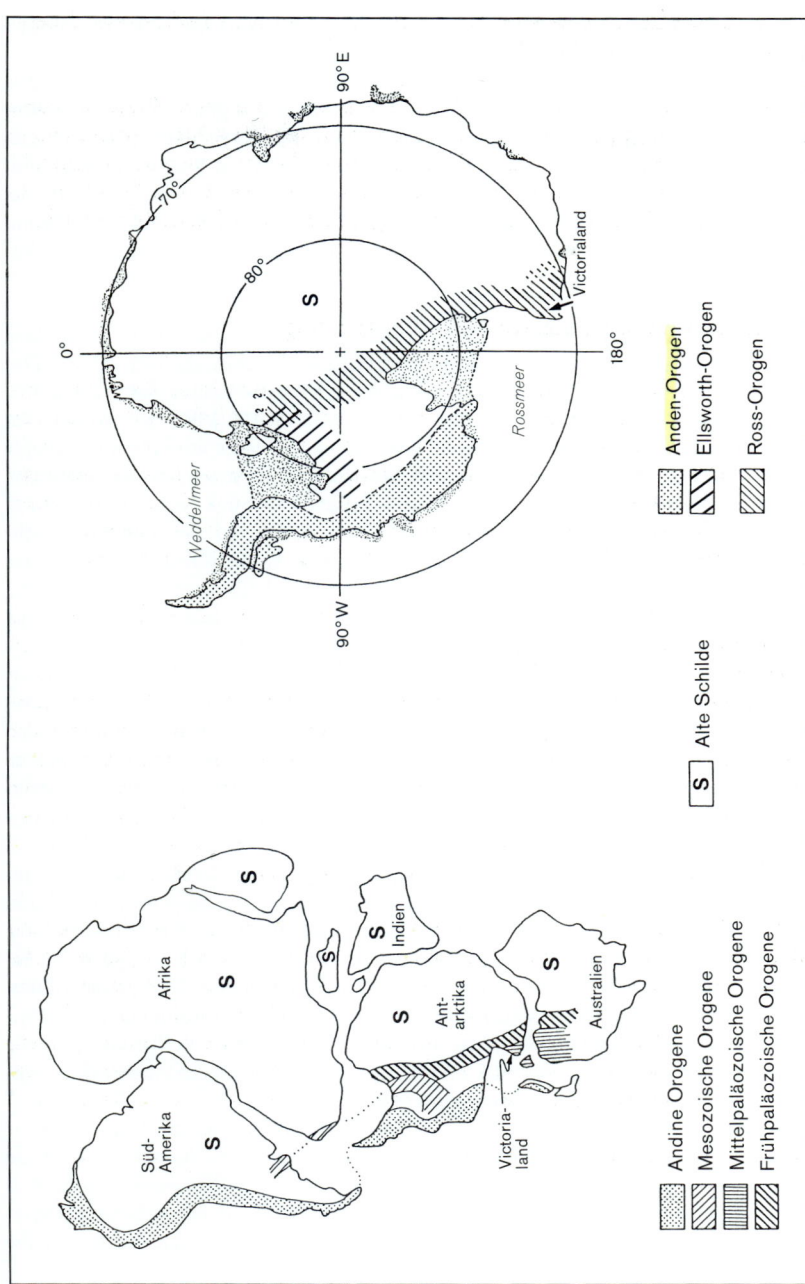

Abb. 5: Gondwana-Rekonstruktion und Ausgliederung von Orogenen (aus Kleinschmidt 1984 und Kleinschmidt & Braun 1988).

a) *Ost- oder zentralantarktischer Schild*: Er ist aus bis zu 4 Mrd. Jahre alten kristallinen Gesteinen des Präkambriums und Unteren Paläozoikums aufgebaut (Gneise, Granite, Granulite), die mehrfache Überprägungen durch Metamorphosen, Aufschmelzungen oder Granitintrusionen erfahren haben. Der Gesteinskomplex wurde zu einem Rumpfgebirge abgetragen und von flachlagernden Sedimenten überdeckt. Bezogen auf mineralische Lagerstätten liegen Verwandtschaften mit den Rohstoffgürteln Süd-Afrikas, Süd-Amerikas oder Australiens vor. Grund dafür ist die oben genannte gemeinsame erdgeschichtliche Vergangenheit. Vom ost-antarktischen Schild Richtung Westen werden die angefalteten Gesteine immer jünger (Ross-, Ellsworth- und Anden-Orogen, Abb. 5).

b) *Ross-Orogen*: Die Gebirgsbildung fand im frühen Paläozoikum statt (ca. 500. Mio Jahre). Vorherrschende Gesteine sind Metamorphite und granitische Intrusionen. Das Ross-Orogen entstand aus einer Subduktion der Ur-Pazifik-Kruste unter die kontinentale Kruste Antarktikas (KLEINSCHMIDT & TESSENSOHN 1987), vergrößerte damit den bestehenden Kontinent an seiner Westflanke. Teilweise wird der eingerumpfte Gesteinsverband überlagert durch oberpaläozoische (devonische) bis triassische Sedimentgesteine, die vor allem im Transantarktischen Gebirge aufgeschlossen sind, dessen Gipfelhöhen bis 4530 m reichen (Abb. 4). Es handelt sich dabei um eine mächtige Sediment-Serie vor allem aus Sand- und Tonsteinen, Kohleflözen und Tilliten. Im Jura kam es zu Intrusionen basischer Ergussgesteine innerhalb des Grundgebirges wie auch im überlagernden Sedimentpaket. Diese dunklen Bänke bilden heute auffällige Strukturen im Relief des Transantarktischen Gebirges (Abb. 6).

c) *Ellsworth-Orogen*: Es gehört zeitlich in die Wende Paläozoikum (Perm) zu Mesozoikum (Trias) und zählt strukturell zur West-Antarktis. Anstehende Gesteine sind flachmarine Serien aus dem Jung-Präkambrium und Kambrium sowie devonische Quarzite (ROLAND 1983). Heutige Gipfelpartien der Ellsworth Mountains übertreffen 5000 m Meereshöhe (Abb. 4).

d) *Anden-Orogen*: Dieser erdgeschichtlich jüngste Teil von West-Antarktika entstand während des späten Mesozoikums und frühen Känozoikums und gehört zum Andinen Faltengürtel. Sedimentgesteine sind hier vergesellschaftet mit mesozoischen oder känozoischen Vulkaniten. Im Palmer-Land der Antarktischen Halbinsel erreichen die höchsten Gipfel nahezu 4200 m. Die geologisch junge Stellung des Orogens dokumentiert sich in noch anhaltenden Rift-Prozessen (zwischen der nördlichen Antarktischen Halbinsel und den Süd-Shetland-Inseln) und in rezenter Vulkantätigkeit wie dem 3794 m hohen Mt. Erebus oder in der zuletzt 1969 von einem Ausbruch betroffenen Deception-Insel (Süd-Shetland-Inseln; Abb. 9, 34).

Innerhalb des tektonischen Baus der Antarktis nimmt die West-Antarktis als große Inselgruppe eine Sonderstellung ein. Hier liegt kein zusammenhängendes Kontinentstück vor, sondern es handelt sich um drei Archipele, die von Eis überdeckt und miteinander verbunden werden: die Antarktische Halbinsel, das Marie-Byrd-Land und die Ellsworth-Berge (KOHNEN o.J.; Abb. 4).

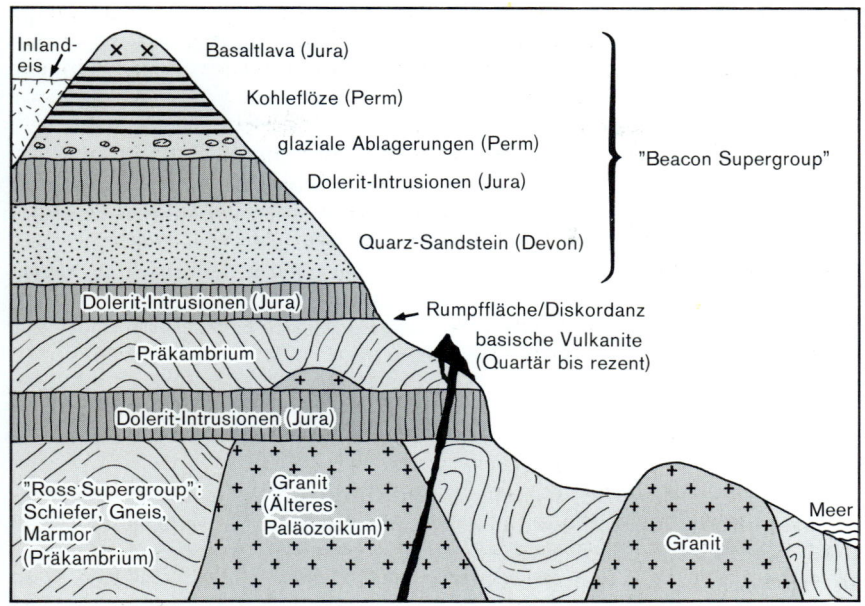

Abb. 6: Generalisierter Querschnitt durch das Transantarktische Gebirge im südlichen Victoria-Land mit wichtigen geologischen Einheiten: Präkambrisches Grundgebirge, darüber eine paläozoische Sedimentfolge aus Sandsteinen, Ablagerungen aus der permo-
karbonischen Vereisung und Kohleflöze. Darin eingeschaltet sind Lagen jurassischer
Intrusiva sowie vereinzelt quartäre Vulkanite (veränd. nach CAMPBELL & CLARIDGE
1987: 9).

Marie-Byrd-Land wird interpretiert als ein abgespaltenes Gondwana-Bruchstück mit
Gneisen, Schiefern und Sedimenten, die denen des ost-antarktischen Grundgebirges
ähneln, sowie kreidezeitlichen Granitintrusionen (CAMPBELL & CLARIDGE 1987: 19).
Im südlichen Teil dominieren Vulkanite (Eozän bis Pleistozän), die zum Teil unter
subglazialen Bedingungen gefördert wurden.

Verschieden alte, vielfältig zusammengesetzte Gesteinsverbände bilden die Antarktische
Halbinsel. Die ältesten Gesteine werden von metamorphen Grünschiefern und Amphi-
boliten des Spät-Präkambriums gebildet (Süd-Orkneys, Süd-Shetlands, Westküste der
Halbinsel). Parallel zur Streichrichtung der Halbinsel verstellte und gefaltete permo-
karbonische Gesteine (Schiefer, Grauwacken) gehören ebenfalls zum Gesteinskomplex
der Halbinsel. Stellenweise sind sie durchsetzt von Vulkaniten. Regional sind Sedimente
aus der Trias und fossilreiche oder vulkanische Gesteine aus dem Jura vertreten. In
südlichen Teilen wie Alexander-Island kommen unter anderem marine jurassische
Sequenzen vor. Am stärksten verbreitet und strukturell besonders bedeutsam sind nach
CAMPBELL & CLARIDGE (1987) kreidezeitliche Intrusivgesteine (v. a. Quarz-Diorit,

daneben kleinere Vorkommen von Biotit-Granit, Grano-Diorit und Gabbro). Im Alttertiär begann die jüngste vulkanische Phase, die bis heute anhält (s. oben). Besonders betroffen sind die Süd-Shetlands und die Nordspitze der Halbinsel. Vorherrschend Olivin-Basalte wurden dabei gefördert.

Literaturhinweis zur Vertiefung: KLEINSCHMIDT (1997, 1995) und MILLER (1983) befassen sich mit Fragen der Kontinententwicklung, Plattentektonik und orogenetischen Gliederung. CAMPBELL & CLARIDGE (1987) geben einen ausführlichen Überblick über die regionale Verbreitung verschiedener Gesteine und deren erdgeschichtliche Stellung. In der AWI-Reihe: *Berichte zur Polarforschung* sowie in der Zeitschrift *Polarforschung* finden sich zahlreiche spezielle geowissenschaftliche Arbeiten über die Polargebiete. In dem von BLEIL & THIEDE (1990) herausgegebenen Sammelwerk finden sich vielseitige Arbeiten zur Geologie der polaren Ozeane.

3.3 Mineralische Rohstoffe

Mit dem Thema 'Geologie' ist häufig die Diskussion um die mögliche Ausbeutung mineralischer Rohstoffe und den Umweltschutz in der Antarktis verknüpft. ROLAND (1983) bietet eine kurze Bestandsaufnahme und relativiert die Bedeutung der Antarktis als 'Schatzkammer' (vgl. auch TESSENSOHN 1979). Als Fortsetzung der andinen Mineralprovinz kann Kupfer und Molybdän in der Antarktischen Halbinsel vermutet werden. Bisher bekanntgewordene Vorkommen lohnen den Abbau jedoch nicht. Aufgrund der gemeinsamen erdgeschichtlich-orogenetischen Entwicklung sind im ostantarktischen Schild Metallrohstoffe zu erwarten, wie sie in den anderen Gondwana-Bruchstücken bereits identifiziert wurden. Nickel, Kobalt, Chrom, Platin und Vanadium lagern möglicherweise angereichert in den basischen Intrusionen der Pensacola Mountains südlich des Filchner-Schelfeises (ROLAND 1983). Dieser Gesteinskomplex ist aber von Eis überlagert und nur durch Bohrungen näher zu erkunden.

Manganvorkommen sind weder in Festlandsgesteinen häufig noch in Form von Knollen auf dem Meeresgrund vor der West-Antarktis bedeutsam, da diese nur schwach mit attraktiven Begleitmineralen (Nickel, Kobalt) ausgestattet sind, so dass an einen Abbau kaum zu denken ist. Gold und Silber sind untergeordnet in Vererzungen der Antarktischen Halbinsel nachgewiesen. Eisenerze mit bis zu 40 % Fe sind abbauwürdig verbreitet (Prince Charles Mountains); die Nutzung wäre jedoch wegen hoher Transportkosten unrentabel. Großflächige Serien von Kohleflözen mit Mächtigkeiten zwischen 1 und 2 m finden sich in der Beacon-Supergroup (Abb. 6). Das Vorkommen soll über 200 000 km^2 groß sein. Hochgebirgslage, weite Distanz zur Küste und schlechte Qualität dürften auch auf lange Sicht einen wirtschaftlichen Abbau verhindern (ROLAND 1983).

Über Eröl- und Erdgasvorkommen liegen nur Vermutungen und Analogieschlüsse vor. Potentielle Höffigkeitsgebiete weist die Karte bei ROLAND (1983) aus: östlich der Antarktischen Halbinsel und im Weddell-Meer, Bereiche um das Amery-Schelfeis, um Ross-Schelfeis und Ross-Meer, Amundsen- und Bellingshausen-See (zur Lage s. Abb. 4).

Es ist wenig wahrscheinlich, dass ein baldiger Streit um den Abbau mineralischer Ressourcen erneut aufflammt; das wirkliche Potential von Lagerstätten ist nur unzureichend bekannt und die entstehenden Kosten sind zu hoch. Der Antarktis-Vertrag bedeutet zumindest ein Moratorium unkontrollierter Ausbeutung für die nächsten Jahrzehnte.

3.4 Zur Vereisungs- und Klimageschichte der Antarktis

Die paläoklimatische Geschichte Antarktikas als eigenständiger Kontinent beginnt mit dem Zerfall des Ur-Kontinents Gondwana und der Drift seiner Bruchstücke. Aus der plattentektonischen Dynamik resultiert ein sich ständig veränderndes Bild der Erde, mit neuen Kontinenten aus alter Kruste, verbunden durch neu entstandene Ozeanböden und submarine vulkanische Rücken oder Schwellen. Diese Entwicklung des Südpolarmeeres begann im mittleren Jura vor 180 - 160 Mio. Jahren (FÜTTERER 1988: 13). Neue Zirkulationsmuster der Meere steuerten dadurch den Energieaustausch in Richtung einer weltweiten Abkühlung. Zuvor jedoch verlief nach EHRMANN (1994) noch im Paläozän und Untereozän (vor 60 Mio. Jahren) eine 'ausgeprägte globale Erwärmung' mit den höchsten Temperaturen der geologischen Neuzeit (vgl. Abb. 7).

Australien trennte sich erst im Eozän vor etwa 55 Mio. Jahren (FÜTTERER 1988) von Antarktika ab, das nun in eine strahlungsarme südpolare Lage geraten war. Damit setzte vor ungefähr 52 Mio. Jahren die langfristige Abkühlung der Antarktis ein. Bereits aus dem Unter-Oligozän, seit etwa 38 Mio. Jahren, stammen unzweifelhaft Vereisungsspuren, die den Beginn einer Inlandvereisung auf dem Südkontinent signalisieren, die vor 35,9 Mio. Jahren zur Entstehung eines ost-antarktischen Eisschildes führte. *"Das unteroligozäne Eisvolumen entsprach etwa dem heutigen oder übertraf es sogar"* (EHRMANN 1994).

Als Archive der Rekonstruktion dienen zunehmend Befunde aus Bohrkernen mariner Sedimente: Sowohl über den Sedimentcharakter (z.B. IRD = ice-rafted debris / glazigene Sedimente) wie über (Mikro-)Fossilien lassen sich Aussagen über vorzeitliche Lebensbedingungen und Lebensräume dieser Organismen (u.a. Wassertemperaturen) ableiten. So können bestimmte planktonische Organismen durch ihren Sauerstoffisotopengehalt im Kalkskelett zusätzlich Auskünfte über globale Klimabedingungen geben, und zwar durch die Bestimmung von Isotopenverhältnissen (Isotopen-Temperaturmethode, vgl. IMBRIE & PALMER-IMBRIE 1981). Da ^{18}O schwerer als ^{16}O ist und zudem in kaltem Wasser der Anteil schwerer Isotope höher ist als unter wärmeren Bedingungen, bauen die Organismen dementsprechend größere Mengen dieses Isotops in ihr Skelett oder ihre Kalkschalen ein. Vergleiche des Isotopenanteils (Verhältnis $^{18}O : {}^{16}O$) mit Fossilien aus anderen Schichten zeigen dann kältere, wärmere oder gleiche ozeanische Wassertemperaturen an. Abb. 7 enthält das Ergebnis derartiger Untersuchungen und belegt für das Unter-Oligozän (38 Mio. Jahre) einen rapiden Rückgang in den Oberflächenwassertemperaturen um 3 - 5 °C. Das ist der oben genannte Hinweis auf das Einsetzen bzw. die Existenz von Eis in der Antarktis. *"Man kann davon ausgehen, dass dies der Zeitpunkt war, zu dem sich erstmals eine bedeutende Meereisdecke um den antarktischen Kontinent aufbaute"*

(FÜTTERER 1988: 13). Die Öffnung der Tasman-Straße (37 - 38 Mio. Jahre) zwischen Australien und Antarktika ist sicherlich ein weiterer Grund für die zunehmende klimatische Isolierung der Antarktis gewesen. Bisher war der Globus rundum als 'warm' zu charakterisieren und frei von festländischem oder marinem Eis. Zwar vermutet EHRMANN (1994), dass bereits während der Kreidezeit Talgletscher in Hochlagen der Antarktis existierten, was aber großklimatisch keine Bedeutung hatte.

Noch im Oligozän (30 - 25 Mio. Jahre) öffnete sich nach FÜTTERER (1988) die Drake-Straße, die heute 1300 km breite Meerenge zwischen Südamerika und der Antarktischen Halbinsel. Damit war die letzte Landbrücke zu einem Nachbarkontinent zerrissen, Antarktika isoliert. Mit dieser Tiefenwasserverbindung der Drake-Straße entwickelte sich der geschlossene zirkumantarktische Wasserring (Ringstrom; Abb. 2.1).

Dieses Ereignis sollte die Vereisungsgeschichte Antarktikas wie die Klimaentwicklung des gesamten Globus nachhaltig steuern (vgl. Kap. 3.5). Durch die negative Strahlungsbilanz des Südkontinents baute sich eine riesige Inlandvereisung auf. Angrenzende Meeresbereiche kühlten immer stärker ab, zusätzlich entwickelte sich eine Treibeisdecke. Zustrom und Eintrag wärmerer Oberflächenwässer wurden immer schwächer. Ein von West nach Ost zirkulierender Kaltwassergürtel umgibt seither Antarktika, verstärkt die klimatische Isolierung und den Erhalt der Vergletscherung. Andererseits wirkt er als globales Kühlaggregat und Teil der 'biologischen CO_2-Pumpe' (Kap. 3.5). Als 'Antarktischer Ringstrom' ist er Wesensbestandteil des Naturraums Antarktis, der definitionsgemäß neben dem weitgehend vereisten Kontinent als zweite Komponente diesen organismenreichen Kaltwassergürtel umfasst. Letzterer ist das wichtigste Zirkulationssystem der Südhalbkugel, begrenzt durch die 'Antarktische Konvergenz'.

3.4.1 Regionale Aspekte der Vereisungsgeschichte

Zurück zum Beginn der mittel-tertiären Vereisung, als der antarktische Kontinent noch auf der Drift in seine polare Position war. Vermutlich machten Erhebungen wie das Transantarktische Gebirge in der Ost-Antarktis den Anfang durch den Aufbau von Talvergletscherungen und Eisstromnetzen. Die Gletscher waren temperiert ('wet-based'), besaßen eine hohe Erosions- und Transportkraft und formten bereits damals die Wesenszüge des heute erkennbaren subaerischen und subglazialen Reliefs ganz entscheidend. Temperierte Gletscher haben jahreszeitlich am Grund eine Eistemperatur nahe dem Druckschmelzpunkt, fließen wie eine plastische Masse (struktur-viskos) und produzieren viel subglaziales Wasser. Interne Druckveränderungen können zeitweilig zu sogenannten 'surges' führen; das sind recht schnelle Gletscherbewegungen, verbunden mit starkem Wasseranfall und hoher Erosionsleistung. Echolotungen geben entsprechende Hinweise auf subglaziale Täler und Formen, wie sie unter 'alpinen' Vergletscherungsbedingungen entstehen (CAMPBELL & CLARIDGE 1987: 300ff). Dem späteren kalten Inlandeiskörper (deutlich unter der Druckschmelztemperatur) wird eine nur vergleichsweise schwache Abtragungsleistung und Umformungskraft zugeschrieben.

Einer solchen frühen Vergletscherungphase durch noch temperierte, aber wohl schon zusammenhängende Eismassen entstammt die offensichtlich weit verbreitete 'Sirius-Formation', eine Art Grundmoräne (MERCER 1972, zit. bei CAMPBELL & CLARIDGE 1987). Nicht alle als Sirius-Formation eingestuften Fundstellen sollen jedoch dieses hohe Alter besitzen: WEBB ET AL. (1983) stellen manche der Vorkommen in das geologisch-sehr junge Oberpliozän, was bedeutende Konsequenzen für die Vorstellung der Stabilität des ost-antarktischen Eisschildes hat.

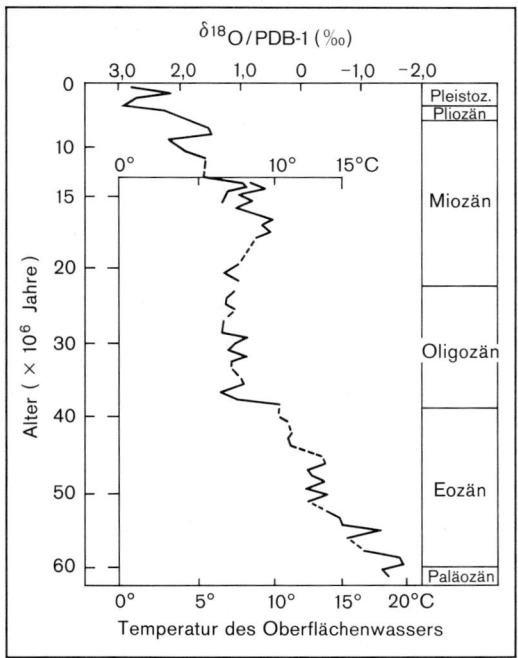

Abb. 7:   Sauerstoffisotopenkurve für subantarktische Planktonorganismen während des Känozoikums (aus FÜTTERER 1988). Vom Paläozän bis zum Mittleren Miozän repräsentiert die Kurve die Temperaturentwicklung des antarktischen Oberflächenwassers. Auffällig ist der Temperatursprung im Unteroligozän (38 Mio. Jahre). Zu diesem Zeitpunkt ist bereits mit deutlichen Eisvorkommen in der Antarktis zu rechnen. Damit besitzt die Erde nach mehr als 200 Mio. Jahren seit der permo-karbonischen Vereisung wieder vergletscherte Gebiete.

Im Mittleren Miozän etabliert sich zwischen 13,5 und 12,5 Mio. Jahren der ostantartische Inlandeisschild mit der Folge eines stark sinkenden Meeresspiegels. Dieser Vor gang ermöglicht aufgrund der neuen topographischen Verhältnisse die Eisakkumulation auf den west-antarktischen Landmassen und Inseln. Es entwickeln sich in diesem Archipel Schelfeise und Eisbrücken, die auch hier zu einer großen zusammenhängenden Eismasse führen und schließlich mit dem ost-antarktischen Eis zusammenwachsen. Mikrofossiliengehalte weisen darauf hin, dass ein geschlossener west-antarktischer Eisschild nicht vor dem Oberen Miozän (10 - 5 Mio Jahre) existierte (FÜTTERER 1988: 14).

Es wurde vermutet, dass dieser westliche Teil der antarktischen Vereisung viel sensibler auf Veränderungen wie z.b. Meeresspiegelschwankungen reagiert und wenig stabil sei. 'Eisausbrüche' großen Ausmaßes wurden und werden immer wieder im Zusammenhang mit globalen Klimaumbrüchen diskutiert. Nach den sedimentologischen Befunden aber, die FÜTTERER (1988) anführt, "... ergibt sich der vorsichtige Schluss, dass der westantarktische Eisschild doch wohl stabiler ist als allgemein angenommen wird."

Das Obermiozän bringt eine weitere globale Abkühlung mit sich (vgl. Abb. 7), damit auch weniger Niederschläge für die Ost-Antarktis, deren Eismasse in der Folge sinkt. Hierdurch kommt es zur Abschnürung einiger Tal- und Fjordgletscher. Die sogenannten Trockentäler des Victoria-Landes (Abb. 4) werden freigelegt: Das Wright und Victoria Valley sind fast eisfrei, Taylor und Ferrar-Valley werden noch teilweise von einem Talgletscher durchflossen (CAMPBELL & CLARIDGE 1987). Gegen Ende des Miozäns (5,5 Mio. Jahre) hat sich die West-Antarktis (mit weiter sinkendem Meeresspiegel) beträchtlich ausgedehnt und wächst weiter. Nach MAYEWSKI (1975, zit. bei CAMPBELL & CLARIDGE 1987: 303) soll das Eis 1,8mal ausgedehnter als heute gewesen sein, die Grundlinie des Ross-Schelfeises 225 km weiter nördlich als heute gelegen haben. Mit diesem 'Queen-Maud-Stadium' (6 - 4,8 Mio. Jahre nach KENNET 1977) erreicht die Antarktis ihre maximale Vereisung. DENTON ET AL. (1984) postulierten aus ihren Untersuchungen in den Dry Valleys eine maximale Vereisung zwischen 9 und 4 Mio. Jahren. Dabei soll der antarktische Eisschild mehr als 1000 m mächtiger als heute gewesen sein. Dies führte zur glazialen Überformung der seit 3 (oder erst 1,5 ?) Mio. Jahren erneut eisfreien Trockentäler im Transantarktischen Gebirge.

HÖFLE (1989) kommt in der Shackleton Range (Nähe Filchner-Schelfeis) aufgrund von geomorphologischen Beobachtungen und Untersuchungen des Verwitterungsgrades anstehender Gesteine und Moränen zu ähnlichen Befunden: Nach der jungtertiären Maximalvereisung, deren Abflussrichtung noch nicht mit den heutigen Eisscheiden übereinstimmte (vgl. HÖFLE 1989 und Abb. 24), verlor das Inlandeis über 1000 m Eisdicke. FÜTTERER (1988: 14) schließt aus dem Vorkommen von Turbidit-Ablagerungen an der Wende Miozän/Pliozän (5,3 Mio. Jahre) auf eine starke Ausdehnung des west-antarktischen Eises, das sich bereits vor etwa 4,8 Mio. Jahren stabilisiert hatte. Der Weltmeeresspiegel ist jetzt auf einem Tiefstpunkt und verursacht das 'Messinian Event' - die Austrocknung des Mittelmeeres mit weiteren Folgen für die globale Klimaentwicklung (s. Kap. 3.5.2).

Für die letzten 2,4 Mio. Jahre (Quartär) lässt sich aus der Interpretation von Sedimenten und Mikrofossilgehalten aus dem Weddell-Meer auf eine zunehmende zeitliche (saisonale) wie räumliche Ausdehnung der Meereisdecke schließen (FÜTTERER 1988).

Mit dem vorgestellten Zeitrahmen reicht die Vergletscherung bzw. die Anlage eines südpolaren Kaltklimas wesentlich weiter in die Erdgeschichte zurück als in arktischen Breiten. Die Antarktis bleibt als Kaltklimat bis zur Gegenwart persistent, mit Fluktuationen in Mächtigkeit, Volumen und Erstreckung der Eiskappe sowie in den Reichweiten des Meereseisgürtels (Abb. 8). Vermutlich erst vor 3 - 4 Mio. Jahren kommt es zum Eisaufbau in der Nordhemisphäre, zur Entstehung der Arktis (Kap. 7.4; 3.5.2).

3.4.2 Antarktische Vereisung und Klimaschwankungen im Quartär

Derartig großräumige und voluminöse Eismassen reagieren schwerfälliger auf Klimaschwankungen als vergletscherte Gebirge. (Geschätzt 30 Mio. km^3 - die Zahlen schwanken zwischen 25 und 37 Mio km^3 - oder etwa 80 - 90% des irdischen Süßwassers sind in der Antarktis gespeichert.) In seinem bis über 4000 m mächtigen Profil konserviert das Eis einen hohen Informationsgehalt über paläoklimatische Veränderungen: Gas-Luft-Einschlüsse mit ihren Isotopen dienen heute als Klima-Archiv. Ein über 2000 m langer Eisbohrkern liefert Informationen über die letzten 160 000 Jahre, d.h. bis zurück in die Riß-/Saale-Eiszeit. Untersuchungen an Meeresablagerungen (ice-rafted debris, dropstones, Meeresorganismen) belegen auch für die Antarktis Reaktionen auf pleistozäne Kälte- und Wärmephasen. So soll in der Ross-Eiszeit (= Würm-/Weichsel-Eiszeit) der McMurdo-Sund nicht von Schelfeis, sondern von einem 1000 - 1500 m dickem Eisschild bedeckt gewesen sein. An den Küsten der Ost-Antarktis nimmt man eine Zunahme der Eisdicke um 500 - 1000 m an (CAMPBELL & CLARIDGE 1987: 305). Eis drang stellenweise wieder in die Trockentäler des Transantarktischen Gebirges ein und dämmte sie ab. An den Ellsworth Mountains ist das Eis 800 m mächtiger gewesen als heute. In der Küstenregion des Queen-Maud-Landes konnten drei Generationen glazialer Ablagerungen als Folge klimatischer Veränderungen ausgegliedert werden.

HÖFLEs Untersuchungen (1989) in der Shackleton Range erbrachten Hinweise auch auf jüngere Moränenablagerungen wesentlich geringeren Verwitterungsgrades. Er vergleicht und parallelisiert sie mit Befunden vom Ross-Meer. *"Dort gilt es als sicher, dass der Ross-Eisschelf während des Höhepunktes der Weichsel-Kaltzeit um max. mehr als 600 km nach Norden vorgestoßen ist"* (HÖFLE 1989: 491). Ermöglicht wurde der jungquartäre Eiszuwachs durch die eustatische Meeresspiegelabsenkung um etwa 130 m, verursacht durch zusätzliche Inlandeise auf der Nordhalbkugel. Die antarktischen Schelfeismassen fanden Halt auf dem Untergrund mit der Folge langsamerer Bewegung, Anwachsen und Rückstau ihrer Eismassen. In der Shackleton Range nahm der Slessor-Gletscher im Hinterland des Filchner-Schelfeises um 350 m Dicke zu und hinterließ die weichselzeitliche Moräne.

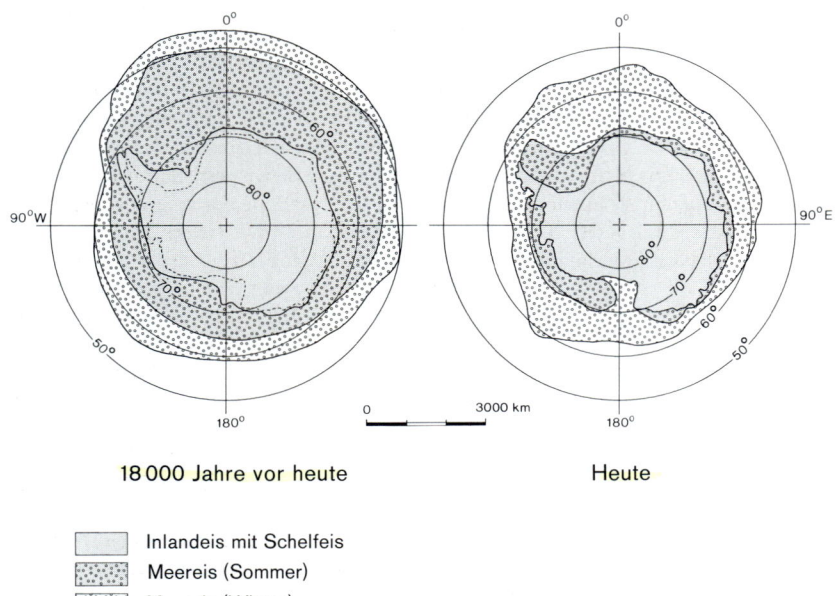

18 000 Jahre vor heute   Heute

	Inlandeis mit Schelfeis
	Meereis (Sommer)
	Meereis (Winter)

Abb. 8: **Antarktisches Inland- und Meereseis**: Rekonstruierter Vergleich des letzten Hochglazi-
als der Ross-Eiszeit (= Weichsel-/Würm-/Wisconsin-Eiszeit) mit dem heutigen Zustand (zusammengestellt nach DENTON & HUGHES 1981; HAYS 1978; HÖFLE 1989,
SUGDEN & CLAPPERTON 1977; ZWALLEY ET AL. 1983 u.a.).

Zeitlich wird das Maximum der Meeresspiegelabsenkung und das stärkste Anschwellen
der Schelfeise auf 21 000 und 17 000 Jahre vor heute ermittelt (DENTON & HUGHES
1981). Abbildung (8) gibt eine Vorstellung der Inlandvereisung sowie Meereisdimensio-
nen während der jüngsten Eiszeit wieder. Die Konfiguration der antarktischen Vergletscherung erschwert eine genauere Rekonstruktion eiszeitlicher Verhältnisse, erst recht
für vorausgehende Eiszeitgenerationen während des mittleren und älteren Pleistozäns:
Radial auf dem Schelf oder über den Schelfrand abkalbendes Inlandeis dokumentiert sich
vor allem in Meeresablagerungen (vgl. Abb. 28). Typische glazial-geomorphologische
Zeugnisse sind wegen der wenigen freien Festlandsflächen selten. Hinweise auf ältere
Fluktuationen im Eishaushalt existieren jedoch.

Im Bereich der Antarktischen Halbinsel (Abb. 4, 34) ist aber der jungquartäre postglaziale Eisschwund unübersehbar. Die jüngere geomorphologische Entwicklung und Ausgestaltung des Nordteils der Halbinsel sowie der Süd-Shetland-Inseln trägt zusätzlich
landschaftsprägende glazial-isostatische Züge. Beispielhaft sind diese an der Hope Bay
(Esperanza), auf King George Island oder auf Elephant und Clarence Island entwickelt
(Abb. 11, 12, 22, 29). Während der letzten Kaltzeiten muss dieser Großraum wesentlich

stärker vergletschert gewesen sein. Eine zusammenhängende Eiskappe von der Halbinsel über die Shetlands hinaus nach Westen ist wahrscheinlich (s. unten).

Die in Buchten, Inseln und Schären aufgelöste Westflanke von King George und Nelson Island (Abb. 11, 12) lässt vielerorts junge Schliffspuren, Erratika und einen korrelaten, schwachen Verwitterungsgrad der Glazialablagerungen erkennen. Eisrückgang erklärt sich zum einen klimatisch als Ergebnis holozän-warmzeitlicher Bedingungen (Lage der aktuellen Schneegrenze), zweitens sorgte der postglaziale Meeresspiegelanstieg durch seine Auftriebswirkung und Abschmelzprozesse für ein Zurückweichen der Eiskliffe bis zur gegenwärtigen Grundlinie. Mit der Verminderung der Eisbedeckung über der Antarktischen Halbinsel, ihrem Schelf und den vorgelagerten Inseln kam eine glazial-isostatische Landhebung als Folge der Eisentlastung in Gang, die sich ebenfalls in der Anlage neuer Periglazialgebiete und damit Lebensräume für Flora und Fauna dokumentiert. Die höchsten (in der gesamten Antarktis) bisher nachgewiesenen marinen Ablagerungen und Strandterrassen liegen bei 275 m ü.M. auf King George Island (JOHN 1972). Insgesamt ist die Ver- und Enteisungsgeschichte der Antarktischen Halbinsel und ihres Umfeldes noch nicht zufriedenstellend geklärt. Eigene Untersuchungen belegen, dass zumindest 20 m Landhebung in den letzten 10 000 Jahren stattfand (BARSCH ET AL. 1985). Wie der eigenwillige Stockwerkbau aus marinen Abrasionsstockwerken der Fildes-Halbinsel/King George Island (vgl. Abb. 23; BLÜMEL 1990b) zeitlich einzuordnen ist und welche klimatischen und/oder tektonischen Einflüsse sich zusätzlich dabei auswirkten, bleibt zum Teil noch offen.

MÄUSBACHER (1991) liefert in seiner geomorphologisch-sedimentologischen Untersuchung wichtige Befunde zur jungquartären Entwicklung der King-George-Insel. Über das Alter des 100 m-Niveaus kann keine Angabe gemacht werden. Das ausgedehnte 35 - 40 m-Niveau ist älter als 85 000 Jahre (BARSCH & MÄUSBACHER 1986; vgl. Abb. 11). Die Enteisungsgeschichte nach der jüngsten Eiszeit (Ross/Weichsel/Würm/Wisconsin) setzt bereits 9000 Jahre vor heute ein und erreicht um 5500 vor heute die ungefähre jetzige Eisrandlage (MÄUSBACHER 1991). Der holozäne Meeresspiegelhöchststand wird "...deutlich vor 6000 B.P. erreicht" (MÄUSBACHER ET AL. 1989). Höchste postglaziale/holozäne Strandterrassen auf King George Island in geschützten Lee-Lagen erreichen 19 - 20 m ü.M. Das 16 m-Niveau konnte von MÄUSBACHER auf 5000 Jahre vor heute datiert werden. Nähere Aussagen zur Dynamik und zeitlichen Stellung glazial-isostatischer Krustenbewegungen fallen schwer. Völlig offen ist die mögliche Mitwirkung der geologisch 'jungen' Kruste dieses Raumes. Rezenter Vulkanismus auf der Insel Deception und aktuelle Bruchtektonik/Grabenbildung zwischen Halbinsel und King George Island sprechen dafür, dass tektonische Prozesse an der Landhebung mitbeteiligt sind.

Bis zur Gegenwart haben sich in den Seesedimenten der Fildes-Halbinsel Hinweise auf wiederholte klimatische Fluktuationen erhalten, die eine deutliche Absenkung der Schneegrenze verbunden mit leichtem Eisvorstoß (5000 - 4000 Jahre vor heute) anzeigen, dann wieder durch verstärkte Trockenheit bei kälteren Sommertemperaturen äolische Einträge (2500 - 2000 vor heute) bewirkten. Für die Zeit zwischen 700 und 100 Jahren vor heute leitet MÄUSBACHER (1991) aus Eiskernanalysen eine Temperaturabsenkung um mindestens 2°C für die Maritime Antarktis ab, verbunden mit einer stärkeren fluvialen Dynamik. Er korreliert dies mit der sogenannten 'Kleinen Eiszeit' in anderen Teilen der Erde.

Es ist aufgrund eigener Geländebefunde anzunehmen, dass die Vereisung der Antarktischen Halbinsel in der letzten Eiszeit nicht einheitlich verlief, sondern in zwei oder mehr Phasen zu gliedern ist (s. Analogien in der Arktis, Kap. 7.4.2, Abb. 47). Eine ältere, weichsel-zeitliche Vereisung (älter als 30 000 Jahre) könnte für eine besonders weitausgedehnte Eiskappe gesorgt haben, die die Halbinsel mit den vorgelagerten Süd-Shetland-Inseln verband und für die Anlage der heutigen Meeresstraßen zwischen den Inseln verantwortlich ist (Abb. 9). Möglicherweise fiel nach einem Interstadial/Interglazial eine erneute jung-weichsel-zeitliche Eiszunahme (ca. 25 000 bis 15 000 Jahre) geringer aus, so dass die Süd-Shetland-Inseln eine eigenständige, übergeordnete Eiskappe trugen, aber nicht mehr mit dem Eis der Halbinsel verbunden waren. Die Anlage der fjordartigen Buchten auf King-George-Island sowie glaziale Striemungen deuten auf einen nach Süden gerichteten Eisabfluss hin. Dieser schwächeren Vergletscherung könnte auch die jüngste isostatische Landhebung von nur etwa 20 m entsprechen (s. Abb. 23)

Aufgrund des breiten Kontinentalschelfs ist in jedem Fall die Möglichkeit für einen weiträumigen Eisaufbau gegeben: Die heutige 500 m-Isobathe umfasst ein Gebiet, das im Querschnitt (auf der Breite des Polarkreises) mit rund 700 km sechsmal breiter ist als die übermeerische Landmasse (s. Karte 'British Antarctic Territory', 1:3 Mio.). Im Lee der Halbinsel, Richtung Weddell-Meer, erstreckt sich derzeit über einen Teil des Flachmeerbereichs das Larsen-Schelfeis (Abb. 34). Bei einem sinkenden Meeresspiegel kann sich dieser Bereich mühelos erweitern und selbst zusätzliches Inlandeis akkumulieren, das in zeitlicher Verzögerung auch den westlichen Schelf überlagert. Neben den geomorphologischen Spuren am Festland zeigt auch die Konfiguration der Isobathen submarine glaziale Täler an, die in den westlichen Schelf der Antarktischen Halbinsel eingetieft wurden.

3.5 Klimatische Fernwirkungen der Antarktis: Paläoklimatische und aktuelle Prozesse

Die plattentektonische Aufsplitterung Gondwanas mit der Folge einer asymmetrischen Vereisung auf der Südkalotte brachten, wie erwähnt, eine globale Abkühlung in Gang. Die alt- und mitteltertiären warmen bis 'tropoiden' Temperaturen erniedrigten sich allmählich bis auf das heutige Niveau der globalen Mitteltemperatur von etwa 15°C. Die Erde war im älteren Tertiär eisfrei. Kohlevorkommen auf Spitzbergen aus dieser Zeit zeugen beispielsweise von warmen, produktiven Verhältnisse auch in damals hohen Breiten.

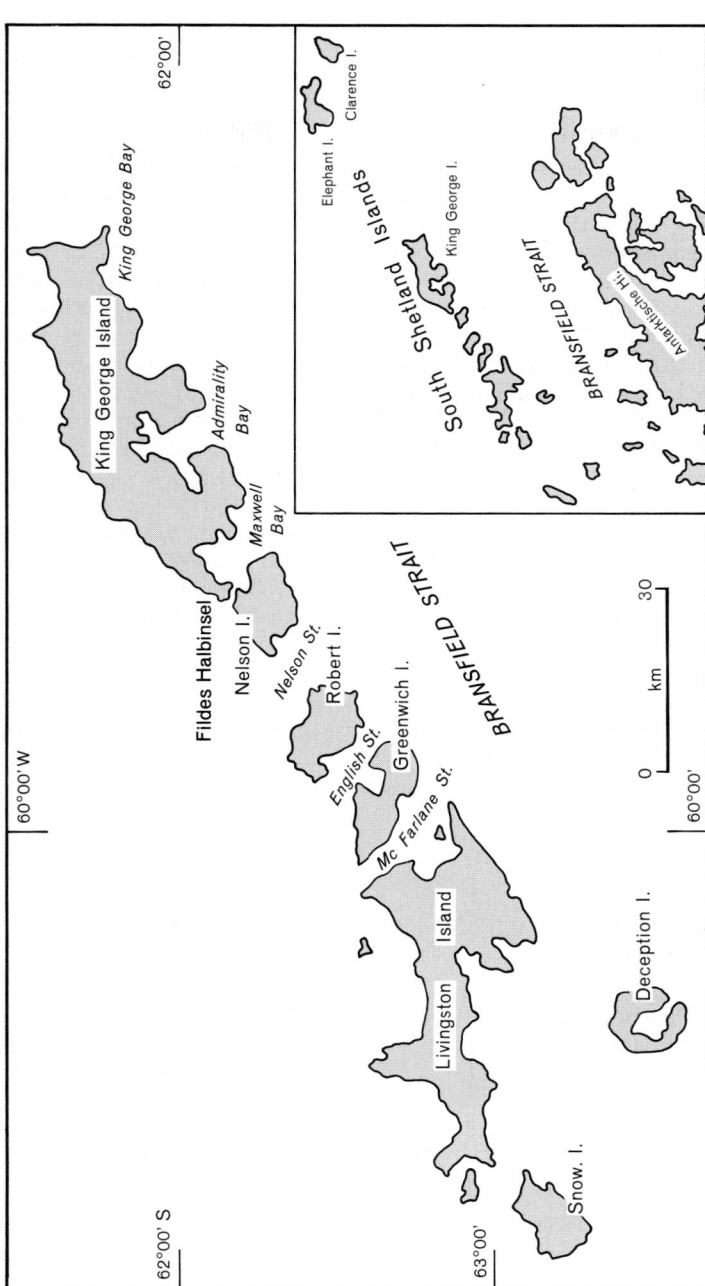

Abb. 9: Hauptgruppe der Süd-Shetland-Inseln und Nordteil der Antarktischen Halbinsel. Glaziale Erosion schuf die Tiefenlinien, die nach dem postglazialen Meeresspiegelanstieg um ca. 130 m jetzt flache Meeresstraßen bilden (aus BLÜMEL 1984)

Abb. 10: Luftaufnahme der südlichen Hope Bay (Esperanza) an der Spitze der Antarktischen
Halbinsel (Abb. 34). Im Hintergrund Beginn des Inlandeises mit Nunataks. Die heutige Kalbungsfront des Depot-Gletschers in der fjordartigen Bucht ist ca. 30 m hoch.
Während der letzten Eiszeit war der Fjord mit Eis ausgefüllt. Der Gletscher über-
schliff das Felsbett links im Bild und reichte bis zur halben Höhe des randlich gelegenen Gipfels (Aufnahme BLÜMEL, November 1987).

Abb. 11: Landhebung / glazial-isostatischer Stockwerkbau der Fildes-Halbinsel auf King
George Island (Süd-Shetlands, Abb. 9; vgl. Abb. 23). Hintergrund: Schären auf der
rezenten Brandungsplattform (= marine Abrasionsfläche) vor der Nelson-Insel.
Rechte Bildhälfte: isostatisch gehobenes 35 m-Abrasionsniveau; linke Bildhälfte: 100
m-Abrasionsniveau, davor ein fossiles Kliff mit Schutthalde und Firnfleck
(Aufnahme BLÜMEL 1984).

Abb. 12: Isostatisch gehobene Strände an der Maxwell-Bucht (King George Island, Abb. 9)
belegen die gegenwärtig noch anhaltende Landhebung. Die nach der Weichsel-
Eiszeit entstandenen spät- und postglazialen Strandterrassen reichen bis 19 m ü.M.
Darauf wurden die chilenische Station Presidente R. Frei (links) und die russische
Station Bellingshausen (Mitte) angelegt (Aufnahme BLÜMEL 1984).

3.5.1 Globale Abkühlung und Aridisierung

Ausgehend von der Antarktis als 'Kühlaggregat' bewegten sich die hier erzeugten kalten,
stark salzhaltigen und damit dichten Wassermassen in die angrenzenden Ozeane (Abb.
13). Sorgten in der Zeit vor der tektonischen Isolierung Antarktikas noch Schwellen
oder Landbrücken für einen verstärkten globalen, meridionalen Wasseraustausch und
Wärmetransport, so änderte sich dies mit der Etablierung des Antarktischen Ringstroms
im Miozän (Kap. 3.4). Die Antarktis wurde immer kälter und immer produktiver für
schweres, absinkendes Kaltwasser. Im Laufe des Känozoikums hat sich über die Platten-
verschiebung und mit Hilfe der Vereisungsprozesse der Antarktis die ozeanische *Ther-
mosphäre* mit Temperaturen über 10°C, unterlagert von der *Psychrosphäre* als Kaltwas-
sersphäre mit Temperaturen unter 10°C entwickelt (BENSON 1975). Weiter differenziert
in Boden-, Tiefen- und Zwischenwasser drosselte diese die Welttemperatur. Bis heute
bestimmt die thermo-haline Zirkulation, angetrieben von der jetzt bipolaren Meereis-
und Kaltwasserproduktion, in starkem, wenn nicht gar entscheidendem Maße das
irdische Klimasystem. Sehr eindrucksvoll hat diese BROECKER (1996) in seinem Beitrag
über 'Plötzliche Klimawechsel' zum Ausdruck gebracht. Darin wird das Prinzip eines
weltumspannenden Systems der Meerwasserzirkulation ('conveyor belt': globales
Förderband) deutlich und seine Rolle bei teils sprunghaft verlaufenden Klimawechseln.

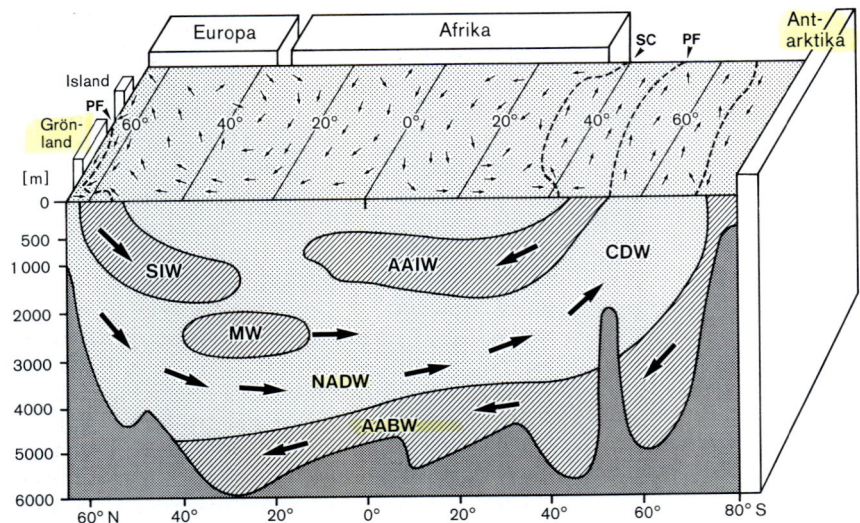

AABW = Antarktisches Bodenwasser, AAIW = Ant. Zwischenwasser,
CDW = Zirkumpolares Tiefenwasser, MW = Mittelmeerwasser,
NADW = Nordatlantisches Tiefenwasser, PF = Polarfront,
SC = 'Subtropical Convergence', SIW = Subant. Zwischenwasser

Abb. 13: Tiefenzirkulation im Atlantik (nach DIETRICH & ULRICH 1968, DIETRICH ET AL.
1975, veränd. aus ABELMANN ET AL. 1990: 735). Betont werden soll die Reichweite
des Antarktischen Bodenwassers bis in das Nordamerikanische Becken oder des aus
der Arktis stammenden Tiefenwassers bis in die Weddell-See. Damit wird die Existenz 'globaler Förderbänder' in der Weltmeerzirkulation angedeutet.

Die angeführten thermo-halinen Dichteunterschiede lassen die Weltmeere arbeiten wie
große Umwälzpumpen, sorgen für globale Energieumverteilung und Ausgleichsströ-
mungen. Diese wiederum steuern maßgeblich darüberhinwegziehende Luftmassen,
deren Temperaturen, Feuchte usw. mit ihrer witterungs- und klimabestimmenden
Wirkung auf Festländer wie auf Meere. Auf das sehr kalte *Antarktische Bodenwasser*
(AABW in Abb. 13) entfallen etwa 30% des Weltmeeresvolumens (FAHRBACH 1995:
25). Es dringt bis weit in die Nordhemisphäre vor. (In diesem Zusammenhang ist auch
das Phänomen *Polynja* im Südpolarmeer von Bedeutung; s. Kap. 4.3.) Überlagert wird
diese Bodenwasserschicht von *Nordatlantischem Tiefenwasser* (NADW in Abb. 13), das
sich aus dem Nordmeer und der Labradorsee heraus generiert. Seine Wassermassen
ihrerseits reichen weit nach Süden in den Umkreis der Antarktis, von wo aus sie sich
weiter verteilen in den Indik und Pazifik (BROECKER 1996).

An die Existenz unterschiedlich kalter und warmer Wassermassen ist eine weitere klimasteuernde Größe geknüpft - die Funktion der Ozeane als 'biologische Pumpe'. Weltmeere als Senke (oder Quelle) für das Treibhausgas CO_2 funktionieren vor allem über die planktonische Biosphäre, die wiederum in ihrer unterschiedlichen Produktivität von der Temperatur und vom Nährstoffgehalt des Ozeans gesteuert wird. Hier bestehen starke Rückkoppelungen und Selbstverstärkungseffekte, werden Parameter verändert, so dass sich über die *biologische Pumpe* eine wichtige Wechselbeziehung zwischen Temperaturgang und CO_2-Gehalt im Eiszeiten-Warmzeiten-Rhythmus erklären lässt (vgl. hierzu HAAKE & ITTEKOT 1990).

Im Gang der Vereisungsgeschichte der Antarktis resultierte eine weltweite Abkühlung und Aridisierung. Der Unterschied von (lagebedingt) feuchteren zu weniger feuchten Landstrichen verstärkte sich (Ozeanität - Kontinentalität). Semiaride und aride Klimate stellten sich ein, daran gekoppelt neue Vegetationszonen und Landschaftsgürtel. An Kontinenträndern aufquellendes Tiefenwasser (z.B. Benguela- und Humboldtstrom) und das Aufkommenden verstärkter Meeresströmungen führte zur Anlage der Küstenwüsten Namib und Atacama. Mit der verstärkten Aridisierung mancher Kontinente wandelten sich auch die regionalen geomorphodynamischen und sedimentologischen Prozesse (stv. EITEL 1994). Carbonatisierungsprozesse einer jetzt verstärkt semiariden Verwitterungsdynamik entzogen der Atmosphäre CO_2, weiträumig gebunden in Form von mächtigen Kalkkrusten (BLÜMEL 1981; EITEL 1994) - der Abkühlungstrend verstärkte sich dadurch. Langsam gewann der Globus seine uns gewohnte Vegetations-Differenzierung und landschaftliche Vielfalt.

3.5.2 Mittelmeeraustrocknung und Vereisung der Arktis

Mit der Herunterkühlung eines tropischen Temperaturniveaus durch eine tertiärzeitliche Eiszeit in der Antarktis trat eine weitere, spektakuläre Begleiterscheinung auf: Das 'Messinian Event', d.h. eine mehrfache Austrocknung des Mittelmeeres. Die jungtertiäre Maximalvereisung der Antarktis (*Queen-Maud-Stadium*, 5,1 - 5 Mio. Jahre nach JANSEN ET AL. 1990; 6 - 4,8 Mio. Jahre nach KENNETT 1977) ließ den Weltmeeresspiegel um 80 m absinken (JANSEN ET AL. 1990; 50 - 60 m nach KENNETT 1977). Damit fiel die Landenge zwischen Gibraltar und Nordafrika trocken. Möglich ist, dass tektonische Hebung zusätzlich an dieser Abschnürung des Mittelmeeres beteiligt war. Der Wasseraustausch mit dem Atlantik war wie durch einen Staudamm unterbrochen. Das Mittelmeer trocknete aus und wurde zu einer tiefliegenden Wüste, mit riesigen Salzpfannen. Vor 5,5 - 5 Mio. Jahren ereigneten sich nach den stratigraphischen Befunden (HSÜ 1984) mehrfache (Teil-)Flutungen mit erneuter Eindampfung. Die Folge: Nach Abschätzungen HSÜs wurden durch das *Messinian Event* dem Weltmeer etwa 6 % seines damaligen Salzgehaltes entzogen. Möglicherweise wurde hierdurch die Vereisung der Arktis in Gang gesetzt, denn bei einem geringeren Salzgehalt gefriert das Meerwasser bereits früher. So könnte - bewiesen ist dieser Zusammenhang noch nicht - durch die Vereisung der Südkalotte letztlich die Arktis als ein später (pliozäner) 'Ableger' der Antarktis betrachtet werden.

Nach neuesten Befunden von HAUG ET AL. (1998) kommt ein weiterer Auslöser für die Vergletscherung der Arktis hinzu - die Schließung der mittelamerikanischen Panama-Meerenge zwischen 4,5 und 3 Mio. Jahren. Eine Folge ist die *"... Verstärkung der atlantischen Zirkulation und damit die Wirkung des Golfstroms, wodurch vermehrt Niederschläge in hohen nördlichen Breiten auftraten".*

3.5.3   Eiszeiten - Warmzeiten: Ursache in den Polargebieten?

Mit dem neuen Entstehungsgebiet von großflächigem Meereis (Abb. 14) und Kaltwasser im Nordpolarmeer verstärkte sich die globale Abkühlung vor allem durch die Zirkulation des Atlantiks (Abb. 13). Immer wieder wurde die Frage aufgeworfen, ob in den Polarregionen die unmittelbare Steuerung für den vielfachen Wechsel von Kalt-/Eiszeiten (*Glaziale*) und Warmzeiten (*Interglaziale*) zu suchen ist. SCHLÜCHTER (1988) diskutiert diese auch aktuell wichtige Frage und kommt zu dem Schluss: *"Die Meeresspiegelschwankungen, welche Bewegung in das Gletschersystem von Antarktika bringen, werden durch die an die eiszeitlichen Gletscherausdehnungen gebundenen und wieder freigebenden Wassermassen auf der Nordhalbkugel gesteuert. Die treibende Kraft als Ursache der Eiszeiten liegt somit nicht in der Eigendynamik der antarktischen Eismassen."*

In der Erklärung der jungkänozoischen Eiszeiten wurde die Theorie von MILANKOVICH (s. IMBRIE & PALMER-IMBRIE 1981) in den vergangenen Jahren erneut überprüft und bestätigt. Es ist davon auszugehen, dass vor etwa 2,5 Mio. Jahren sich die von der Antarktis-Vereisung verursachte Entwicklung einem kritischen Punkt näherte: Die schon früher existierenden zyklischen Veränderungen der Erdbahnparameter (Exzentrizität der Erdumlaufbahn, Neigung der Erdachse und Präzession) konnten sich klimawirksam durchsetzen. Der Globus war mittlerweile so kühl geworden, dass die erdbahnbedingten Faktoren (Zeitpunkt von Perihel und Aphel, vermehrte oder verminderte Energieeinstrahlung durch den veränderten Achsen-Neigungswinkel) eine rhythmische Wechselfolge von quartären Glazialen und Interglazialen auslöste. Dies äußerte sich vor allem auf der Nordhalbkugel in Form riesiger zusätzlicher Vereisungen in Nord-Amerika und Nord-Europa sowie in den angesprochenen Dimensionsveränderungen antarktischer Festlands- und Meeresvereisung.

Erdgeschichtlich ist dies das 'Eiszeitalter' (*Quartär; Pleistozän*). Das hiervon angeregte - de facto sehr komplexe - Wechselspiel von Ursachen und Wirkungen, Selbstverstärkungen und Rückkopplungen ist bei BROECKER & DENTON (1990) zusammengefasst und überzeugend erklärt worden. Die Antarktis bildete in diesem Kontext das oben beschriebene primäre 'Kühlaggregat' für die globale Klimaentwicklung. Beide Polargebiete reagieren heute auf die Änderungen der Erdbahnparameter, sind aber nicht unmittelbar als die Motoren von Eiszeiten zu betrachten.

4 Polarmeere: Meereis; Rolle im globalen Klimageschehen

Auf der Nordhalbkugel - umgekehrt zur Situation im Südpolargebiet - umschließen Festländer eine Art 'Binnenmeer'. Verbindungen zu den Weltmeeren existieren in dem schmalen Durchlass der Bering-Straße in den Pazifik, durch das Geäder des Kanadischen Archipels über die Baffin Bay und die Davis-Straße in den Atlantik, ebenso über die Fram-Straße (Grönlandsee) zwischen Grönland und Spitzbergen sowie über die angrenzende Barentssee in das Europäische Nordmeer als nördlicher Teil des Atlantischen Ozeans. Eine durch ihren Kaltwassertransport globalklimatisch äußerst wichtige Teilverbindung geschieht über die Dänemark-Straße zwischen Island und Grönland. FAHRBACH (1995) bezeichnet das Nordpolarmeer zusammen mit dem Europäischen Nordmeer als 'Arktisches Mittelmeer', also als Nebenmeer des Atlantik.

4.1 Merkmale beider Polarmeere; Eisbildung

Eine genauere Erkundung polarer Meere wird generell erschwert durch die saisonal stark variierende Eisbedeckung (Abb. 14). Ozeanographische oder meeresbiologische Kenntnisse über die Sommersituation sind somit etwas leichter zu erhalten als über die winterlichen Verhältnisse und Funktionen polarer Lebensräume. Die wenigen empirischen Erkundungen während des Nordpolarwinters gingen von eingefrorenen Schiffen aus, die die Eisdrift zwangsläufig mitmachen mussten und damit dokumentieren konnten ('Fram-Drift' F. Nansens 1893-1896). Im Winter 1992 führte das deutsche Forschungsschiff 'Polarstern' in der Grönlandsee Messprogramme zur Zeit der mächtigsten Meereisbedeckung durch. Im Südpolarbereich lief im Winter 1986, 1989 und 1992 das 'Weddellmeer-Projekt' ebenfalls realisiert durch die 'Polarstern' (FAHRBACH 1995). Neben Schiffen dienen episodische Stationen auf dem Eis oder Messbojen der ozeanographischen Erforschung eisbedeckter Meere. Großräumige Informationen können über Satellitendaten gewonnen werden. Wichtige Grundlagen und neue Erkenntnisse zur Ozeanographie, zu Aspekten des Kohlenstoffkreislaufs und vor allem zur Meeresbiologie sind in dem Sammelband *Biologie der Polarmeere* (Hrsg. HEMPEL & HEMPEL 1995) zusammengefasst.

Die klimasteuernde Wirkung der Polargebiete (Kap. 3.5) ist zu beträchtlichen Teilen auf die Existenz von Meereis zurückzuführen, und zwar durch dessen Albedo-Eigenschaften: Meereisflächen werfen 50 - 85% des kurzwelligen Lichts zurück, dämpfen die direkte Erwärmung der Polarmeere durch die Sonne. Durch Sedimentfracht verschmutzte Eisflächen absorbieren entsprechend mehr Energie und schmelzen schneller ab. Eisfreie Ozeanflächen haben eine Albedo von nur 10%, erwärmen sich also wesentlich schneller (EICKEN 1995: 59). Da mit 16 Mio. km² mehr als 90% arktischer Meeresflächen im Winter von Eis bedeckt sind und die antarktische Meereisdecke zwischen 19 und 20 Mio. km² erreicht, liegt im Reflexionsverhalten (Albedo-Effekt) eine wichtige globale Klimagröße.

Region	Eisausdehnung		mittlere Eisdicke
	Winter (Mio. km²)	Sommer (Mio. km²)	(Meter)
Arktis (gesamt)	16	9	2,5 – 4
Arktischer Ozean	7	6	
Antarktis (gesamt)	19	4	0,5 – 1,5
Weddellmeer	7	1	

Tab. 1: Eisausdehnung und Eisdicke in Arktis und Antarktis (aus EICKEN 1995: 59)

Im Unterschied zur Arktis mit durchschnittlichen Eisdicken von 2,5 bis 4 m wird das vergleichsweise dünne antarktische Meereseis (0,5 - 1,5 m) während des Sommers weitgehend aufgezehrt (Tab. 1). Größere sommerliche, im Uhrzeigersinn driftende Treib- und Packeiswirbel halten sich im Weddell-Meer und im Ross-Meer. Als mittlere Eisdriftgeschwindigkeiten im Winter/Frühjahr werden 7 bis 22 km/Tag angegeben. Damit wird die Geschwindigkeit von Meeresströmungen deutlich übertroffen. Mit dem Eis driften auch die darin (Algen) und darunter lebenden Organismen wie Plankton sowie vor allem der Krill, der im Laufe seines 3- bis 4-jährigen Lebens über 10 000 km zurücklegt (EICKEN 1995: 64).

Meereeis wechselt im Laufe eines Jahreszyklus' seine Oberflächenstruktur. Es erscheint zwar homogen unter einer winterlichen Schneedecke, ist aber aus verschiedenen Fraktionen (Trümmer, Schollen) zusammengesetzt und zeigt Wachstumsphasen. Anders als arktisches Meereis wächst antarktisches weniger durch anfrierende Kristalle an der Schollenunterseite, sondern generiert sich aus einem körnigen Brei von millimetergroßen Eisnadeln und -plättchen (EICKEN 1995: 67). Daraus aggregieren sich Eisplatten unterschiedlichen Durchmessers, die sich im Wasser gegenseitig drücken und das Bild randlich aufgekrempelter Pfannkuchen abgeben - daher auch die wissenschaftliche Bezeichnung 'Pfannkucheneis' für diese Wachstumsphase. *Pfannkucheneis* verdickt sich durch Auf- und Überschiebungen auf mechanischem ('dynamischen') Wege. Das energetisch anders ablaufende Wachstum durch Anfrieren an der Eisunterseite bezeichnet EICKEN als 'thermodynamisches Dickenwachstum'. Es ist häufig im arktischen Meereeis. Zahlreiche Mikroorganismen werden bei dem Prozess des dynamischen Wachstums im Eis eingeschlossen. EICKEN betont zusätzliche Aspekte beim dynamischen Vorgang wie die Schneedecke und das Eindringen von Meerwasser durch Poren und Risse in die Schneeauflage, wo es gefriert. Das bewirkt ein Dickenwachstum der Eisdecke an der Oberfläche, woran der Schnee im Mittel mit 5% (max. bis 20%) beteiligt sein kann (EICKEN 1995). Auch die Bildung von kleinen Eisplättchen aus unterkühlten Wasserschichten (*Unterwassereis*) kann bei der Genese von Meereis eine Rolle spielen (DIECKMANN & KIPFSTUHL 1995).

4.2   Nordpolarmeer: Meeresströme, Zirkulation

Arktische Packeismassen sind im Regelfall mehrere Meter mächtig und überdauern oft viele Jahre (EICKEN 1995: 61). Das winterliche Meereis verschwindet weitgehend nur in den nordpolaren Randmeeren entlang der sibirischen Festlandsbereiche (Abb. 14). In der Arktis fehlt die aufbauende Wirkung von Schnee weitgehend aufgrund mangelnder Niederschläge. Hier vollzieht sich die Genese des winterlichen Meereises in erster Linie auf thermodynamischem Wege. Der Salzgehalt des Meeres (im Durchschnitt 3,5%) erniedrigt den Gefrierpunkt auf -1,8°C, was natürlich auch für die Antarktis gilt. Beim Gefrierprozess konzentriert sich der Salzgehalt in Blasen und Tröpfchen. Ein Teil der Sole schmilzt sich förmlich durch das entstehende Eis hindurch und reichert den Salzgehalt der darunterliegenden Wasserschichten an. Es entsteht ein nur noch schwach salzhaltiges bis salzfreies Eis, das durch die tiefen Temperaturen des arktischen Winters und durch die nur schwach isolierende, dünne Schneedecke bedeutend dicker wird als in der Antarktis (Tab. 1). Dieser Prozess erzeugt aufgrund des erhöhten Salzgehaltes und der tiefen Temperatur eine höhere Dichte des Wassers, so dass es absinkt und als kaltes Tiefenwasser maßgeblich die Wasserzirkulation der Weltmeere - insbesondere des Atlantik - mitbestimmt (Abb. 13).

Das nordpolare Packeis ist in permanenter Bewegung, wobei der Wind den Hauptantrieb leistet. Mittlere Geschwindigkeiten wurden mit 4,3 km/Tag ermittelt. Im Arktischen Becken existieren zwei große Driftsysteme (nach EICKEN 1995: 62):

1. Der rechtsdrehende Beaufort-Wirbel in der nordamerikanischen Arktis zeigt mit fünf bis acht Jahren eine relativ langsame Umlaufzeit.

2. Ein Teil des Eises aus dem Beaufort-Wirbel wird in die Transpolardrift (Abb. 15) eingespeist, die aus der Richtung Laptew-See / Neusibirische Inseln in die Fram-Straße zieht, wobei der Pol mit gestreift wird. Als Verweilzeit des Eises in der Transpolardrift werden bei EICKEN drei bis vier Jahre angegeben.

Über die Fram-Straße und den darin verlaufenden Ostgrönland-Strom (Abb. 15) mit Driftgeschwindigkeiten um 15 km/Tag sind arktische Gebiete weitreichend mit den Mittelbreiten und mit dem Globalklima verbunden: Ein gewaltiger Energieaustausch findet statt, indem 2800 km^3 Wasser pro Jahr in Form von Meereis die Hohen Breiten verlassen (= 90% des gesamten arktischen Eisexports; EICKEN 1995: 62). Sie werden ersetzt durch warme Wassermassen aus dem Atlantik (Golfstrom), die sich als *Norwegen-Strom* und *Nordkap-Strom* in Richtung Spitzbergen und Barentssee verteilen und als *West-Spitzbergen-Strom* Gewässer sogar oberhalb 80°N erreichen (Abb. 15). Im Sommer 1998 erreichten die Wassertemperaturen ungewöhnlich hohe Werte von 4 - 7 °C. Im Ostgrönlandstrom liegen sie unter Eisbedeckung bei < -1°C; sonst nördlich von 75°N bei < 0°C, südlich davon bei 0 - 2°C (frdl. Mitt. U. SCHAUER/AWI).

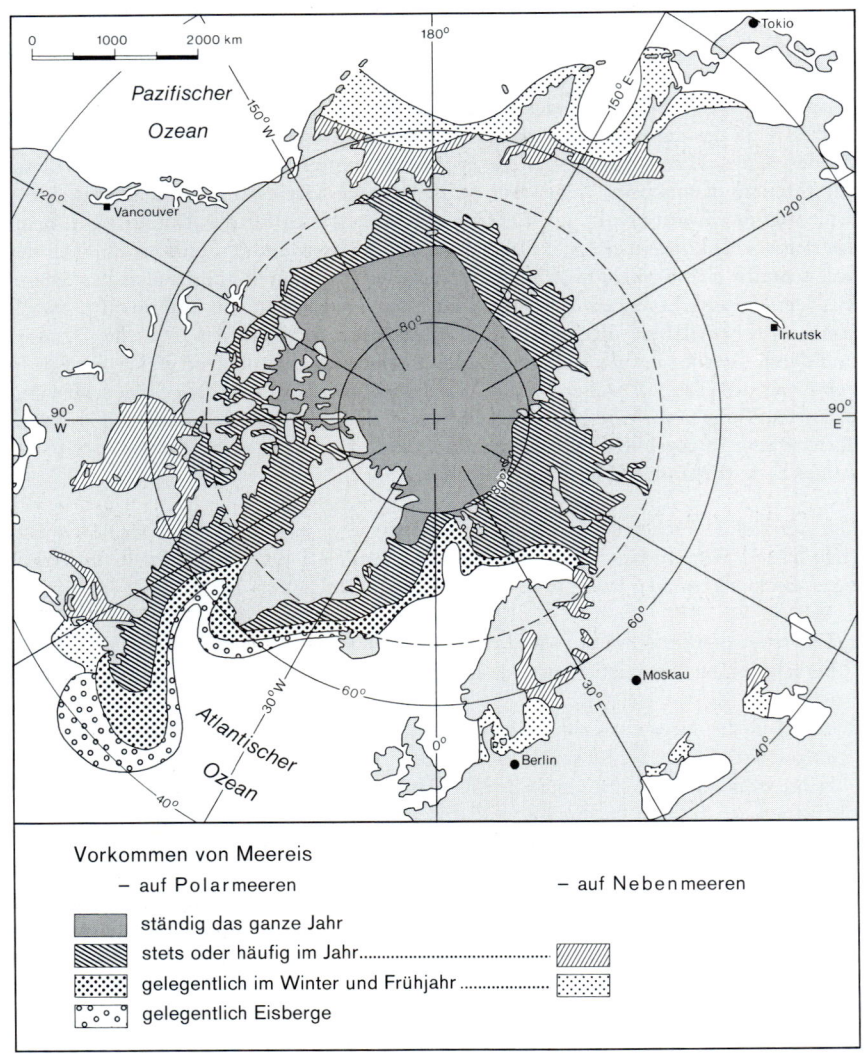

Abb. 14: Ganzjährige und saisonale Meereisbedeckung sowie Eisbergdrift auf der Nordhalbkugel (nach DIETRICH ET AL. 1975 sowie weiteren Quellen).

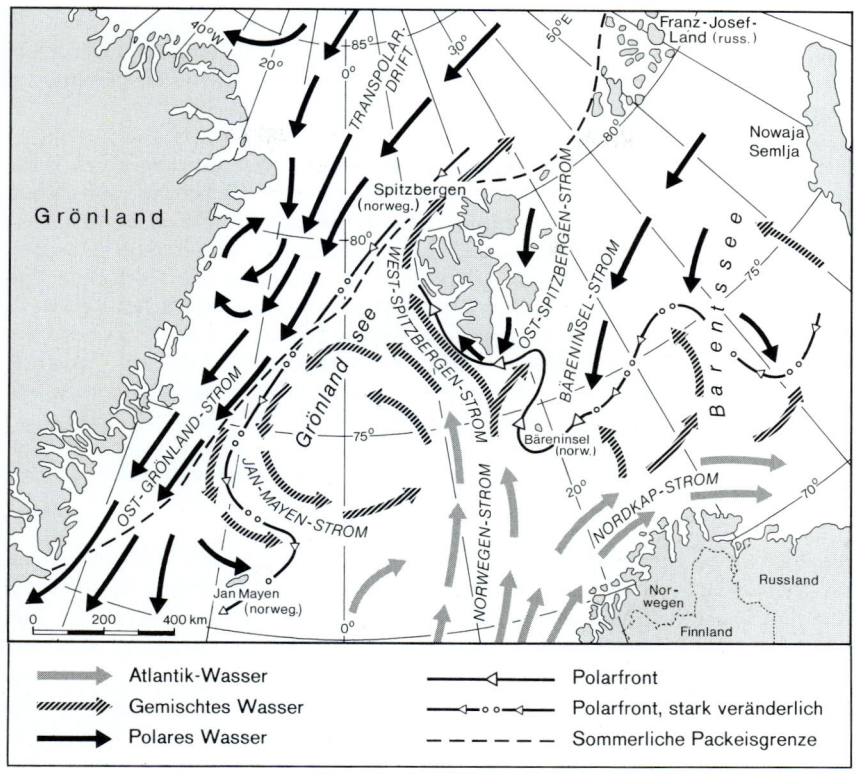

Abb. 15: Ausläufer des 'warmen' Golfstroms (etwa 3,5 - 5°C im Sommer; 1998 wurden 4 - 7°C
gemessen) erreichen als Norwegen- und West-Spitzbergen-Strom die Grönlandsee und
Teile der Barentssee, wo sie auf die kalten nordpolaren Wassermassen (Ost-Grönland-
Strom, Bäreninsel-Strom; Sommertemperaturen um 0°C und kälter) stoßen und die
Polarfront bilden. An der Ostküste Grönlands zieht ganzjährig ein von Treib- und
Packeis bedeckter Kaltwasserstrom nach Süden durch die Dänemark-Straße (zwischen
Island und Grönland) und hält durch die Bildung des Nordatlantischen Tiefenwassers
(Abb. 13) das globale ozeanische Zirkulationssystem mit in Gang.

4.3 Südpolarmeer: Ringstrom, Zirkulation, Polynjas

Eine Grenze des Südpolarmeeres festzulegen, bereitet Probleme: Nimmt man die Verbreitung von Eisbergen als Kriterium, so reicht es bis unter 40°S hinaus (Abb. 24). Die
Verbreitung vom Meereis wechselt saisonal und über die Jahre sehr stark. Eine ozeanographisch wie biologisch wichtige Grenze ist die Antarktische Konvergenz (Abb. 24; =
Polarfront in Abb. 13). Sie hat zwar ebenfalls den Nachteil der geographischen Unste-
tigkeit, indem sie zwischen 45° und 60° südlicher Breite schwankt (FÜTTERER 1988). Sie
dürfte aber die sinnvollste im Rahmen einer Naturraumcharakteristik sein. Als Fläche

des Südpolarmeeres werden 35 - 38 Mio. km² (HEMPEL 1995: 349), für das Volumen 139 Mio. km³ angegeben, was etwa 11% des Weltmeeres ausmacht (FAHRBACH 1995: 34). In den Wintermonaten sind bis zu 20 Mio. km² des Südpolarmeeres von Eis bedeckt, was ungefähr 60% seiner Fläche entspricht (HEMPEL 1995).

Mehrere Plattengrenzen mit ozeanischen Rücken strukturieren als submarines, zirkumantarktisches Gebirge das Meeresbodenrelief in der Umgebung Antarktikas (FÜTTERER 1988: 9). Drei Becken mit mittleren Tiefen um 5000 m sind auszugliedern: Das atlantisch-indische, das indisch-antarktische und das pazifisch-antarktische Becken. Mit zunehmender Entfernung vom antarktischen Schelf, einem passiven Kontinentalrand, nimmt das Alter der ozeanischen Kruste stetig ab. Mit den ozeanischen Rücken als vulkanische Fördernaht wird der geologisch jüngste Teil des post-gondwanazeitlichen Meeresbodens erreicht. Antarktische Schelfmeere fallen mit 500 m mittlere Wassertiefe weltweit aus dem Rahmen - zurückzuführen auf die eis-isostatische Belastung und Reaktion der Erdkruste (Kap. 3.4; Abb. 22). Die mit über 1000 km besonders breiten Schelfbereiche (Ross- und Filchner/Ronne-Schelfeis) sollen genetisch nach FÜTTERER (1988) "... glazialmarine Aufschüttungskörper mit lokalen Sedimentmächtigkeiten von mehr als 10 km " darstellen.

Als *Antarktischer Ringstrom* oder *Zirkumpolarstrom* kreisen südpolare Wassermassen mit der Westwinddrift um Antarktika (Abb. 24). Auf der Südkalotte wird die Bewegung im Antarktischen Ringstrom nicht nennenswert durch Festländer beeinflusst. Vor allem klimatische und ozeanographische Verhältnisse bestimmen die Bewegung. Auch hier können grob zwei Systeme unterschieden werden: Zwischen 55°S und 65°S verursachen westliche Winde eine ostwärts gerichtete Strömung (EICKEN 1995), wohingegen katabatische Ostwinde in Küstennähe eine West-Drift bewirken. Dieser Küstenstrom findet an der *Antarktischen Divergenz* seine nördliche Begrenzung (Abb. 24). Ozeanographisch lassen sich im zirkumantarktischen Wasser mehrere *Fronten* zwischen verschieden temperierten oberflächennahen Wassermassen (*Zonen*) ausgliedern (Näheres s. FAHRBACH 1995).

Im Strömungsgeschehen resultiert in den Einbuchtungen von Ross- und Weddell-Meer je ein großer Wirbel mit Treibeismassen sowie der kleinere Amery-Wirbel. Im Weddell-Meer benötigt er etwa 1,5 Jahre für eine volle Rotation, wobei sich im westlichen Weddell-Meer ein Packeisfeld mit älteren Eisschollen von durchschnittlich 1,66 m Dicke und Schneeauflagen von 0,56 m formiert. Sie sind damit deutlich massiger als die im östlichen Bereich (0,66 m Eis, 0,18 m Schnee). Derartige Unterschiedlichkeiten haben wesentlichen Einfluss auf die marine Biosphäre unter dem Eis. Des weiteren liegt deren klimatische Bedeutung in der Produktion antarktischer Wassermassen, da die Wirbel z.B. Kontakte zu den Schelfeisen herstellen, wo an deren Basis in mehreren hundert Metern Tiefe Wasser bis -2,2°C heruntergekühlt werden kann, ohne zu gefrieren (FAHRBACH 1995: 41). Hier liegt eine Quelle des dichten Weddell-Meer-Bodenwassers (Temperaturen meist zwischen 0 und -0,7°C), einer wichtigen Größe im ozeanischen Zirkulationsgeschehen (vgl. Abb. 13).

Innerhalb der winterlichen Meereseisdecke Antarktikas treten trotz der niedrigen Temperaturen offene Rinnen und weitflächige eisfreie Felder auf - sogenannte *Polynjas*. Die Dimensionen reichen von kleinen Spaltensystemen bis zu Wasserrinnen zwischen 1 bis 10 km Länge. Es kommen jedoch auch Gebiete bis zu 350 000 km² völliger Eisfreiheit vor. Zu unterscheiden sind nach GORDON & COMISO (1988) zwei Typen - die Küsten- und die Hochseepolynjas. Für einige Küstenpolynjas geben die Autoren offene Wasserflächen von 50 bis 100 km Breite an. Als Entstehungsursache von Küstenpolynjas werden kräftige katabatische Winde genannt, die das neugebildete Eis ständig von der Küste verdriften, so dass Bereiche offenbleiben. Polynjas dieser Art sind 'Meereisfabriken'. Küstenpolynjas können andererseits als *Umwandlungswärme-Polynjas* betrachtet werden, da ein auf 300 W/m² geschätzter Wärmefluss an die Atmosphäre geht. Nach GORDON & COMISO (1988) reicht diese Energie aus, um pro Tag eine 10 cm dicke Eisschicht entstehen zu lassen. Das Verdriften sorgt dafür, dass aus den Polynjas ein beträchtlicher Teil des angrenzenden Meereises erzeugt wird. Beim Prozess der Eisbildung entsteht eine höhere Salzkonzentration, die über Absinkbewegungen antarktisches Bodenwasser bildet (AABW in Abb. 13). Pro Sekunde sollen durch Küstenpolynjas größenordnungsmäßig 10 Mio. m³ Oberflächenwasser in Bodenwasser umgewandelt werden.

Hochseepolynjas erscheinen dagegen unabhängig von Landeinflüssen mitten in der Meereisdecke. Ihr Entstehen ist komplexer und wahrscheinlich mit Konvektionsbewegungen verbunden: Warmes, aufsteigendes Wasser kühlt herunter und sinkt erneut ab, hält eine Umwälzung in Gang. Aus Temperatur- sowie Salzgehaltsänderungen resultierende Dichteunterschiede bestimmen vermutlich die Dynamik. Daher bezeichnen GORDON & COMISO (1988) diesen Typ als *Temperaturwechsel-Polynja*. Flüssigkeitsdynamische Parameter sollen Konvektionszellen von nur 10 bis 30 km Durchmesser zulassen. Riesenformen wie die Weddellsee-Polynja der 70er Jahre mit 350 km Breite und 1000 km Länge müssten dann auf dem Nebeneinander zahlreicher kleinerer Zellen beruhen. GORDON & COMISO (1988: 99) schreiben diesem Umwälzungsprozess in großen Temperaturwechsel-Polynjas erhebliche Wechselwirkungen zwischen Meer und Atmosphäre im Südpolarmeer zu und von dort ausgehende Wirkungen auf Tiefseebereiche sowie globale Einflüsse auf die Atmosphären-Chemie und das Klima: *"Das Tiefenwasser, das südlich von 60 Grad südlicher Breite an die Oberfläche steigt, ist reich an Kohlendioxid und gibt beträchtliche Mengen davon an die Atmosphäre ab. Da Polynjas das Emporströmen zirkumpolaren Tiefenwassers beschleunigen, könnte man erwarten, dass sie diesen Gasaustausch verstärken und vielleicht zur vorhergesagten Erwärmung der Erde durch den Treibhauseffekt beitragen."* Über die quantitativen Zusammenhänge und Bilanzen bestehen noch große Unsicherheiten. So schrieb HEMPEL (1987) ein Jahr zuvor: *"Die Polarmeere mit ihrer starken Vertikalkonvektion gelten als wichtige Senken für das atmosphärische CO2 und wirken damit dem Treibhauseffekt entgegen. Der winterliche Packeisgürtel macht hierin eine Ausnahme: Sein Oberflächenwasser ist CO2-reicher als die Atmosphäre, das heißt, es erfolgt ein, wenn auch schwacher, Rückfluss von CO2 an die Luft."*

5 Witterung und Klima des Südpolargebiets; klimatische Gliederung

Beide Polargebiete werden klimatisch-vegetationsgeographisch häufig mit *Kältewüste* umschrieben (z.B. LAUER 1995), wobei diese Charakteristik als *Wüste* nur auf die permanent vergletscherten Gebiete oder die Bereiche der Frostschutzzone zutrifft. Die niederarktischen Tundren (Abb. 2; Kap. 8.2) können ebensowenig dazugerechnet werden wie polare Meer- und Packeisgebiete oder sommerlich eisfreie Wasserflächen. Generell sind alle polaren Einheiten in den KÖPPEN'schen E-Klimaten (Tundren- und Frostklimate) vereint, deren gemeinsames thermisches Merkmal der wärmste Monat mit einer Mitteltemperatur unter 10°C ist. Diese Abgrenzung korreliert recht gut mit der Baumgrenze (Kap. 2.2). Trotz des inversen landschaftlichen Aufbaus - antarktisches Inlandeis mit umgebenden Polarmeer und arktisches Polarmeerbecken mit angrenzenden festländischen Periglazial- oder Glazialgebieten - haben beide Großklimate etwas gemeinsam:

- Jahresmitteltemperatur unter 0°C;
- allgemein geringe Niederschläge und schwache Verdunstung;
- ca. 40% weniger solare Einstrahlung (obere Troposphäre) als am Äquator;
- negative Energiebilanz;
- akzentuierte thermische Jahreszeiten (Beleuchtungsjahreszeiten mit Polartag und Polarnacht sowie wechselnden Tag-/Nachtlängen, vgl. Abb. 1);
- eine ganzjährige flache Hochdruckzelle (Kältehoch von 1000 -1800 m Dicke; darüber Inversion mit wärmeren Luftmassen).

In der regionalen wie globalklimatischen Wirkung der Albedo liegen aber deutliche Unterschiede vor: Wegen des sehr hohen Reflexionsvermögens von 85 - 95% kann die Antarktis die Einstrahlung kaum in Wärme umsetzen (LAUER 1995: 176). Sie reflektiert kurzwellige Strahlung doppelt so stark wie die arktische Meeresfläche mit ihren zahlreichen eisfreien Stellen und einer mittleren Albedo von 50 - 70%. In der Bilanz büßt die Antarktis an ihrer Oberfläche wesentlich mehr Energie ein als die Arktis. So resultieren Jahresmitteltemperaturen in der Arktis von etwa -20°C, während sie in der zentralen Antarktis mit ihrem mächtigen Eisschild von über 3500 m bei -50°C und tiefer liegen (Abb. 16).

Mit der pauschalen Feststellung *"kälter als Sibirien und trockener als die Sahara"* (MIOTKE 1982) ließen sich weite Räume des antarktischen Kontinents durchaus zutreffend als Trocken- und Kältewüste charakterisieren. Eine derart kleinmaßstäbige Betrachtung wird aber den realen Gegebenheiten nicht gerecht - die Antarktis in ihrer Gesamtheit ist durchaus klimatisch zu differenzieren. Im folgenden werden einige generelle Aspekte behandelt. Beispiele für konkrete regionale Klimaverhältnisse finden sich zusätzlich im Kapitel 6.

5.1 Jahres- und Monatstemperaturen in der Antarktis

Antarktika als extrem kalter Kontinent erklärt sich aus seiner mittleren Höhenlage von über 2000 m sowie der Meeresferne des Kontinentinneren. Hinzu kommt eine lange Winterperiode ohne Einstrahlung. Folge ist eine negative Strahlungsbilanz, die letzlich für den kaltklimatischen Gesamtzustand mit der mächtigen Vergletscherung verantwortlich ist. Die extreme Abkühlung der Oberfläche erzeugt im bodennahen Hoch deutlich niedrigere Temperaturen als in der darüberliegenden Troposphäre (CAMPBELL & CLARIDGE 1987: 45).

In den Isothermen der Jahresmitteltemperatur spiegelt sich grob die Reliefkonfiguration Antarktikas wider (Abb. 16). Tiefste Werte (unter -50°C) werden im Zentralplateau der Ost-Antarktis registriert. Mit -88°C hält die russische Station Vostok südöstlich des

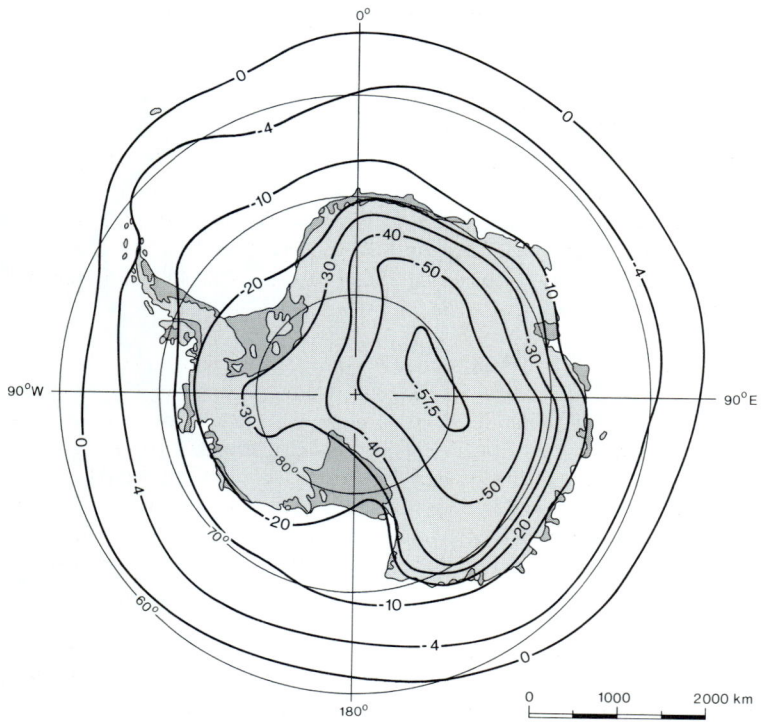

Abb. 16: Mittlere jährliche Temperaturen der Antarktis in Bodennähe (nach JOHN & SUGDEN 1975). Die Sonderstellung der Antarktischen Halbinsel wird hier deutlich, indem die gemittelten Jahrestemperaturen zwischen -10°C und -4°C, die der Süd-Shetland-Inseln sogar noch höher liegen (vgl. Abb. 18).

Südpols noch immer den Rekord über die tiefste gemessene Temperatur der Erde (Abb. 17). Vom kalten inneren 'Plateau' in Richtung Küste rücken die Isothermen näher zusammen. Hier vollzieht sich mit der steilen Abdachung auch ein rascherer Temperaturübergang auf engerem Raum (Abb. 16). Aber selbst in den Trockentälern des Victoria-Landes sind Wintertemperaturen von -60°C keine Seltenheit; die Sommertemperaturen bleiben auch hier unter 0°C (MIOTKE 1982).

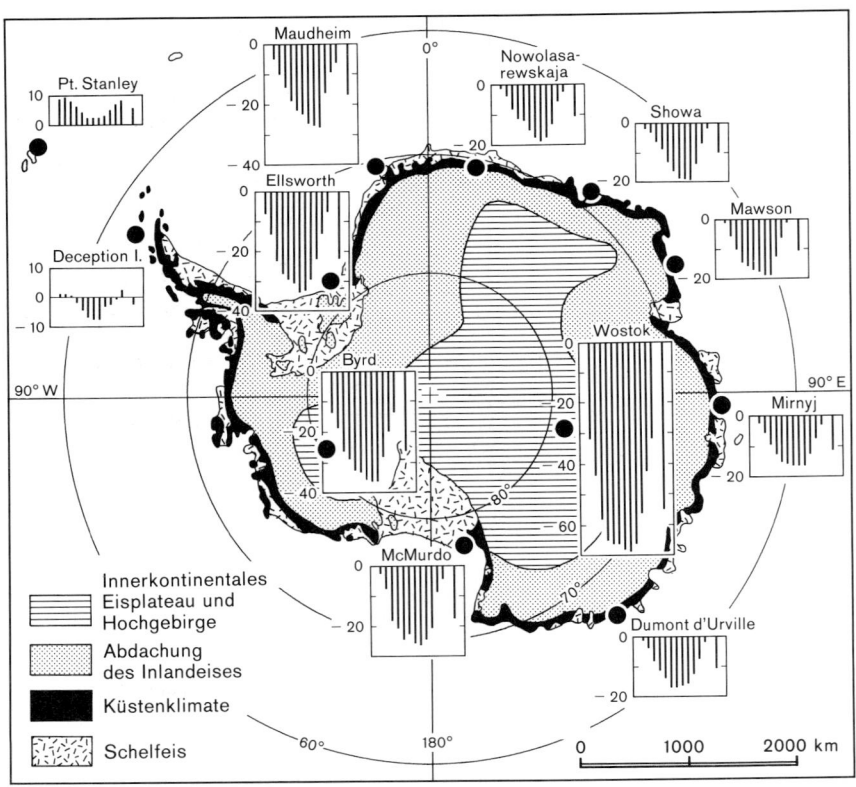

Abb. 17: Monatsmitteltemperaturen ausgewählter Klimastationen und klimatische Zonierung der Antarktis (nach BAKAEV 1966; aus RICHTER & BORMANN 1995, veränd.).

Ostküstenbereiche werden recht gut mit der -10°C-Jahresisotherme markiert; in der West-Antarktis liegt diese aber bereits weit auf dem Meer. Insgesamt ist die West-Antarktis thermisch etwas gemildert gegenüber der noch kontinentaleren und höhergelegenen Ost-Antarktis. In den Sommermonaten steigen die Temperaturmaxima inlands

(Südpol, Vostok) auf -30°C. An den Küsten werden meist noch wenige Grade unter Null gemessen (CAMPBELL & CLARIDGE 1987: 45). Der charakteristische Gegensatz zwischen maritimen Randbereichen mit relativ kleinen Jahresamplituden und extrem kontinentalem Inneren drückt sich in der vergleichenden Diagrammdarstellung ausgewählter Stationen aus (Abb. 18). Kleinräumige Temperaturdifferenzierungen sind auf Lage- und Expositionsunterschiede zurückzuführen.

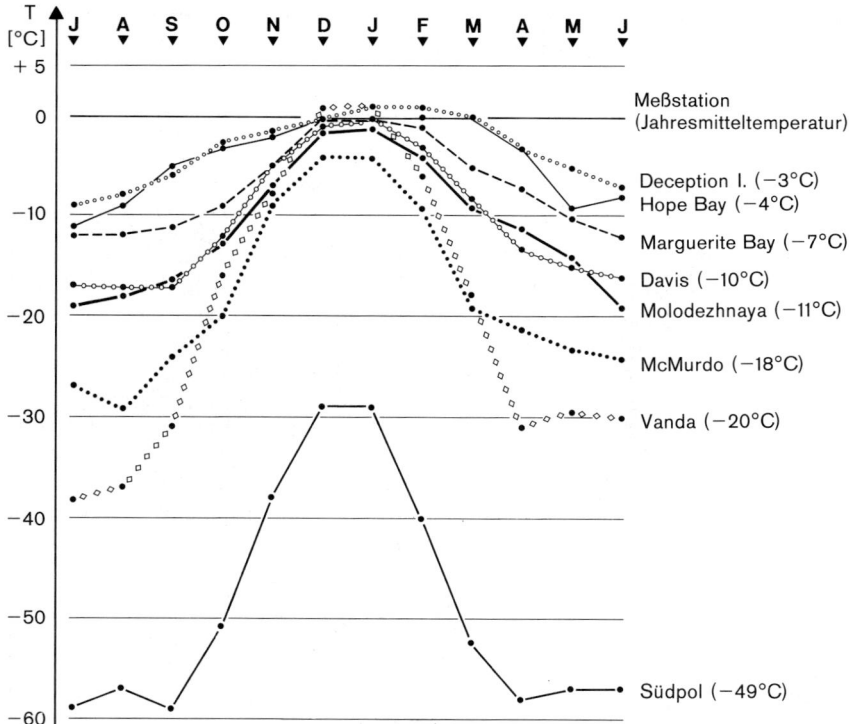

Abb. 18: Diagramm der Monatsmitteltemperaturen ausgewählter antarktischer Klimastationen, deren Lage aus Abb. 17, 34 und 4 zu entnehmen ist. In Klammern: Angabe der Jahresmitteltemperatur. Deutlich wird der ozeanische Klimacharakter der Antarktischen Halbinsel (Deception; Hope Bay; Marguerite Bay), die mildernde Küstennähe (Davis; Molodezhnaya) sowie die stark kontinentalen Einflüsse (McMurdo; Vanda; Südpol), die sich in ihren hohen Temperaturamplituden zwischen dem wärmsten und dem kältesten Monat ausdrücken.

In der großräumlichen thermischen Typisierung der Antarktis fällt der stark ozeanische Charakter der Antarktischen Halbinsel auf und wird in Abb. 16 und 18 dokumentiert. Etwa zwei Drittel der Halbinsel haben Jahresmittel zwischen -10°C und -4°C, die Süd-Shetland-Inseln sind noch wärmer. Damit fällt die Halbinsel deutlich aus dem Gesamtrahmen der Temperaturen, zeigt sich ihre klimatische Eigenständigkeit (vgl. Kap. 6.2.1; 6.2.5). In den Sommermonaten (Dezember - März) steigt die Temperatur auf den ozeanisch sehr gemilderten S-Shetland-Inseln mit 1 bis 3°C in den positiven Bereich (Deception-I., Abb. 18; King George Island, Abb. 35). Typisch ozeanische Jahresamplituden um 10°C der Stationen Deception oder Hope Bay bestimmen das Bild (Abb. 18) gegenüber 30°C (Südpol) oder 40°C (Vanda). Diese relative thermische Gunst der Antarktischen Halbinsel darf aber landschaftsökologisch nicht überschätzt werden: Die Sommer sind sehr kühl und stürmisch, was das nur kleinräumige Aufkommen einer kümmerlichen Flechten- und Moos-Tundra erlaubt (Kap. 6.2.1).

5.2   Niederschlagshöhe und -verteilung

Der oben genannte Begriff *Wüste* für beträchtliche Teile der Antarktis ist durchaus angebracht, wenn man nur die mangelnde Verfügbarkeit von flüssigem Wasser betrachtet und auch die absoluten Niederschlagsmengen mit denen heißer Wüstengebiete vergleicht. Zumeist fällt der Niederschlag als Schnee, die Hauptmenge in den Wintermonaten aus Zyklonentätigkeit. Hauptzugbahnen winterlicher Stürme sind in Abb. 19 dargestellt. Nach Süden verlagerte Subtropenhochs blockieren im Sommer die Westwinddrift. So fällt dann bis zu 40% weniger Niederschlag als im Winter, da die Polarfront weiter nördlich liegt (LAUER 1995: 177).

Küstennahe Zonen erhalten zwischen 200 und mehr als 400 mm Wasseräquivalent (SUGDEN 1982: 54); einige west-antarktische Bereiche sogar mehr als 600 mm. Große zentrale Teile der Antarktis verzeichnen demgegenüber weniger als 50 mm (Abb. 20), das ist mit der Sahara vergleichbar. Nach CAMPBELL & CLARIDGE (1987) sollen beträchtliche Anteile der Schneeniederschläge auf dem Inneren Plateau nicht aus den Tiefdruckwirbeln, sondern aus Schichten der höheren Troposphäre stammen (Höhenzyklone über bodennahem Kältehoch). Indikatoren für einen weit- und hochreichenden Ferntransport sind spezifische Ionengehalte und Immissionen aus Industrieländern.

Die Karte antarktischer Niederschläge (Abb. 20) muss als Versuch einer Generalisierung betrachtet werden. Wind und Stürme verdriften den Schnee über weite Strecken, oft weit vom eigentlichen Niederschlagsgebiet entfernt, bis er zur definitiven, räumlich sehr unterschiedlichen Akkumulation kommt. Luv-/Lee-Effekte spielen ebenso eine Rolle wie regionale Windgeschwindigkeitsmuster. Deshalb sind auch Niederschlagskarten in Form der vorliegenden Isoliniendarstellungen nur als Näherung zu werten, zumal die Dichte von Messstationen in der Antarktis spärlich ist. Interpolationsmöglichkeiten sind somit sehr eingeschränkt.

5.3 Antarktische Windsysteme

Im Überblick betrachtet, sind die Windverhältnisse der Antarktis bimodal bestimmt: Zyklonen mit heftigen Winden und Stürmen drehen - in west-östlicher Richtung ziehend ('westerlies') - in den Kontinent hinein (Abb. 20). Besonders stark betroffen von zyklonalen Stürmen ist die Antarktische Halbinsel, die förmlich wie ein Keil in die Westwindrichtung hineinragt. Die vergleichsweise warmen und feuchten ozeanischen Luftmassen sind verantwortlich für die beträchtlichen Niederschlagsmengen an den Küstenregionen.

Aus der Höhenlage und dem Profil des vereisten Kontinents resultiert das zweite, wohl dominante Windsystem - das der katabatischen Winde. Dies sind teils extrem kalte, schwere Luftmassen, die sich durch die hohe Ausstrahlung über den kontinentalen Hochlagen bilden und den Reliefkonturen folgend als Fallwinde abfließen. Generalisiert ergibt sich ein radiales Windfeld in Richtung Küste (Abb. 19; vgl. CAMPBELL & CLARIDGE 1987: 45; LAUER 1995: 177). In den hochgelegenen, zentralen Teilen Antarktikas sind die Windschwindigkeiten geringer. Bei ihrem Lauf über den steileren Abfall der Eiskappe werden die katabatischen Winde oft auf Orkanstärke beschleunigt. Höchste Geschwindigkeiten werden unmittelbar über der Oberfläche erreicht. In Küstennähe

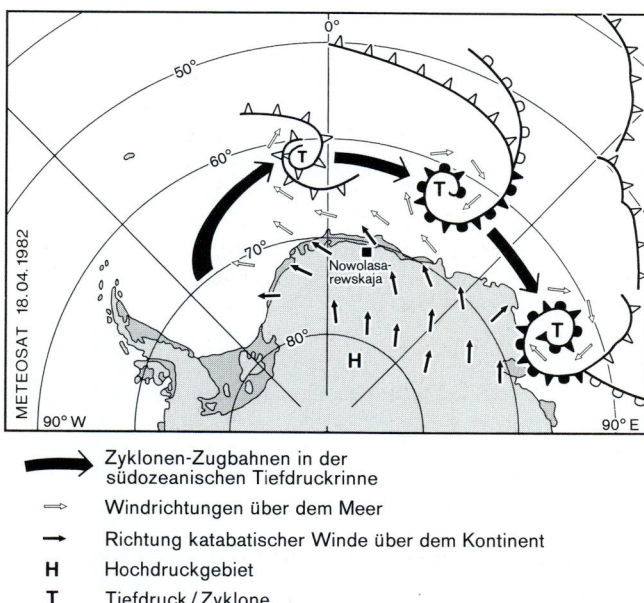

Abb. 19: Antarktisches Zirkulationsmuster mit Kältehoch, katabatischen Winden und zyklonaler Tiefdruckrinne (veränd. nach RICHTER & BORMANN 1995: 208).

stößt dieses Windsystem mit den zyklonalen Westwindströmungen zusammen oder es wird über dem Meer abgebremst. Katabatische Winde sind für die küstenwärtige Verdriftung der ohnehin niedrigen Schneefälle mit verantwortlich, sie formen dabei die Schneeoberflächen durch Windschliff stellenweise in bizarre Skulpturen (Sastrugi) um. Vor den Eiskliffen der Schelfeise und Gletscherzungen sind abströmende katabatische Winde verantwortlich oder beteiligt an der Bildung ganzjährig offener Meeresflächen, den Polynjas (s. Kap. 4.3).

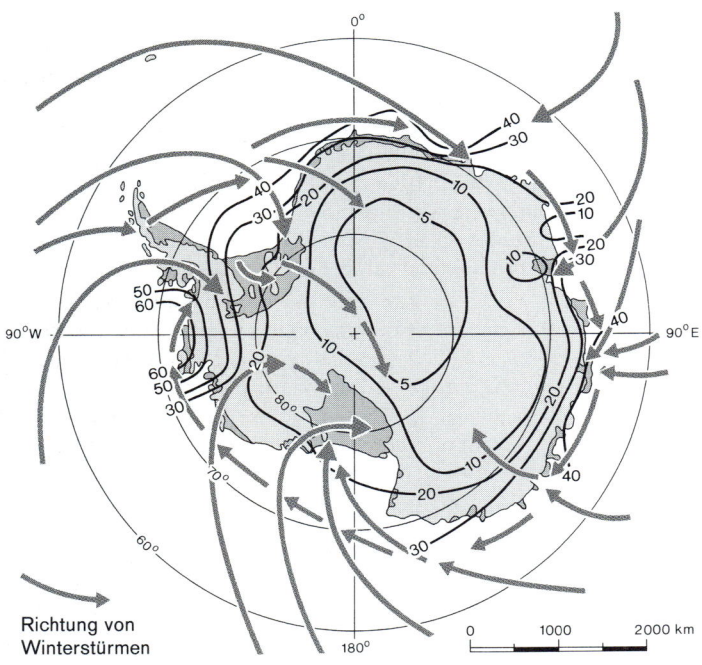

Abb. 20: Richtung winterlicher zyklonaler Stürme und mittlere jährliche Schneeakkumulation (in Zentimetern) in der Antarktis (veränd. nach ALT ET AL. 1959, BULL 1971 in CAMPBELL & CLARIDGE 1987: 51, 48).

Zur Zeit der Polarnacht (Spätherbst und Winter) beherrscht das polare Kältehoch den gesamten antarktischen Eisschild. Die subtropischen Hochs liegen jetzt am weitesten entfernt. Katabatische Winde sind zu dieser Jahreszeit besonders häufig und heftig, erreichen oft Orkanstärke. LAUER (1995) gibt Winde aus SE bis SSE mit mittleren Geschwindigkeiten von 10 - 15 m/sec (36 - 54 km/h) an. Sie verwirbeln sich an der Küste mit den Tiefs und verstärken die Geschwindigkeit auf 50 - 60 m/sec (180 - 216 km/h). Indem sich die kalten katabatischen Winde unter die relativ warm-feuchte

Küstenluft schieben, verursachen sie Konvektion und (teils ergiebige) Niederschläge. Küstennahe Bereiche produzieren somit den höchsten Zuwachs am Inland- und Schelfeis. Im Sommer sind Kernhochdruck, katabatische Winde und Zyklonenfrequenz abgeschwächt.

5.4 Klimatische Grobgliederung der Antarktis

Ein derartiger Kontinent, dessen Fläche zu fast 98% von Eis bedeckt und schildförmig gestaltet ist, läss t sich klimatisch nur schwer gliedern. Aufgrund der thermischen Gegebenheiten wie der orographisch und zyklonal gesteuerten Wind- und Niederschlagsverhältnisse unterschied WEYANT (1966) die drei Zonen: *Inneres Antarktisches Plateau, Antarktischer Abhang/Flanke* und *Antarktische Küste*. BAKAEV (1966, zit. bei RICHTER & BORMANN) ergänzt diese durch die *Schelfeisgebiete* (vgl. Abb. 17).

SMITH (1984, zit. bei KAPPEN 1994) kam ebenfalls zu einer Dreigliederung der *kontinental-klimatischen Region* (Ost-Antarktis):

1. *Küstenbereiche*
Lufttemperaturen steigen hier etwa nur einen Monat lang über den Gefrierpunkt. Niederschläge (meist < 300 mm Wasseräquivalent) fallen fast nur als Schnee. Katabatische Winde und zyklonale Winde/Stürme beherrschen die Ost-Antarktis (v.a. Wilkes-Land, Nord-Victoria-Land) mit heftigen Schneestürmen im Frühsommer und Winter. Zyklonale Einflüsse reichen bis in die Randzonen des Transantarktischen Gebirges (McMurdo-Trockentäler) am Ross-Schelfeis. Das mittlere Temperaturminimum des kältesten Monats wird mit unter -20°C angegeben.

2. *Randbereich / Flanke des Inlandeises*
Diese Zone liegt größtenteils südlich von 70°S; positive Temperaturen treten kaum noch auf. Katabatische Winde dominieren. Der Schneeniederschlag entspricht etwa 100 mm Wasseräquivalent pro Jahr. Kleine eisfreie Gebiete bilden sogenannte *Oasen* oder isolierte Gipfel über dem Eis (Nunataks).

3. *Zentrales Inlandeisplateau*
Es liegt im Durchschnitt über 2000 m, stellenweise durchragt von Gebirgszügen oder Nunataks. Die mittleren Monatstemperaturen liegen unter -15°C (Abb. 17, 20) bei weniger als 100 mm Niederschlägen. Die zentrale Antarktis ist mit 30 bis 70 mm Jahresniederschlag (Wasseräquivalent) und bei Jahresmitteltemperaturen zwischen -50 und -60°C *'trockener als die Sahara und kälter als Sibirien'* (MIOTKE 1982).

HOLDGATE (1977) gliederte im Vergleich zu WEYANT (1966) und BAKAEV (1966) eine weitere Zone aus - die wesentlich weniger von klimatischen Extremen geprägte *Maritime Antarktis*. Sie umfasst den Nordteil und die Westküste der Antarktischen Halbinsel bis etwa 70°S, deren deutlich kältere Ostküste bis ca. 63°S sowie die benachbarten Inseln (Süd-Shetlands; Süd-Georgien; Süd-Sandwich-Inseln). Die zugehörige Landmasse ist klein

- verglichen mit dem Gesamtkontinent (Abb. 3; Kap. 6.2.5; vgl. BLÜMEL 1990b). Temperaturen der Sommermonate liegen wenige Grade im positiven Bereich, kälteste Monate im Mittel nicht unter -15°C (Abb. 18). Niederschläge in Äquivalenten von 300 bis über 500 mm fallen zwar dominant als Schnee, im Sommer sind Regen, Schnee- und Nieselregen sowie Nebelnässe aber keine Seltenheit. In dieser Zone existieren die günstigsten Bedingungen für landgebundenes Leben innerhalb der gesamten Antarktis.

Die sog. *Subantarktis* gehört im Grunde nicht mehr zur Polarregion: Typisch polare Merkmale wie Permafrost oder Jahresmitteltemperaturen unter 0°C fehlen. Das Klima ist ausgesprochen ozeanisch; besonders eindrucksvoll in ihrer thermischen Ausgeglichenheit ist dabei die Macquarie Insel (Abb. 21; LÖFFLER 1983). Deren Jahresmitteltemperatur liegt bei 4,7°C, der kälteste Monat (September) bei 1,3°C und die wärmsten Monate (Januar und Februar) mit 5,1°C. Die Luftfeuchtigkeit beträgt durchgehend 90%. Regen- und Schneeniederschläge erreichen nahezu 900 mm; selbst in den Höhenlagen fehlt aber eine winterliche Schneedecke. Ganzjährig wehen heftige Winde mit durchschnittlichen Geschwindigkeiten von 8 - 9 m/sec (30 km/h; LÖFFLER 1983). Trotz der hohen Ozeanität reicht die Wärmesumme der Subantarktis für Baumwuchs nicht aus.

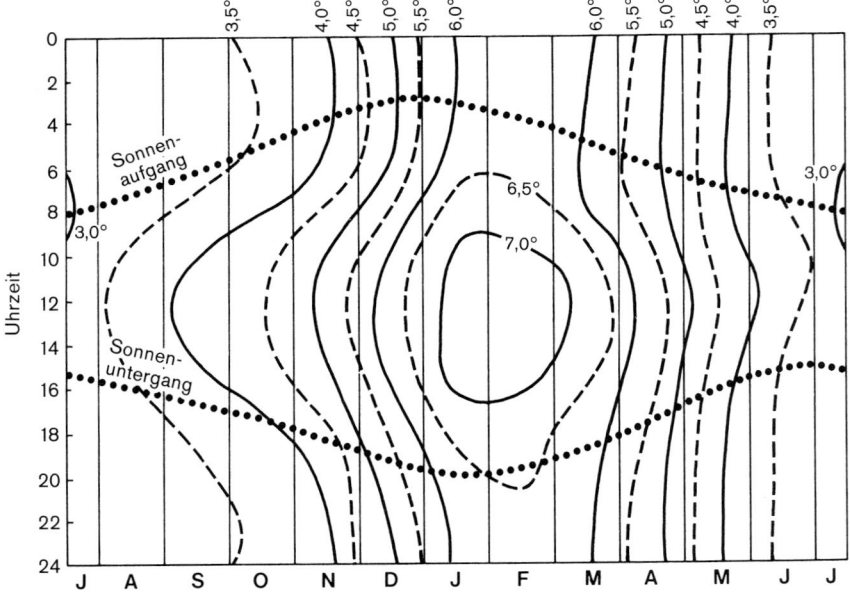

Abb. 21:   Das Thermoisoplethendiagramm der Macquarie-Insel (55°S/159°E) südöstlich von Tasmanien charakterisiert ein extrem maritimes Klima der Subantarktis. Die Jahresmitteltemperatur beträgt 4,7°C. Für Baumwuchs reicht die Wärmesumme jedoch nicht aus (verändert aus LÖFFLER 1983).

Die Ausdehnung der Subantarktis reicht etwa vom 59° Süd bis zu den Südspitzen Neuseelands und Feuerlands (Abb. 3). Weitere Inselgruppen werden klimatisch und landschaftsökologisch zur Subantarktis gezählt: Bouvet-Insel, Kerguelen-Inseln, die Subantarctic Islands südlich und südöstlich von Neuseeland.

Es erscheint sinnvoll, weitere regional-klimatische Aspekte und Differenzierungen bei der Behandlung vor allem der Periglazialgebiete anzuführen, da sie dort als steuernde Faktoren der gesamten landschaftsökologischen Verhältnisse wirken. Sie finden sich in speziellen Kapiteln. Zusätzliche regionale Beispiele zu eisfreien Gebieten und deren Klimaten finden sich bei CAMPBELL & CLARIDGE (1987: 50ff).

6 Vergletscherte und periglaziale Antarktis

Gegenwärtig erlebt auch die Antarktis eine Warmzeit (vgl. Kap. 3.4.2). Das imposante Eisvolumen steht dazu nicht im Widerspruch. Seit dem Ende der jüngsten global wirksamen Kaltzeit (Ross-/Weichsel-/Würm-Eiszeit) vor 10 000 Jahren hat sich die Physis auch dieses Extrem-Kontinents gewandelt: Das Volumen der Eisbedeckung ging seither deutlich zurück, die Verbreitung von Schelfeisgebieten änderte sich aufgrund des postglazialen Meeresspiegelanstiegs um etwa 130 m. Auch die Ausdehnung des Meereises besaß in der Kaltzeit wesentlich größere Dimensionen (vgl. Abb. 8). Im folgenden werden die Kennzeichen der aktuellen festländischen Vergletscherung zusammengefasst.

6.1 Aktuelle Vergletscherung, Eisbewegung, Schelfeis

Als Volumen des derzeitigen Gletschereises der Antarktis werden etwa 30 Mio km³ angegeben (CAMPBELL & CLARIDGE 1987; andere Schätzungen belaufen sich auf 34 bis 37 Mio km³), wovon allein 26 Mio km³ in der Ost-Antarktis liegen. Größenordnungsmäßig speichert die Antarktis 90% des globalen Eises und damit etwa drei Viertel der Süßwasserreserven der Welt. Beim Abschmelzen dieser Massen würde der Meeresspiegel um 60 - 65 m ansteigen (MAY 1988). Andere Schätzungen belaufen sich auf 55 m (KOHNEN o.J.) oder geben 75 m Anstieg an.

Der Aufbau dieser gigantischen Eismasse erfolgte über lange Zeiträume. Trotz deren Fließdynamik dürften die unteren Eispartien ein Alter von über 200 000 Jahren aufweisen, damit also noch in der vorletzten Eiszeit gebildet worden sein. Mit der Gewinnung von tiefreichenden Bohrkernen versucht man, dieses 'Archiv' mit seinen Gaseinschlüssen und Isotopengehalten für die Rekonstruktion der irdischen Klimageschichte verstärkt zu nutzen.

Aus dem vereinfachten Querschnitt (Abb. 22) geht die grobe Gestalt des vereisten Kontinents hervor: Nach einem recht steilen Anstieg wird ein inneres 'Plateau' erreicht. Zwischen 2000 und 4000 m liegt dort der höchste Flächenanteil; 60% der Kontinentfläche reichen über 2000 m hinaus (KOHNEN o.J.). Im Marie-Byrd-Land (Abb. 4) werden weiträumig Höhen über 4000 m verzeichnet. Lediglich etwa 2 Mio. km² liegen unterhalb von 1000 m. Damit ist Antarktika (im Mittel 2040m) dreimal höher als die übrigen Kontinente mit einem Mittel von 730 m. Diese Sonderstellung geht nur auf die mächtige Eisbedeckung zurück, die als übergeordnete Vergletscherung die unterlagernde Erdkruste mit ihrem Relief weiträumig verhüllt.

Beträchtliche Teile der kontinentbildenden Erdkruste liegen gegenwärtig unter dem Niveau des Meeresspiegels. Der Grund dafür liegt in der gewaltigen Auflast dieser Eismassen, die den Gesteinssockel in den säkular-plastischen Oberen Erdmantel hineindrücken (*Eis-Isostasie*; Abb. 22). Aus diesem stark generalisierten Profil geht hervor, dass eigentlich nur Gebirgsketten über das Meeresspiegelniveau hinausragen. Die Schelfmeere der Antarktis sind aufgrund der Eisauflast 200 bis 300 m tiefer als bei anderen Kontinenten entwickelt. Besonders tief eis-isostatisch abgesenkt ist die Erdkruste der West-Antarktis. Möglicherweise ist hier - im geologisch jüngsten Teil der Antarktis - die Lithosphäre noch mobiler und reagiert entsprechend deutlich auf die Belastung durch den mächtigen Eisschild.

Das Eis der Antarktis ist dem Typ der kalten Gletscher zuzuordnen: Aufgrund der - auch an der Basis - deutlich unter 0°C liegenden Temperatur ist das Eis sehr spröde und bewegt sich weniger harmonisch als temperierte Gletscher. Im großen Bewegungsmuster der Inlandvergletscherung zeigen sich dennoch die struktur-viskosen, 'plastischen' Eigenschaften von Eis, dessen Viskosität aber mit sinkenden Temperaturen zunimmt. Die temperaturabhängige Sprödigkeit führt zu zahlreichen, tiefen Spaltensystemen.

Auch in der Entstehung des Gletschereises erkennt man deutliche Unterschiede zur Schneemetamorphose in anderen Breiten: Antarktisches Eis erscheint häufig milchig, ist reich an Luftbläschen. Um sich durch Kompaktion in transparentes Blaueis umwandeln zu können, benötigt es eine wesentlich höhere Auflage an Schnee oder Firneis als in anderen Klimazonen. In letzteren geschieht die Umwandlung von Schneekristallen zu Eis über Schmelzprozesse bei Tageserwärmung und Wiedergefrornis durch nächtliche Ausstrahlung (Schneeschmelzmetamorphose). In der Antarktis bringen Temperaturunterschiede zwischen Oberfläche und tiefen Lagen sowie im Inneren von Altschnee oder Firn Sublimationseffekte in Gang, die zu Kristallwachstum unter Ausfüllung von Hohlräumen (Poren, Luftblasen) führen. Wachsende Auflast durch Schnee- und Eisakkumulation bewirkt zusätzlich eine Verdichtung, bis schließlich fast das Wasseräquivalent erreicht ist. Echte Schneeschmelzmetamorphose findet lediglich in küstennahen, maritim-klimatischenen Gebieten statt. Die Schneedecke ist im Regelfall aber dichter gepackt als in anderen Teilen der Erde, da die heftigen Winde und Stürme den Neuschnee weit verdriften können. Lockere Schneekristalle werden dabei zu Plättchen oder Schneegries zerrieben und erzeugen nach ihrer Ablagerung kleinere Porendurchmesser. Zusätzlich zur Auflast führt so der Winddruck zu einer ergänzenden anfänglichen Kompaktierung des Schnees.

Ein für alpine Gletscher typisches Merkmal in der Schnee- und Eisstratigraphie fehlt ebenfalls in der Antarktis: Die deutliche Unterscheidbarkeit von staubverschmutzten, dichten Sommerlagen und luftreicheren, sauberen Winterschichten. Hierfür ist die oft riesige Distanz zu staubliefernden unvergletscherten Auswehungsgebieten, zum zweiten das Fehlen von Frostwechseln und starker Ablation auf der Gletscheroberfläche verantwortlich. Antarktisches Gletschereis ist also in sich homogener und vergleichsweise arm an Staubpartikeln.

Gletscher in gemäßigten oder tropischen Breiten erzeugen einen ganzjährigen Abfluss von Schmelzwasser. In den Wintermonaten stammt er dort fast ausschließlich aus der Druckschmelzverflüssigung am Grund des Eises, im Sommer tritt Anreicherung durch Oberflächenschmelze hinzu. Antarktische Eismassen überschreiten wahrscheinlich an subglazialen Hindernissen zwar den Druckschmelzpunkt, an den Rändern treten aber auch im Sommer kaum oder nur an wenigen Stellen Schmelzwässer aus. Das geomorphologische Bild von Eisrandlagen mit ansetzenden Sandern oder Schotterfluren fehlt fast völlig: Eine Ausnahme bilden hierbei kleinere Gletschergebiete auf den maritim-klimatischen Süd-Shetland-Inseln und im Norden der Antarktischen Halbinsel. Hier können saisonal Schmelzwasserrinnsale beobachtet werden.

Antarktische Inlandeismassen zeigen im großen Überblick ein radiales Bewegungsmuster: Von der nordöstlich des Südpols gelegenen Haupteisscheide mit etwa 4000 m Höhe ü. M. fließt es in alle Richtungen ab (vgl. Abb. 24). Regional beobachtbare Richtungsänderungen gehen von subglazialen Reliefstrukturen, von aus dem Eis aufragenden Gebirgszügen oder einzelnen Nunataks aus.

Abb. 22: Aktuelle Eisbedeckung und isostatisches Verhalten des antarktischen Festlandssockels: Der Schnitt zeigt, dass in beiden Teilen der Antarktis durch die mächtige Eisauflast kontinentale Kruste weit unter das Niveau des heutigen Meeresspiegels hinabgedrückt wurde (nach MAY 1988).

Abb. 23: Schematischer NW-SE-Schnitt durch die unvergletscherte Fildes-Halbinsel (King-George-Insel/Süd-Shetlands). Der durch marine Abrasionsplattformen und gehobene Strandterrassen strukturierte Aufbau zeigt die Wirkung isostatischer Landhebung nach mehrfachen vorausgegangenen Vereisungsphasen (vgl. Abb. 11, 12). Höchste marine Gerölle wurden bei 275 m ü.M. gefunden. Der größte Teil der Insel trägt heute noch eine Eiskappe bis max. 690 m ü.M. (Entwurf: BLÜMEL).

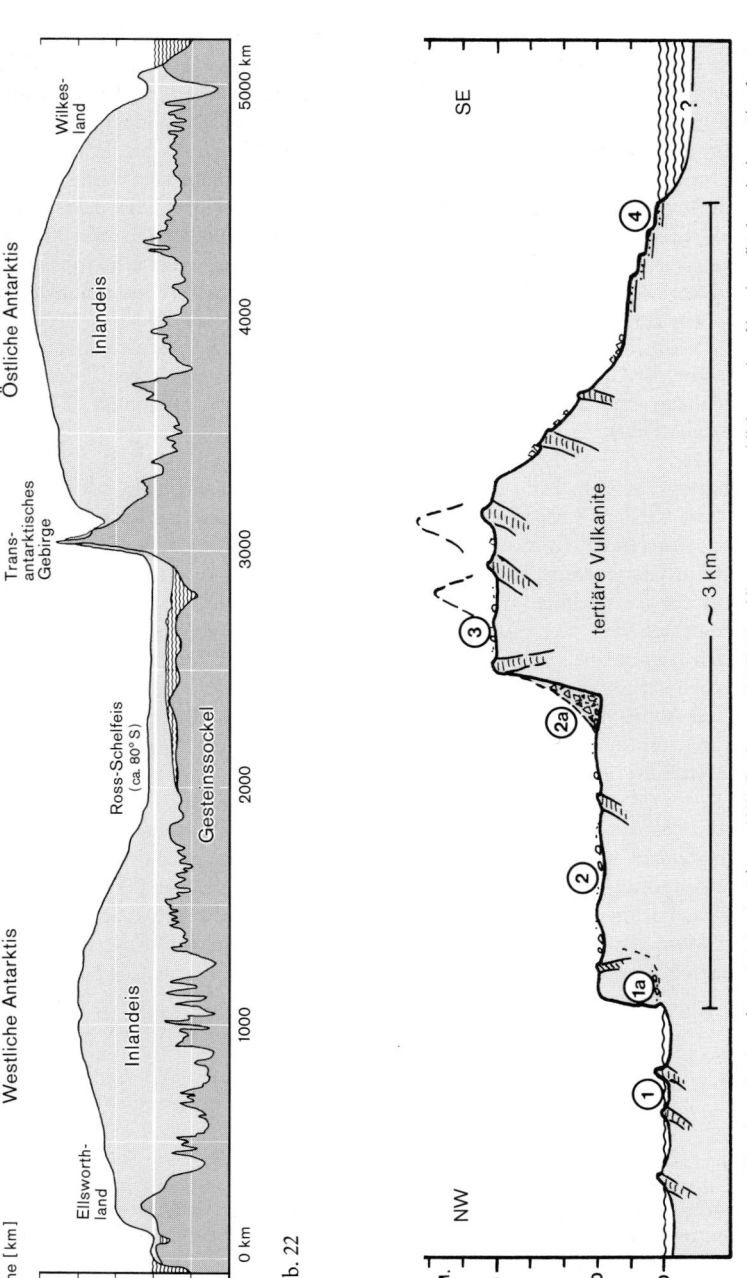

Höhe [km]

Westliche Antarktis

Östliche Antarktis

Ellsworth-
land

Inlandeis

Ross-Schelfeis
(ca. 80° S)

Gesteinssockel

Trans-
antarktisches
Gebirge

Inlandeis

Wilkes-
land

0 km   1000   2000   3000   4000   5000 km

Abb. 22

NW

SE

m
ü.M.

tertiäre Vulkanite

~ 3 km

Abb. 23

1 rezente Abrasionsplattform (Luv, 2-3 km breit)   1a Kliff, Buchten   2 35-40 m-Niveau: präwürmzeitliche marine Abrasionsfläche, glazigen überformt
2a fossiles Kliff, Schutthalde und Blockgletscher   3 100 m-Niveau: marine Abrasionsfläche, Härtlingskuppen; zeitliche Stellung unbekannt
4 5-20 m-Niveaus: spätglaziale und holozäne Strandterrassenfolge (Lee)

Schelfeis

Beim Vorstoß bis über die heutige Küstenlinie hinaus gerät das Gletschereis unter Auftriebswirkungen des Meerwassers, schwimmt auf und bricht ab (Kalbung). Auf diese Weise entsteht an Eiskliffs (Abb. 25 - 27) die gewaltige Masse unterschiedlich großer Eisberge, die im antarktischen Ringstrom treibend langsam abgetaut werden. Die größten Exemplare stammen von den ausgedehnten Schelfeisgebieten und driften oft weit über die Grenzen antarktischen Kaltwassers in die angrenzenden Südozeane hinein (Abb. 24). In den letzten Jahren wurde von riesigen Tafeleisbergen berichtet, die sich vom Filchner/Ronne-Schelfeis abgelöst hatten (Abb. 4). Eine russische Station ging dabei verloren, ebenso die deutsche Sommerstation auf dem Filchner-Schelfeis. 1996/97 büßte das Larsen-Schelfeis (Tab. 2; Abb. 34) an der Ostflanke der Antarktischen Halbinsel eine Fläche von der Größe Schleswig-Holsteins ein. Hier wird von einigen Forschern ein Zusammenhang mit aktuellen klimatischen Veränderungen vermutet (Global Change; Treibhauseffekt).

Grundsätzlich muss das Abkalben auch großer Schelfeisflächen als normaler, natürlicher Prozess aufgefasst werden. Auch wenn die absoluten Niederschläge in der Antarktis - insbesondere im Inneren des Kontinents - niedrig ausfallen (vgl. Kap. 5.2), so wird doch ein Überschuss an Gletschereis produziert. Ein Teil davon wird auf die Schelfbereiche Antarktikas bis zur Aufsetzlinie vorgeschoben, wo er zunächst noch dem Felssockel aufliegt. Mit zunehmendem Vorschub wächst der Schwimmauftrieb, Gezeitenbewegungen machen sich bemerkbar, an den vorderen Bereichen schmilzt Eis ab (Abb. 26, 28). Es stellen sich Schwächezonen und Bruchstellen an den Scharnieren der Bewegung ein, die letztlich zum Abbrechen unterschiedlich großer Tafeleisberge führen. Die Eismächtigkeiten betragen um die 300 m. Aus Abb. 26 lässt sich der Aufbau eines typischen Schelfeises der Antarktis entnehmen.

Etwa ein Drittel des Antarktischen Festlandes wird von Schelfeisflächen gesäumt. Für die Bildung besonders weitflächiger Schelfeise sind die Flachmeerbereiche zwischen West- und Ost-Antarktis prädestiniert. Hier liegen die größten Eisflächen (Tab. 5.1): Am Weddell-Meer das Filchner/Ronne- und das Larsen-Schelfeis sowie das Ross-Schelfeis am gleichnamigen Meer. Sie beziehen ihr Eis aus der west-antarktischen Vergletscherung. Schelfeise kleinerer Dimension finden sich an fast allen Küstenabschnitten (Abb. 4, 24).

Abb. 24:   Antarktis: Inlandeis, Eisscheiden und Fließrichtungen, Schelfeis, Meereis (Winter-/Sommersituation) und Lage der Polarfront (früher: Antarktische Konvergenz), die den 'Ringstrom' (Kaltwassergürtel) nach außen begrenzt (nach verschiedenen Quellen).

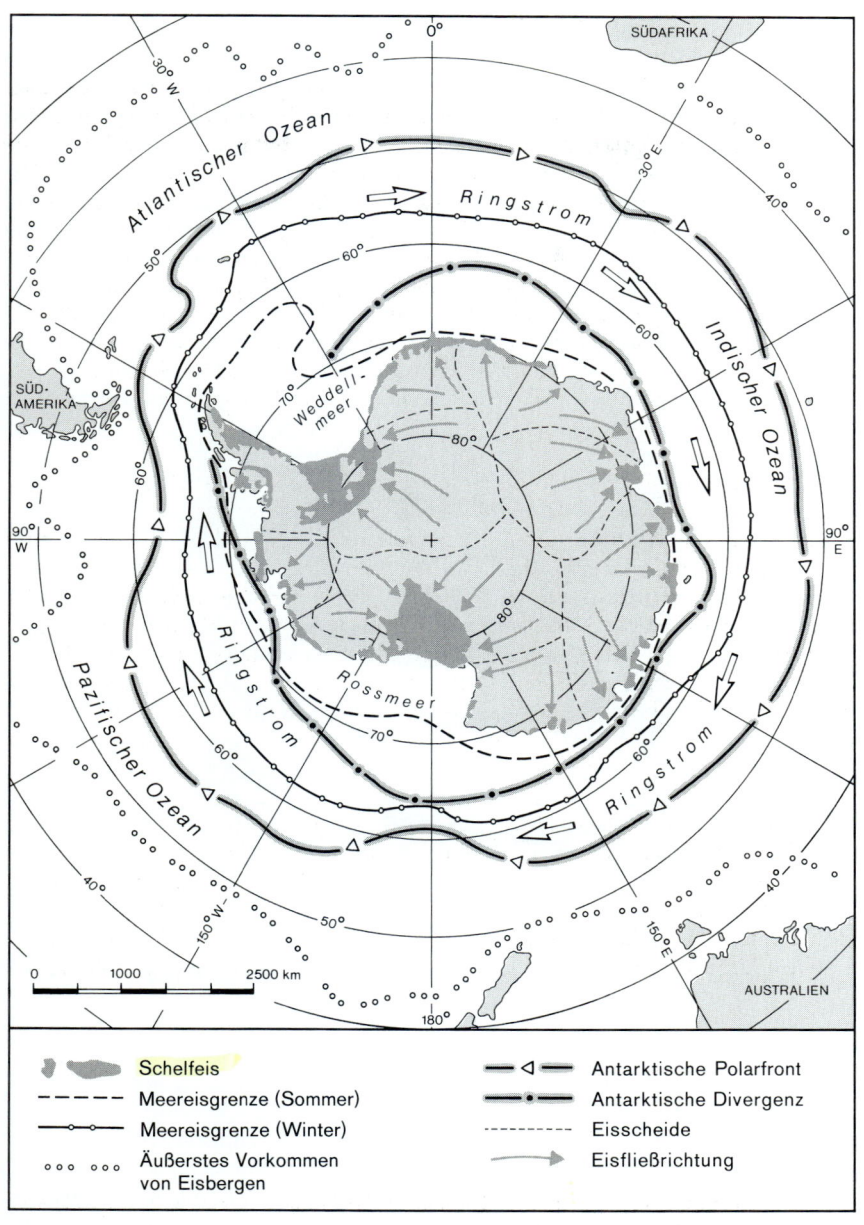

Abb. 24

Zur Dynamik des Schelfeises: Es werden Fließbewegungen des Eises in Größenordnungen von einigen Metern pro Tag registriert (GROBE 1995: 51). Das vom Festland vorgeschobene Süßwassereis verstärkt sich (in Kontinentnähe) an seiner Unterseite durch Anfrierprozesse aus dem Meerwasser (Abb. 26). Schneeniederschläge erzeugen einen

Abb. 25: Eiskliffe (Kalbungsfront, hier bis 60 m hoch) aus abfließenden Gletschermassen sowie bis 2,5 m dicke Meereisschollen (aufgebrochenes Wintereis) am Westrand der Antarktischen Halbinsel (65°20' S; südlich Anvers Island) (Aufnahme BLÜMEL, 27.11.1987).

weiteren, oberflächlichen Eiszuwachs, zumal in den küstennahen Bereichen Antarktikas die höchsten Niederschläge zu erwarten sind (vgl. Kap. 5.2). Veränderungen in der Ausdehnung der antarktischen Eisbedeckung (und damit paläoklimatischer Verhältnisse) im Laufe der jüngeren Erdgeschichte ließen sich näherungsweise durch die Ablagerung von 'drop-stones' (glaziale Geschiebe oder Schutt) und feinere Komponenten (IRD = ice-rafted debris) unter dem Schelfeis ermitteln. Eisberge mit ihrer Sedimentfracht markieren ebenfalls, wenn auch quantitativ gering, auf diese Weise die Radien antarktischer Fernwirkung.

Gebiet	Fläche in km²
Antarktis mit Schelfeisen	13.975.000
Antarktis mit kontinentalem Schelf	16.355.000
Kontinent mit Schelfeisen und Inseln	13.997.000
Schelfeise (gesamt)	1.582.000
Schelfeis (West-Antarktis)	538.000
Filchner/Ronne-Schelfeis (West-Antarktis)	483.000
Larsen-Schelfeis (vor 1997)	88.300
Amery-Schelfeis	30.000
Shackleton-Schelfeis	32.000

Tab. 2: Schelfeisgebiete der Antarktis: Die Angaben sind Näherungen, da das Abbrechen von teils riesigen Tafeleisbergen für ständige Veränderungen der Flächen und des Verlaufs von Küstenlinien sorgen (nach KOHNEN, o.J.).

An der Aufsetzlinie (Grundlinie) wie an der Kalbungsfront spielen sich in Bezug auf die marine Biosphäre und die Sedimentbildung entscheidende Prozesse ab, die die aktuellen warmzeitlichen Klimabedingungen von den Zuständen vorausgegangener Kaltzeiten unterscheiden lassen. Hierzu hat GROBE (1995) kausale Beziehungen und signifikante

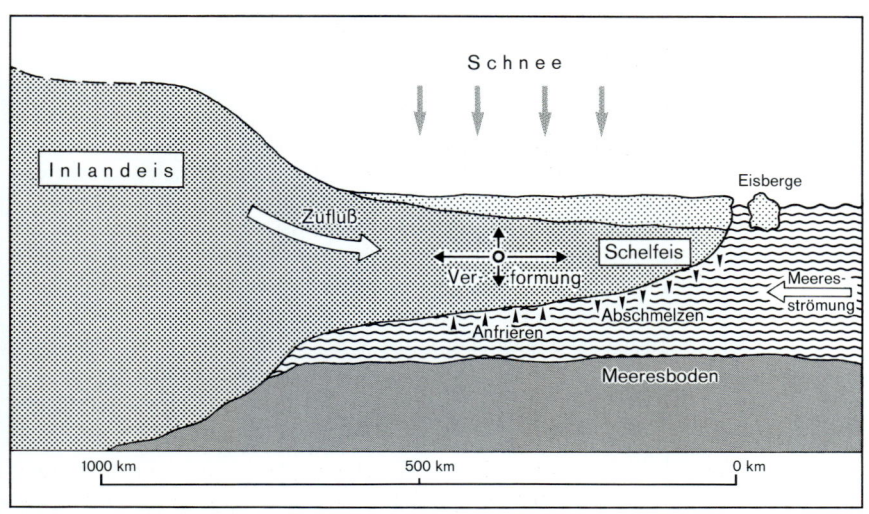

Abb. 26: Schematischer Schnitt durch ein Schelfeis (nach KOHNEN 1983).

Abb. 27: Schelfeis an der Nordspitze der Antarktischen Halbinsel (Joinville Island), davor
einige Tafeleisberge. Hintergrund: D'Urville Island mit vorgelagerter kleiner Insel
(Aufnahme BLÜMEL, November 1987).

Merkmale zusammengefasst (Abb. 28). Mit dem Abklingen der letzten globalen Groß-
vereisung vor ca. 12 000 Jahren stieg sukzessive der Meeresspiegel um etwa 130 m.
Zusammen mit der glazialisostatischen Landhebung am Rand der jetzt weniger eisbe-
deckten Antarktis erfolgt ein Rückzug der Schelfeisaufsetzlinie, verbunden mit einer
entsprechenden Lageänderung der Kalbungsfront. In den Kaltzeiten, die sich in den
vergangenen Jahrhunderttausenden in Form riesiger zusätzlicher Inlandeismassen auf
der Nordhalbkugel dokumentierten, gehen auch Veränderungen im Eishaushalt der
Antarktis von statten. Aus dem eustatischen Absinken des Weltmeeresspiegels resultiert
in einer Art Kettenreaktion die Zunahme vor allem west-antarktischer Eismassen.
Grund dafür ist die nun größere Festlandsfläche mit verringerter Kalbung des Eiskörpers. Die Eismächtigkeit und -ausdehnung in der West-Anarktis nimmt zu. Zu Zeiten
des 'nordischen' Eiszeitmaximums über Nordamerika und Eurasien reichte das antarktische Schelfeis zeitweilig bis zur kontinentalen Schelfmeerkante. Darunterliegende
Sedimente wurden gestört oder umgelagert, Sedimentation erfolgte teilweise direkt auf
dem Kontinentalabhang (vgl. Abb. 28).

Mit der kaltzeitlichen Klimasituation dehnte sich auch die antarktische Meereseisbedek-
kung weit nach Norden aus. Das vor 18 000 Jahren ganzjährig existierende Meereis
entspricht etwa der heutigen winterlichen Maximalausdehnung (Abb. 24). Folge des
kaltzeitlich stark verminderten Lichteinfalls ist ein Rückgang der Bioproduktion und

damit auch der Anteil von Mikrofossilien in Meeressedimenten (in eiszeitlichen Sedimenten meistens Kalkschaler). Derartige Faunendifferenzierungen zeichnen eine Zyklizität von 40 000 bis 10 000 Jahren nach (GROBE 1995: 56), bestätigen auch in den Meeressedimenten die Milankovich-Zyklen. Der Lebensraum der zugehörigen Flachmeerfauna (Benthosfauna) wurde durch die kaltzeitlichen Eisbedingungen 'dramatisch eingeschränkt', was sich auch auf die Wirkung der *biologischen Pumpe* (Ozean als CO_2-Senke) ausgewirkt haben dürfte (HAAKE & ITTEKOT 1990; BATHMANN 1995). In den Schelfeisen liegt somit eine wichtige Steuerungsgröße für aktuelle und paläoklimatische Prozesse, weshalb hier nochmals ein Rückblick in die Vereisungsgeschichte vorgenommen wurde (vgl. Kap. 3.4, 3.5).

Aus der Abbildung 28 sind nach GROBE (1995) vielfältige kausale wie funktionale Zusammenhänge zwischen Schelfeis, Meereis, Hydrosphäre, ozeanischer Biosphäre und Atmosphäre zu entnehmen:

- Zonen und Grenzen der Bodenwasserproduktion fluktuieren beträchtlich zwischen warmzeitlichen und kaltzeitlichen Gegebenheiten.

- Die Produktiongebiete von Meereis und kaltem Bodenwasser in Polynjas durch katabatische Winde sind räumlich verschoben. Damit ändern sich die Aktivitätszentren der *physikalischen Pumpe* (Produktion kalten, salzreichen Wassers) und in Folge einige ozeanische Zirkulationsparameter (Kap. 4.2, 4.3).

- Verringerte Albedo und damit verstärkte Lichtdurchlässigkeit der warmzeitlich verminderten Meereisverbreitung verstärken die sommerliche Bioproduktion (v.a. Plankton) mit entsprechender CO_2-Fixierung in Organismen und Sedimenten. Die biologische Pumpe ist entsprechend leistungsfähig; der Atmosphäre wird in höherem Maß CO_2 entzogen.

- Gesteigerte Verdunstung während der Warmzeiten erhöht die Niederschläge, führt zu vermehrter Gletschereisproduktion und verstärkter Eisdynamik besonders in den meeresnahen Bereichen der Antarktis.

- Mit zunehmender räumlicher wie zeitlicher Meereisbedeckung steigert sich die Albedo und damit die globale Abkühlung. Die *biologische Pumpe* wird mit progressiver Kaltzeit schwächer.

Fazit: Rückkoppelung und Selbstverstärkungseffekte, ausgelöst durch Veränderungen einzelner Parameter, können so der Motor von Systemveränderungen sein, die sich in schwächeren und kürzeren Klimafluktuationen oder durchgreifenden, längerfristigen Klimaveränderungen äußern.

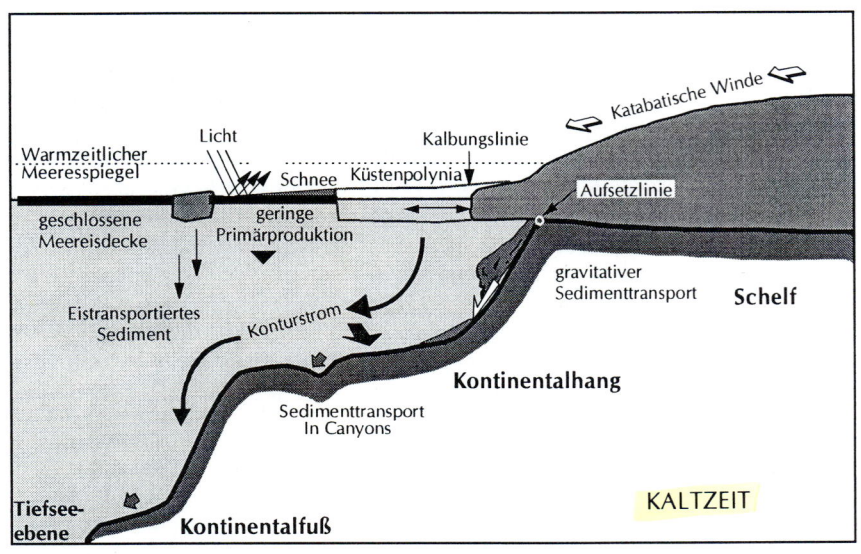

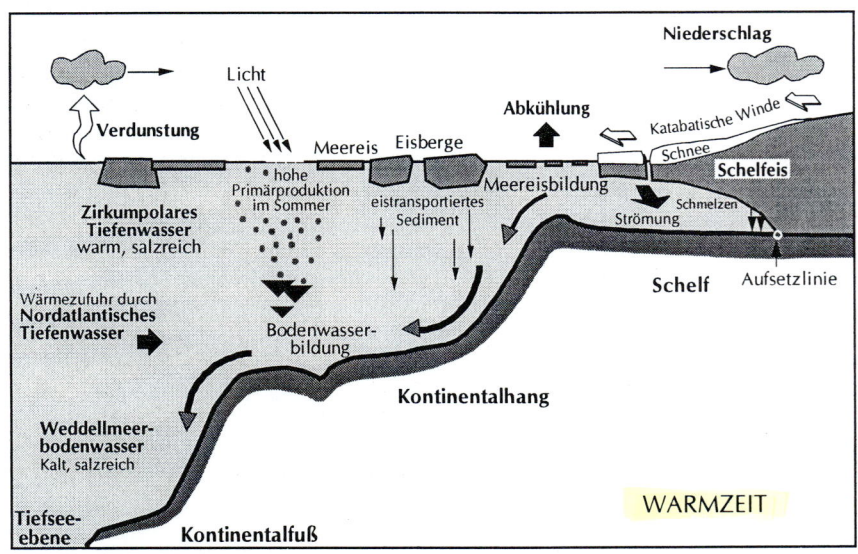

Abb. 28: **Schelfeis:** Schematische Darstellung von glaziologischen, ozeanographischen, klimatischen, biologischen und sedimentologischen Prozessen/Verhältnissen während aktueller (warmzeitlicher) und kaltzeitlicher (eiszeitlicher) Bedingungen (aus GROBE 1995).

6.2 Periglaziale Gebiete: Ost-Antarktis / West-Antarktis

Steile Eiskliffe von mehreren Zehnern Meter Höhe oder Eiskaskaden bestimmen das gängige Bild antarktischer Küsten (Abb. 25). Einige kleinräumige Ausnahmen mit auf dem Festland auslaufenden Gletscherzungen und angrenzenden Periglazialgebieten finden sich im Nordbereich der Antarktischen Halbinsel und inbesondere auf den Süd-Shetland-Inseln. In den Trockentälern des Victoria-Landes (Dry Valleys, Transantarktisches Gebirge; Abb. 4) treten die größten zusammenhängenden Periglazialgebiete der Antarktis auf. Hinzu kommen noch einzelne von Eis umgebene 'Oasen' im Inneren des Kontinents (s. unten). Zusammengenommen sind nur etwa 2 % (oder etwas mehr) der Fläche Antarktikas unvergletschert. Das entspricht ungefähr der Fläche der BRD. Trotzdem sind sie von besonderer Bedeutung, da nur hier die Entwicklung terrestrisch gebundenen Lebens möglich ist (s. Kap. 6.2.1). Da steile Gebirgsflanken oder Nunataks meist nur noch für Flechten als Lebensraum in Frage kommen, konzentrieren sich Flora und Fauna auf die knappen, weniger stark reliefierten Bereiche. Diese sind als Standorte von Stationen, als Basislager oder/und Ausgangspunkt für Expeditionen sowie als Ziel von Touristen ebenfalls attraktiv - Naturschutzprobleme und Gefährdungen dieses nur schwer regenerationsfähigen Lebensraumes liegen auf der Hand.

Unter dem Begriff *Periglazialgebiet* sollen generell unvergletscherte polare Kaltklimate verstanden werden, die oberhalb der Waldgrenze liegen und durch ein Frostwechselklima gekennzeichnet sind. Periglazialgebiete umfassen somit klimatisch bedingte baumlose Vegetationsgesellschaften (Tundren) wie auch vegetationsarme oder vegetationslose Landoberflächen (= Frostschutzzone, Kältewüste; vgl. Kap. 2.2). Permafrost ist für die meisten Periglazialvorkommen in den Polarregionen ebenso typisch wie Frostmusterstrukturen oder bestimmte Abtragungsprozesse (z. B. Solifluktion). Periglazialgebiete sind unterschiedlich alt. Ihre Entstehungsgeschichte in der Antarktis ist mit länger zurückliegenden (jungtertiären), pleistozänen oder spätglazial-holozänen (warmzeitlichen) Eisrückgängen verbunden (s. Kap. 3.4).

Häufig wird für Periglazialgebiete der Antarktis die Bezeichnung *Oase* benutzt, unabhängig von Größe oder Lagekriterien. Umschrieben wird damit die Eigenschaft dieser Räume als Lebensraum in einer sonst lebensfeindlichen Umgebung - der Eiswüste. Dieser Begriff charakterisiert recht gut Standorte wie die vom Inlandeis umgebene Schirmacher-Oase (s. unten). Andererseits sind unvergletscherte Gebiete in der maritimen West-Antarktis mit ihrer häufigen Lage an Küsten als *Oasen* weniger treffend gekennzeichnet. Ebenso sollten Nunataks - aus dem Eis herausragende Gipfel - nicht mit *Oasen* gleichgesetzt werden, da sie mit ihren Felsflächen kaum als Vorzugsstandort angesprochen werden können.

Oasen sind sinngemäß nach PICKARD (1986, zit. bei FRITZSCHE & BORMANN 1995) eisfreie Gebiete, die von der Eisbedeckung durch ausgeprägte Ablationsprozesse frei von Schnee bleiben, bedingt durch eine niedrige Albedo und eine positive Strahlungsbilanz.

Man könnte sie also als von Eis umgebene Wärmeinseln und damit auch als ökologischen Gunstraum betrachten. So treten in der Schirmacher-Oase (Abb. 4) jahreszeitlich freie Wasseroberflächen (Seen) auf, Verwitterungprozesse finden statt, Tiere und Pflanzen finden eine Lebensmöglichkeit.

Die Trockentäler (Dry Valleys) im Victoria-Land (Abb. 4) bilden mit 20 km Breite und 150 km Länge die bekannteste Oase Antarktikas. Drei ehemals vergletscherte Täler gehören dazu: Taylor, Wright und Victoria Valley. Seit etwa zwei Millionen Jahren hat hier wegen starker Einstrahlung und trockener katabatischer Winde keine neue Eisbildung stattgefunden. Weitere Oasen finden sich im Nord-Victoria-Land (Kap Hallet), im McRobertson-Land, als Bunger-Oase im Wilkes-Land, im Princess Elisabeth Land (Vestfoldberge) und die Schirmacher-Oase im Queen Maud Land (Nähe Wohlthat-Massiv).

Über die ost-antarktische Schirmacher-Oase ist von FRITZSCHE & BORMANN (1995) ein umfangreicher geowissenschaftlicher Sammelband herausgegeben worden. Die Oase umfasst 34 km² bei 18 km Länge und einer mittleren Höhenlage von 100 m. Ihr Relief besitzt bis zu 230 m hohe Aufragungen, teils mit steilen Abbrüchen, Hügel, ausgedehnte Geröllflächen, jahreszeitlich aufgetaute Seen, ausgetrocknete Seeflächen und Täler (KRAUSE ET AL. 1995: 159). Glaziale Spuren wie Rundhöcker, Gletscherschrammen, Moränen und umgelagerte Schmelzwassersedimente sind typisch. Das Entstehungsalter der Schirmacher-Oase wurde bisher mit dem holozänen Eisschwund (etwa letzte 10 000 Jahre) gleichgesetzt. Erste Lumineszenz-Datierungen an Hangschuttsedimenten erbrachten Alter zwischen 30 000 und 45 000 Jahren. Zusammen mit ^{14}C-Datierungen an Seesedimenten (ca. 30 000 Jahre) liegen nun Indizien dafür vor, dass die Schirmacher Oase deutlich früher eisfrei wurde - also als 'Oase' entstand - als bisher angenommen wurde (KRAUSE ET AL. 1995: 161). Sie würde damit in den mittleren Abschnitt der Weichsel-Zeit gehören.

6.2.1 Antarktische Flora (kontinentale und maritime Antarktis)

Bereits seit dem mittleren Tertiär - als noch der übrige Globus einschließlich der Nordpolarkalotte von gemäßigten bis warmen Temperaturen geprägt wurde - setzten kaltklimatische Lebensbedingungen auf Antarktika ein, die bis heute (mit Fluktuationen) andauern. Nur wenige für Pflanzen besiedelbare Flächen - gemessen am gesamten Kontinent -, vor allem aber Wärme-, Licht- und Wassermangel bestimmen die Randbedingungen für eine karge Florengemeinschaft.

Im Bereich der maritimen Antarktis bestehen aufgrund der Temperatur-, Niederschlags- und Reliefbedingungen die günstigsten Wachstumsbedingungen für Pflanzen der gesamten Antarktis (vgl. 6.2.5.1). Mit dem Rückschmelzen beträchtlicher Eismassen im Holozän entstanden zahlreiche, auch flachere, eisfreie Gebiete, die vom Wärme- und Wasserhaushalt her differenzierte Standortbedingungen stellen.

Nach KAPPEN (1994) lassen sich infolge der klimatischen Gegebenheiten drei geobotanische Regionen ausgliedern:

1. *Subantarktische Region:* Kennzeichen ist ein hochozeanisches Klima mit mehr als 900 mm Niederschlag. Räumlich gehören dazu lediglich kleine Inseln zwischen 59°N und der Breite von Feuerland oder der Südspitze von Neuseeland. Mittlere Jahrestemperaturen liegen zwischen 1 und 7°C. Das Minimum des kältesten Monats ist geringer als -5°C bei kleiner Jahresamplitude. Die Wärmesumme erlaubt keinen Baumwuchs auf den Inseln.

2. *Maritime antarktische Region:* Zugehörig ist nur eine vergleichsweise kleine Landmasse, und zwar der Nordteil der Antarktischen Halbinsel sowie die Inselgruppen der Süd-Shetlands, Süd-Georgiens und der Süd-Sandwich-Inseln (Abb. 3). Temperaturen des Südsommers (November bis Februar) steigen über 0°C; die Mitteltemperatur des kältesten Monats fällt nicht unter -15°C (Abb. 17). Die an die Weddell-See angrenzende Ostküste ist wesentlich kälter als die Westküste, was sich an der Verbreitung der beiden einzigen Blütenpflanzen ablesen läßt (s. unten). Sie kommen bis 63°S an der Ost- und bis 70°S an der Westküste vor. Niederschläge mit Jahresmitteln zwischen 350 und 500 mm fallen z.T. als auch als sommerliche Regen. Dies ermöglicht noch tundrenartige Vegetationsformationen in kleinräumiger, stark aufgelöster Verbreitung.

3. *Große kontinental-antarktische Region:* Sie ist wüstenhaft; Kryptogamen sind nur auf kleine eisfreie Gebiete beschränkt. Die kontinentale Region ist in drei Klimaprovinzen einzuteilen:

3a *Küstenbereiche:* Die Lufttemperatur erreicht nur noch in einem Monat Werte über dem Gefrierpunkt. Niederschläge fallen als Schnee mit Wasseräquivalenten von weniger als 300 mm. Das durchschnittliche Temperaturminimum des kältesten Monats liegt unter -20°C. Victoria-Land, Wilkes-Land: Einfluss katabatischer Winde und zirkumantarktischer Zyklone; Blizzards im Frühsommer und Winter. Zyklonale Wetterlagen reichen in die Ränder des Transantarktischen Gebirges und am Ross-Schelfeis bis in die McMurdo-Trockentäler.

3b *Schmale Randzone des geschlossenen Inlandeises:* Meist südlich 70°S; positive Temperaturen sind selten. Schneefälle erreichen ein Wasseräquivalent von etwa 100 mm; katabatische Winde dominieren. Eisfreie Gebiete zeigen sich als Oasen (Schirmacher-, Bunger-Oase) und Nunatak-Gipfel. Lokal sind kleine Vegetationskomplexe aus Moosen, Flechten oder Algen entwickelt.

3c *Zentrales Inlandeisplateau:* Es liegt durchschnittlich 2000 m hoch; einzelne Gebirgsrücken oder Nunataks ragen aus dem Eis heraus. Die Monatsmitteltemperaturen bleiben stets unter -15°C. Der stark verdriftete Schnee-Niederschlag ist geringer als 100 mm Wasseräquivalent. Lokal treten Algen und Flechten auf.

Bisher sind ungefähr tausend Kryptogamenarten (blütenlose Pflanzen wie Algen, Pilze, Flechten und Moose) in der gesamten Antarktis bekannt geworden (KAPPEN 1988). Demgegenüber treten die Blüten-/Samenpflanzen (Phanerogamen) völlig in den Hintergrund. Nur zwei Arten, die ausschließlich in der maritimen West-Antarktis vorkommen, sind bisher beschrieben geworden. Es ist dies das Gras *Deschampsia antarctica* und der Perlwurz *Colobanthus quitensis*.

Von der Verbreitung wie von der Artenzahl her (ca. 200 Arten bei KAPPEN 1987; 350 bei MAY 1988) repräsentieren die Flechten die landschaftlich bedeutendste Gruppe antarktischer Pflanzen. Sie bilden eine Symbiose aus Algen und Pilzen, die als Untergrund feste Gesteinspartien (Felsflächen) oder Gesteinsfragmente (Schutt, Gerölle, Blockwerk) benötigen. *"Flechten (Lichenes) finden sich als hochresistente Vorposten in klimatisch extremen Weltgegenden wie Wüsten, Hochgebirgsregionen und Polargebieten. Hierzu sind diese poikilohydren Organismen physiologisch prädestiniert, weil sie eine große Toleranz gegen Austrocknung, Kälte und Hitze besitzen und noch bei Temperaturen unter dem Gefrierpunkt Photosynthese betreiben können."* (KAPPEN 1986: 71). KAPPEN wies in mehreren experimentellen Untersuchungen nach, dass einige Flechtenarten noch bei Temperaturen unter -10°C Photosynthese betreiben können, ihr Optimum um 0°C oder wenig darüber liegt (KAPPEN 1988). Bei Erwärmungen über 20°C (auf Gesteinsoberflächen durchaus nicht selten) ist die Photosynthese durch Wasserverlust spürbar beeinträchtigt. Austrocknung führt zum Verharren in Anabiose. Erfolgt zumindest sporadische Befeuchtung innerhalb bestimmter Abstände, bleibt die Flechte lebensfähig.

Damit ist der entscheidende, limitierende Faktor in der Verbreitung der Flechten - wie auch in heißen Wüstengebieten - genannt: Wassermangel. Folglich sind vor allem die Standorte von Flechten besiedelt, die mit ihrem Mikroklima ausreichende Feuchtigkeit bereitstellen, um den Stoffwechsel immer wieder in Gang zu bringen. Besonders warme, sonnenexponierte Felsplatten oder Kuppen, die rasch abtrocknen, sind nicht oder nur wenig bewachsen. Flechten bilden so in ihrer Verbreitung und in ihrer individuellen Wuchsleistung standortklimatische Gegebenheiten ab. KAPPEN bezeichnet solche kleinen Lebensräume wegen ihres Wasserangebotes innerhalb einer Wüste konsequenterweise als 'Oasen'. Mit der zunehmenden Aridität nach Osten und in das Innere des Kontinents schrumpfen die Lebensmöglichkeiten für die Flora: Die Oasen werden immer kleiner und mikroklimatisch extremer. Polwärts wird die sehr kälteresistente Flechtenflora recht artenarm. Die Individuen werden kleiner und durch Wind und Schneedrift deformiert. Ihre Höhengrenze liegt bei etwa 2500 m.

Trotz der extremen Lebensbedingungen ist ein erstaunliches Spektrum von bis zu zwanzig Arten in Kryptogamengemeinschaften von Kleinklimaoasen (Gesteinsklüfte, Hohlräume in Schutt o.ä.) entwickelt. Selbst durch langlebige sommerliche Schneedecken von 2 - 3 Dezimetern Dicke dringt genügend Licht, um für Flechten fast optimale Bedingungen zu schaffen. Solche Milieus finden sich in den noch häufiger von Zyklonen beeinflussten Bereichen. Kaum Chancen der Besiedlung bieten dagegen Flächen, die der Korrasion durch Schneekristalle bei Blizzards oder katabatischen Winden ausgesetzt sind.

KAPPEN (1988) beschreibt Anpassungsbeispiele von Pflanzen aus den Extremgebieten der Trockentäler im Transantarktischen Gebirge (Dry Valleys / Victoria-Land, Abb. 4). Katabatische Winde trocknen dort die Luft bis auf 10 - 15% relativer Feuchte herunter, erzeugen eine Vollwüste. Lebensmöglichkeiten für Kryptogamen (v.a. Cyanobakterien, Mikroalgen und Flechten) an Gesteinsoberflächen sind nicht mehr gegeben. Das sporadische Leben spielt sich in einer Art 'Gewächshaus' unter der Rinde partiell transparenter Gesteine ab. Trotz negativer Lufttemperaturen erzeugt hier die Strahlungsabsorption Plustemperaturen in den obersten Gesteinspartien. Feuchtigkeit aus Sommerschnee-Schmelzwasser in den Poren und Rissen des Gesteins führt zu Oasen mit Flechten, Algen, Pilzen und anderen Mikroorganismen. Es bilden sich als Anpassungsstrategie 'endolithische' Lebensformen aus. KAPPEN (1994) unterscheidet hierbei:

- *Chasmoendolithische Organismen* (in Rissen und Spalten des Gesteins);
- *Euendolithen*, die ganz oder teilweise in das Gestein eingedrungen sind und Muster an der Oberfläche bilden;
- *Kryptoendolithen*, die Porenräume in teilweise lichtdurchlässigen Gesteinen wie Sandstein oder Granit besiedeln und die an der Oberfläche kaum erkennbar sind.

Sogenannte hypolithische Algenvorkommen wurden auch in diversen heißen Wüsten beobachtet: Sie leben an der Unterseite lichtdurchlässiger Gesteinsbruchstücke, wo sich aufgrund verringerter Evaporation ein feuchtes Milieu in vollwüstenhafter Umgebung erhalten kann. Derartige grüne oder rötliche Algenschichten unter Quarzblöcken (Moränenmaterial) beschreibt KAPPEN (1994) aus der Umgebung der australischen Station Davis in der Ost-Antarktis. Ein solches Beispiel macht noch einmal die Sinnfälligkeit des Begriffes 'Oase' im antarktischen Kältewüstenklima deutlich.

Geobotanische Ausnahme: Die Maritime Antarktis

Die Maritime West-Antarktis hält mit ihren recht hohen Gesamtniederschlägen (um 400 mm/Jahr; vgl. Kap. 6.2.5.1) und ausreichendem Feuchteangebot im Sommer (in Form von Regen, Schneeregen, Schnee und Nebel) gemessen am Gesamtlebensraum Antarktis die üppigsten Bedingungen bereit. Flechten sind hier weit verbreitet auf feuchteren west- und südexponierten Oberflächen. Strauchflechten der Gattung *Usnea* sind häufig (Abb. 30, 31). Regional bilden sie eine reine Flechtentundra oder sind vergesellschaftet mit Moosen und/oder *Deschampsia*. Besonders günstige Lebensbedingungen für Strauch- und Bartflechten bieten die feuchteexponierten Flanken der Inseln, wo sich diese zu dichten Tundren formieren (z.B. Clarence und Elephant Island; Abb. 34). Von Tundren wird gesprochen, wenn der Deckungsgrad der baumlosen Pflanzengesellschaft mehr als 10 % beträgt. Arten- oder Individuenzahlen spielen dabei keine Rolle.

Die dendritisch verzweigt wachsenden Strauch- und Bartflechten erreichen Höhen von 5 - 8 Zentimeter. Ihre Biomassenproduktion ist auch in der klimatisch begünstigten West-Antarktis gering. Die Art des Gesteinsuntergrunds spielt trophisch bei der Alge-Pilz-Symbiose keine Rolle. KAPPEN (1987) schätzt, dass Strauchflechten in zwei bis drei

Jahrhunderten nur ein halbes Gramm Trockengewicht zulegen. Dieses Beispiel mag auch die Verletzlichkeit und begrenzte Regenerierbarkeit antarktischer Lebensräume grundsätzlich beleuchten: Ein Fußtritt zerstört spontan Jahrhunderte altes Leben, das zu seiner Regeneration wiederum Jahrhunderte benötigt. Das festländische antarktische Ökosystem drückt somit Anpassung an extreme klimatische Rahmenbedingungen aus, ist jedoch schlecht gepuffert gegenüber Eingriffen.

Wärmere, nordost-exponierte, allgemein trockenere Standorte zeigen einen geringeren Bewuchs. Hier überwiegen xerophytische Krustenflechtenarten (*Caloplaca, Xanthoria,* s. Abb. 31; KAPPEN 1986). Dies gilt auch für den maritimen Klimabereich, wo der größte Teil fester Gesteinspartien von den ebenfalls artenreichen Krustenflechten besetzt ist. Auch hier bestimmt die im Mittel verfügbare Feuchte verstärkt flächenhaften oder nur sporadischen Bewuchs. Als artendifferenzierender Faktor kann das Nährstoffangebot gewertet werden: Eutrophierungen durch Meeresgischt, Vogelexkremente oder vulkanische Exhalationen (Deception Island) begünstigen die regionale Verbreitung bestimmter Arten.

Zusammenfassend läßt sich feststellen (nach KAPPEN 1994: 18f, REDON 1985): Nur etwa 2% der antarktischen Landmasse sind eisfrei und damit potentiell besiedelbar. Dies sind Küstensäume auf west-antarktischen Inseln und auf dem antarktischen Kontinent sowie Oasen im Hinterland (Trockentäler, Nunataks und apere Gebirgszüge im Eis). Antarktische Flechten als Symbiosen aus Mikroalgen und Pilzen (meist *Ascomyceten*) lassen sich grob gliedern in:

- Nabelflechten (bis 25 cm Durchmesser; z.B. *Umbilicaria aprina*);
- Bartflechten (Länge bis zu 20 - 45 cm; z.B. *Bryoria chalybeiformis, Usnea aurantiaco-atra*);
- Strauchflechten (z.B. *Usnea antarctica, Ramalina terebrata*);
- Blattflechten;
- Krustenflechten (z.B. *Caloplaca, Xanthoria, Rhizocarpon geographicum*)

Küstenfelsen zeigen häufig eine dichte, bunte Decke von Krusten-, Blatt- und Strauchflechten. Rote oder orangefarbene Krustenflechten gehören meistens zu den *Caloplaca*- und *Xanthoria*-Arten. *Rhizocarpon geographicum* und *Haematomma erythromma* sind gelb. Blaugraue und grüngraue Farben gehören zu *Physcia caesia* und *Parmelia*-Arten. Strauchflechten sind oft schwarz und gelb wie *Usnea antarctica, Himantormia lugubris* und *Ramalina terebrata*. Diese genannten Küstenfelsenarten werden als ornithocoprophil bezeichnet, da sie in der Nähe von Seevogelkolonien vorkommen. Sie ertragen (im Gegensatz zu anderen Arten) höhere Nährstoffkonzentrationen (N, P, K, Ca) und werden dadurch in ihrem Wuchs sogar gefördert.

Moose als eine weitere Kryptogamen-Abteilung können überall dort angetroffen werden, wo sehr feuchte (hydromorphe) Standortbedingungen gegeben sind. Vielfach sind sie an Bahnen regelmäßig abrieselnden Schmelzwassers zu finden, an von Permafrost überstauten Stellen oder am Austritt von Sickerwässern an Hangfüßen. Regional sind dichte, langstielige Polster z.B. der Gattungen *Bryum* oder *Schistidium* entwickelt. Bei zunehmender Variabilität im Feuchtehaushalt sind niederwüchsige Moose z.B. vertreten auf feinkörnigeren Substraten und Böden. Polygonale Risse in den flachen Polstern zeigen saisonalen Trockenstress an; abgestorbene Flächen sind keine Seltenheit. Je besser die Standorte drainiert sind, desto kleiner oder nur sporadisch wird das Vorkommen von Moos.

Abb. 29: *Links:* Dichtes, langstieliges Moospolster auf Luv-Seite von Clarence Island. *Rechts:* Vegetationslose Fläche bei Cap Lindsey/Elephant Island. Vermutlich verhindern austrocknende, kalte katabatische Winde hier die Ansiedlung von Flechten und Moosen. Beide Standorte haben etwa die gleiche Exposition, Meereshöhe und Gesteinsuntergrund (Süd-Shetlands/Maritime Antarktis; s. Abb. 3, 34; Aufnahme BLÜMEL 1987).

Auf Elephant und Clarence Island (Abb. 34) kann beispielhaft die Wirkung lokaler oder regionaler Klima- und Standortbedingungen auf die Entwicklung der Flora demonstriert werden:

1. An der Ostspitze von Elephant Island (Walker Point, 160 m ü.M.), in einer auf Schuttdecken stockenden Flechten- und Moostundra, haben sich holozäne Strangmoore gebildet. Das Wachstum begann vor mehr als 5000 Jahren und hält noch heute an. Die abgestorbenen Generationen langstieliger Moose bleiben im Kern ganzjährig gefroren (Permafrost) und repräsentieren die höchste, kleinräumige Konzentration festländischer Biomasse der Antarktis.

2. Gegenüber - auf der Westseite der 40 km langen Insel - liegt Cap Lindsey, ein 140 m hohes, isostatisch gehobenes Plateau mit steiler Kliffküste (Abb. 29). Pflanzenwuchs ist nur in Spuren zu beobachten (kleine Krustenflechten). Strauchflechten oder Moose fehlen völlig. Der Standort ist mit 'Kältewüste' (Frostschuttzone) sicherlich treffend charakterisiert. Der Grund für den wüstenhaften Landschaftscharakter - in einer biotisch vergleichsweise üppigen Umgebung (s. oben) - liegt wohl in dem Einfluss katabatischer, austrocknender und abkühlender Winde, die vom benachbarten Sultan-Gletscher herunterströmen. Auch Mooswachstum fehlt völlig, obwohl Wasseraustrittstellen an der Oberfläche des Auftaubodens zu beobachten sind. In vergleichbarer Reliefposition bei gleichem Gesteinsuntergrund zeigt sich dagegen an der Chinstrap Cove auf Clarence Island (Abb. 29) einer der dicksten und größten Moossteppiche der West-Antarktis. Der nachteilige Windeinfluss scheint zu fehlen; an der vereisten Steilflanke der bis zu 1800 m hohen Insel kann sich kein ausgeprägtes Fallwindsystem entwickeln.

Die bisher beschriebenen Pflanzen in der Antarktis leben unabhängig von Verwitterungssubstraten oder Böden und darin aufgeschlossenen Nährstoffen. Dies gilt auch für die Moose. In der nacheiszeitlichen Reliefgeschichte west-antarktischer Periglazialgebiete konnten sich auf Vulkaniten, metamorphen Gesteinen oder Sedimenten durch intensive physiko-chemische und biotische Verwitterungsprozesse feinkörnige Zersatzprodukte bilden (Kap. 6.2.5.2). Sie bieten auch Blütenpflanzen eine potentielle Grundlage und bringen durch ihren Substratcharakter die vielfältigsten Pflanzengesellschaften zustande. Besonders feuchte Stellen in grobskeletthaltigen Verwitterungs- und Bodendecken tragen Moose. Dichter Besatz oft mit sehr alten Strauchflechten findet sich häufig auf dem aufgefrorenen Grobmaterial, z.B. auf inaktiven Steinringen oder Steinstreifen. Diese subrezenten oder vorzeitlichen Sortierungsformen bieten heute ausreichend konstante Lichtverhältnisse als eine Voraussetzung für die Ansiedlung von Strauchflechten. Zirkuliert darin ausreichend Wasser, finden sich Gesellschaften von Moosen und Strauchflechten ein. Gut durchfeuchtete, aber drainierte Flächen und Hänge mit lockeren, grobskeletthaltigen Verwitterungsdecken können gemischte Tundren aus Strauchflechten, *Deschampsia*-Gras und kleinen Moospolstern tragen. Voraussetzung ist auch hier, dass der Standort geomorphodynamisch relativ inaktiv ist, dass keine starken Solifluktions- oder Kryoturbationsprozesse (mehr) ablaufen. Solche Standorte tragen echte Bodenbildungen, bei denen aus der Biosphäre ein saurer Humus geliefert wird. Aufgrund der geringen Mineralisierungsrate haben sich in Tundrenböden Humusanteile von 2 - 10% gebildet (Abb. 30; BLÜMEL et al. 1985; vgl. Kap. 6.2.5.2).

Als botanische Besonderheit der Antarktis wurde das Gras *Deschampsia antarctica* bereits genannt. Es wächst als perennierende Pflanze in kleinen Polstern mit 5 - 7 cm Durchmesser und einer Höhe von 2 - 5 cm (GEBAUER ET AL. 1978). Größere zusammenhängende Flächen sind selten; geschützte Nischen zeigen häufig üppige Wuchsformen. Meist ist das Gras mit anderen Pflanzen (*Colobanthus quitensis*, *Polytrichum*-Moos, Strauchflechten) assoziiert. GEBAUER ET AL. nennen als Standortfaktoren, die das Vorkommen von *Deschampsia* begünstigen:

- vor zu starker Auskühlung und Austrockung durch Wind geschützte Areale;
- Meeresnähe;
- Zuschusswasser durch Schmelz- oder Sickerwässer;
- abgeschwächte oder fehlende Solifluktion und Kryoturbation;
- Böden/Substrate mit überdurchschnittlichem Wärmehaushalt (Nordhänge);
- gemäßigte (nicht überdüngende) Stickstoffzufuhr aus Vogelkolonien.

Standorte der aufgeführten Art können durchaus als Böden bezeichnet werden. Physiko-chemische Verwitterung mit Stoffneubildung sorgt für Nährstoffverfügbarkeit und Sorptionskapazität. Trotz der guten Möglichkeiten der Samenausbreitung durch Vögel (Nähe zu Feuerland) oder Windtransport siedelten sich keine weiteren Blütenpflanzen in der Antarktis an. Der Grund dafür mag in den kalten, sonnenarmen, stürmischen Sommern zu suchen sein, also in einer Limitierung durch Wärmemangel.

In der kontinentalen wie in der maritimen Antarktis dominieren die Kryptogamen und Mikroorganismen. Die Antarktis muss also als besonders unwirtlich eingestuft werden: Nur zwei Arten höherer Pflanzen erreichen 68°S; in der Arktis dagegen finden sich sogar noch üppige Vorkommen von Blütenpflanzen bei 80°N (Kap. 8.2).

Andererseits ist aber selbst in der Kryosphäre noch Leben in Form von Schneealgen zu finden. So zeigen Kryokonitlöcher (durch Gesteinsfragmente in Eis oder Schnee hinein-geschmolzene Wasserlöcher) eine reiche Mikroflora aus Algenklümpchen, Cyanobakte-rien, Mikroalgen und Diatomeen (KAPPEN 1994: 9). Letztere kommen auch in Bächen, Seen oder im Boden der Dry Valleys (Victoria-Land) vor. Grünalgen wurden im Schnee der West-Antarktis nachgewiesen wie auch in innerkontinentalen Oasen. Einwehung dürfte die Ursache für die weite Verbreitung sein.

Besondere ökologische Nischen bietet auch der rezente-subrezente Vulkanismus: Bei Lufttemperaturen um -30°C wachsen um Fumarolen thermophile terrestrische Lebens-gemeinschaften (KAPPEN 1994). Am Mt. Erebus finden sich bei 3400 m und am Krater-rand (3800 m) zusammenhängende Algenmatten. Am Mt. Melbourne wachsen sogar Moospolster (*Campylopus pyriformis, Cephaloziella exiliflora*).

Abb. 30: *Links*: Nach dem Abklingen der Kryoturbationsprozesse konnten sich auf dem allmählich beruhigten Untergrund Moose und erste kleine Strauchflechten auf dem Steinring ansiedeln. *Rechts*: Saure Braunerde (Gelic cambisol) mit niederwüchsiger Tundra aus Strauchflechten auf Basalten von King George Island (Süd-Shetlands; s. Abb. 9, 34; Aufnahme BLÜMEL 1987).

Abb. 31: *Links:* Krustenflechten und Graspolster von *Dechampsia antarctica* auf Basaltgestein. *Rechts:* Strauchflechte *Usnea antarctica* (Maritime Antarktis: King George Island/Süd-Shetlands; Aufnahme BLÜMEL 1987).

6.2.2 Insolations- und Frostverwitterung in der Antarktis

Verwitterungs- und Stoffneubildungsprozesse werden in erster Linie von klimatischen Parametern gesteuert, wobei das anstehende Gestein oder Substrat durch seine petrographische und mineralisch-chemische Zusammensetzung die Prozessdominanzen und das Spektrum neuer Stoffe innerhalb eines klimatischen Milieus bestimmt. Zeit, Exposition und Lage im Relief wirken dabei modifizierend. Dies gilt in seiner Pauschalierung auch für polare Gebiete. Differenzierungen sind wieder nach dem kontinental-trockenen Klimamilieu der Ost-Antarktis und dem maritim-feuchten der West-Antarktis zu erwarten. Im folgenden wird auf die Unterschiedlichkeit beider Großräume hingewiesen. Regionale Details oder lokale Befunde dienen als repräsentative Beispiele.

Nicht nur in heißen Wüsten mit sehr hohen täglichen Temperaturamplituden (oft > 50 K) ist die Insolationsverwitterung (Strahlungsabsorption) als bedeutsam im mechanischen Gesteinszersatz einzustufen. MECKELEIN (1974, 1965) hat wiederholt auf 'aride Verwitterung' in Polargebieten und geomorphologische Formenkonvergenz zwischen heißen und kalten Wüsten aufmerksam gemacht. Desquamation, Abgrusung und Absanden als mögliche Folgen häufiger Temperatur- und Volumenschwankungen sind auf verschiedenen Gesteinen aus völlig unterschiedlichen Regionen der Antarktis beschrieben worden (stellv. CAMPBELL & CLARIDGE 1987, KRÜGER 1986, MIOTKE 1979 für die trocken-kalte Ost-Antarktis; BLÜMEL 1984 und BARSCH ET AL. 1985 für die maritime West-Antarktis). Zur Abschätzung der Wirksamkeit dieser Insolationsverwitterung ist die Berücksichtigung maximaler Temperaturwerte und -amplituden wichtiger als die Feststellung von Mittelwerten (KRÜGER 1986). Des Weiteren ist die Frequenz von (hohen) Temperaturschwankungen ein wesentliches Kriterium.

MIOTKE (1979) legt für das Taylor Valley (Victoria-Land, Abb. 4) zahlreiche Temperaturmessreihen als Erklärungsgrundlage für verschiedene Verwitterungsprozesse vor. Danach heizt die sommerliche Sonneneinstrahlung bei klarem Himmel das Gestein und den Boden bis maximal über 30°C auf. Ausgeprägte tägliche Temperaturamplituden lassen sich nur bis etwa 20 cm Tiefe feststellen. Bei unbewölktem Himmel sind tägliche Temperaturunterschiede von etwa 35°C keine Seltenheit. Dieses Fazit läßt sich auch für andere ost-antarktische Periglazialgebiete ziehen: In der Schirmacher-Oase registrierte KRÜGER (1986) sommerliche Oberflächentemperaturen von über 30°C bei Minimalwerten von knapp 2°C des gleichen Tages. Die Lufttemperatur lag dabei bei 0°C (Abb. 32). Tägliche Schwankungen reichten auch hier kaum tiefer als 20 cm. CAMPBELL & CLARIDGE (1988: 65) berichten über Oberflächentemperaturen von 42°C an der Station Molodezhnaya oder Temperaturen über 20°C bei Scott Base (Abb. 4).

Selbst in der sonnenarmen maritimen West-Antarktis wurden Gesteinstemperaturen bis 22°C gemessen (BLÜMEL 1984; BARSCH ET AL. 1985). Die zeitgleichen Lufttemperaturen (meist nur wenig über dem Gefrierpunkt) sind bei diesem Vorgang unerheblich, wie auch KRÜGER (1986) belegt (s. Abb. 32). Expositionsunterschiede und Windwirkungen beeinflussen jedoch beträchtlich die thermischen Amplituden, so dass die Nordhänge im Normalfall die höchsten Zersatzraten bei der Insolationsverwitterung erwarten lassen.

Da sich im Laufe des Polartages auch der Einstrahlungswinkel ändert, können lokale, sehr kleinräumige Differenzierungen im Verwitterungsverhalten wirksam werden.

Feine Mikrorisse an Mineralgrenzen oder auch innerkristallin, die sich unter dem Rasterelektronenmikroskop zeigen, sind die primäre Folge häufig wechselnder Aufwärmung und Abkühlung (BLÜMEL 1986). Sie bereiten die definitive Abgrusung, das Absanden und das Abplatzen von Gesteinsplättchen (Desquamation) vor. Dieser Zersatz muss nicht unmittelbar und nur allein durch die thermischen Volumenveränderungen hervorgerufen werden. Gerade in den milderen und feuchteren maritimen Bereichen kommt sommerliche Benetzung durch Regen, Schneeschmelze oder Nebel hinzu mit der Folge vermehrter Hydratation, Salzkristallisation und -quellung sowie Frostsprengung. Letztere ist besonders effektiv im nördlichen Teil der Antarktischen Halbinsel, wo durch die Lage unterhalb des Polarkreises sommerliche Frostwechsel aufgrund der kurzen Nächte sehr häufig sind (BLÜMEL 1986; BLÜMEL ET AL. 1985). Aus dieser Faktorenkonstellation lässt sich ein sehr komplexes und effizientes physikalisches wie zusätzlich chemisches Verwitterungsgeschehen ableiten, das auch als Modell für die Verhältnisse in Mitteleuropa während der Kaltzeiten gelten kann. Schließlich unterlagen die Mittelbreiten damals wie heute dem Tag-Nacht-Regime. Wechselnde Insolation und Strahlungsabsorption führt zu Ausdehnung bzw. Kontraktion. Daraus resultiert eine Prozessfolge:

1) Spannungen im Mineralverband —> Mikrorisse —> Abgrusung / Desquamation ohne weitere Agenzien
2a) Mikrorisse —> Hydratation —> Quellungsdruck —> Abgrusung, Absanden
2b) Mikrorisse und Poren —> Salzkristallisation und -quellung —> Abgrusung, Absanden, Abschuppung
2c) Mikrorisse —> Durchfeuchtung —> Frostsprengung —> Abgrusung, Schuttbildung
3) Gleichzeitig laufen erste chemische Angriffe durch Hydrolyse und Oxidation ab, was sich vor allem durch Fe-Freisetzung dokumentiert (vgl. Kap. 6.2.5.2).

Am gleichen Standort kann somit eine zeitlich kurz versetzte Folge oder eine synchrone Wirkung von verschiedenen physikalischen und chemischen Verwitterungsprozessen beobachtet werden, die sich gegenseitig verstärken. Diurnale Frostwechselwirkungen über den Sommer hinweg machen nochmals die individuelle Stellung der Antarktischen Halbinsel innerhalb des gesamten antarktischen Gefüges deutlich, zumal in diesen feuchten Regionen noch das ganze Spektrum chemischer Prozesse hinzukommt (BLÜMEL ET AL. 1985, BLÜMEL 1986). Der effiziente Zersatzprozess mit seiner relativ hohen Verwitterungsrate ist auf das häufige und reichliche Feuchteangebot zurückzuführen, der den meisten physikalischen und allen chemischen Angriffen als notwendiges Agens dient. In der maritimen West-Antarktis bereiten physikalisch-chemische Prozesskombinationen die Weiterverwitterung zu echten Böden vor. Hier ist der Modellfall eines 'humiden' kaltklimatischen Formungsmechanismus zu beobachten (vgl. Kap. 6.2.5.2.), der im klaren Unterschied zu Gebieten der trocken-kalten Antarktis steht.

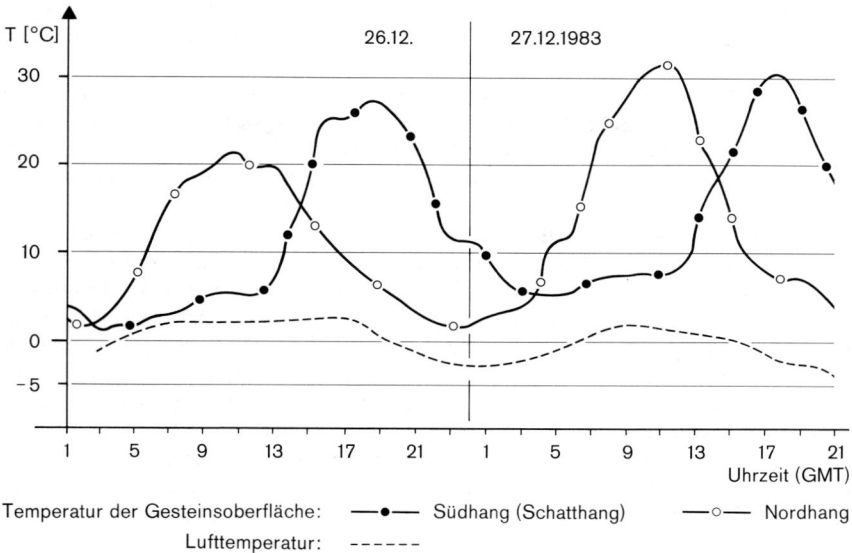

Abb. 32: Temperaturen auf Gesteinsoberflächen in der Schirmacher-Oase (Ost-Antarktis, Abb. 4) am 26. und 27. Dezember 1983. Hohe Einstrahlung erzeugt Werte bis 33,5°C, so dass an diesen Tagen eine große Tagestemperaturamplitude von etwa 30 K als Ursache für die beobachtete Insolationsverwitterung erreicht wird. Anmerkung: Geringere Werte um 22°C (26.12.) auf dem strahlungsbegünstigten Nordhang sind durch kräftige, temperaturerniedrigende Winde zurückzuführen, deren Nachlassen am Nachmittag den Südhang sogar bis 28°C erwärmt (nach KRÜGER 1986: 383).

6.2.3 Biogener Gesteinszersatz

In diesem ozeanischen Milieu der Antarktischen Halbinsel ist ein zusätzlicher physikalischer Verwitterungsvorgang aktiv, der durch den dort recht üppigen Flechtenwuchs ausgelöst wird. Während des Wachstumsprozesses zerstören Strauch- wie auch Krustenflechten ihren eigenen Untergrund. Dies zeigt sich in Form der 'Flechtendesquamation' (BLÜMEL 1986: 42), indem sich Plättchen von wenigen Millimetern Dicke und einigen Zentimetern Durchmesser aufwölben und abplatzen ('bioklastische Verwitterung'). Der Mechanismus für diese Oberflächenaufwölbung ist vermutlich in einer Volumenerweiterung durch biochemische Angriffe zu vermuten. Zumindest lässt sich freigesetztes Eisen an den Plättchen beobachten, was für hydrolytische und oxidative Vorgänge spricht, denen eine Aufweitung der Kristallgitter zugrundeliegt. Bei der Abschuppung entstehen vorübergehend frische Gesteinsoberflächen, die neu besiedelt werden oder die - aufgrund angelegter Rauigkeiten und Feinriss-Strukturen - nun verstärkt durch Frostverwitterung und Insolation weiterverwittern. Dieser Vorgang wurde insbesondere auf sehr dichten Gesteinen und glatten Oberflächen (z.B. von ehemaligen Brandungsgeröllen) beobachtet, die zunächst gegenüber der Insolation und kryoklastischen Verwitterung sehr resistent waren.

Abb. 33:   *Links*: Abgrusung an einem Basaltblock durch Insolations- und Frostverwitterung. *Rechts*: Abgrusung, Absanden und Flechtenverwitterung an einem feinkristallinen Basaltgang. Im daraus entstandenen feuchten Feinmaterialmantel (Vordergrund) geht die kryoklastische und chemische Verwitterung weiter (Verbraunung). Anzeichen solifluidaler Bewegung sind erkennbar (King George Island / West-Antarktis; Aufnahme BLÜMEL 1984).

Flechten sind als Pionierbesiedler und damit Wegbereiter für eine intensivere Dekomposition und potentielle Bodenbildung anzusehen. Obwohl sie selbst auf Glas wachsen können (KAPPEN 1988) - womit sich eine gewisse Unabhängigkeit vom haltgebenden Gestein als Nährstoffquelle andeutet -, greifen sie den Mineralbestand des Wirtsgesteins an. Oberflächen von Mineralen oder Mikrorisse darin werden vermutlich durch Abscheidungen der Rhizoiden und Hyphen hydrolytisch angewittert. Es bildet sich zunächst eine 'lichenogene' Verwitterungsrinde geringer Mächtigkeit (einige Millimeter), in der ein löchriges, schwammartiges Geäder aus Lösungsgängen die Silikatminerale durchsetzt (Waben- oder Zellstruktur; BLÜMEL 1986; HALLBAUER & JAHNS 1977). Schuppt dabei die Rinde nicht ab, kann sich allmählich eine bis zu wenigen Zentimetern messende, verbraunte Verwitterungsrinde aus Mineralbruchstücken, Restmineralen und pedogenem Eisen bilden. Ionen werden offensichtlich über die Verwitterungslösung ausgewaschen. Die Entstehung neuer Stoffe/Minerale über die unmittelbare Mitwirkung von Flechten ist möglich (vgl. dazu ASCASO ET AL 1976).

Vergleichbare Verwitterungswirkungen von Flechten an Gesteinsoberflächen (Schuppenverwitterung, biogene Krustenbildung) wie auch im Inneren des Substrates durch endolithischen Besatz beschreibt EICHLER (1981) aus der Kanadischen Arktis. Er verweist auf petrographische Unterschiedlichkeiten und Einflüsse auf Besiedelbarkeit oder Zersetzbarkeit von Gesteinen. Da Flechten auf nichtbewegtem Untergrund bei geeignetem Klimamilieu Deckungsgrade bis über 90% erreichen können, kommt ihnen eine bisher unterschätzte Mitwirkung beim Stoffumsatz polarer Räume zu. Darüber hinaus wirken sie je nach Besatzdichte filternd und modifizierend auf die Zersatzleistung anderer Atmosphärilien.

6.2.4 Periglaziale Ost-Antarktis

6.2.4.1 Physikalisch-chemische Verwitterung und Bodenbildung

In den kontinental-klimatischen Gebieten der Antarktis ist das Spektrum bzw. die synergistische Kombination der physikalischen wie chemischen Umsetzungsvorgänge ebenfalls komplex, doch weniger vielfältig als im maritimen Westen: MIOTKE (1979) betont die großen Ähnlichkeiten des Süd-Victoria-Landes mit heißen Wüsten in Bezug auf die dortige extreme Aridität, "... die Temperaturen könnten jedoch nicht unterschiedlicher sein." Unter solchen Verhältnissen sind Insolation und Frostwechsel nur dann kombiniert wirksam, wenn angewehter, neu gefallener Schnee oder regionales Gletscherschmelzwasser für das notwendige Agens Wasser sorgt.

KRÜGER (1986) präsentiert entsprechende Messreihen aus der Schirmacher-Oase, wobei sich bezüglich Temperaturamplitude und Frostwechselhäufigkeit jahreszeitliche Aspekte bemerkbar machen. Im Hochsommer tritt die Frostwechselhäufigkeit gegenüber den 'Übergangsjahreszeiten' zurück. Generell sind Witterungslagen mit verminderter Einstrahlung für eine wirkungsvollere Frostverwitterung verantwortlich, da hier häufiger der Nullpunkt der Temperatur unterschritten wird. In den Hochsommerwochen beschränkt sich dabei der kryoklastische Zersatz auf die obersten Zentimeter des Verwitterungs- oder Gesteinsprofils. Die darunter liegenden Dezimeter bleiben meist im positiven Temperaturbereich. Diese Beobachtung ist auch für die Verhältnisse in der West-Antarktis typisch.

Als weiterer wichtiger Zersatzprozess in kontinental-trockenen Bereichen der Antarktis ist die Salzsprengung herauszustellen (MIOTKE 1979; MIOTKE & v. HODENBERG 1980; CAMPBELL & CLARIDGE 1987: 107ff). Die teils extreme Aridität verhindert die Auswaschung neu entstandener oder eingewehter Salze, so dass diese sich in unterschiedlicher Intensität an der Abgrusung, Desquamation oder Schutt- und Blockbildung beteiligen können. Besonders wirksam wird die Salzsprengung dort, wo die Anreicherung salzhaltiger Lösungen stattfinden kann - in abflusslosen Senken, in Gesteinsklüften und unter Blöcken oder Schutt. Entscheidend für die quantitative Verwitterungsleistung ist die Frequenz von Feuchteangebot und Wiederaustrocknung, um die Hygroskopizität

(Quellungsdruck) und Rekristallisation (Druck durch Kristallwachstum) entsprechend wirken zu lassen. Ohne zumindest episodische Durchfeuchtung (flüssiges Wasser oder hohe Luftfeuchtigkeit) ist keine signifikante Salzsprengung zu erwarten. Frost- und Salzsprengung zersetzen das Gestein besonders rasch und wirksam, wenn Klüfte, Poren oder Mikro-/Haarrisse vorgegeben sind. Letztere sind bei Massengesteinen häufig durch Ausdehnungs- und Schrumpfungsvorgänge bei der Insolationsverwitterung angelegt worden (s. Kap. 6.2.2; BLÜMEL 1986). MIOTKE & V. HODENBERG (1980: 53) dokumentieren hier einen wichtigen Vorgang, der in den extrem kalten Regionen von spezifischer Bedeutung ist - die 'Tieffrostkontraktion'. Sie erzeugt in der Winterzeit Schrumpfrisse im Gestein ('zentrale Gesteinspolygone','inner rock polygons'), die später als Leitbahnen für einsickerndes Wasser genutzt werden können.

Fazit: Insolation sorgt für eine primäre (Vor-)Verwitterung unmittelbar an der Gesteinsoberfläche und dicht darunter. Tieffrostkontraktion kann zusätzliche, tieferreichende Haarrisse erzeugen. Beide ermöglichen in der Folge eine physikalische Weiterverwitterung durch Frost- und/oder Salzsprengung sowie chemische Angriffe auf den erzeugten Oberflächen. Dieses komplexe, vielseitige Wirkungsgefüge zeigt sich unter anderem in der Bildung von Hohlblöcken, Wabenverwitterung und Pilzfelsen durch Tafonierung als Beispiel für Vorgänge in dem ariden Milieu der kontinentalen Antarktis. Unklar ist noch heute die Dynamik und Geschwindigkeit physikalischer Verwitterungsprozesse insbesondere in der trocken-kalten Antarktis (vgl. MIOTKE 1980).

6.2.4.2 Kennzeichen ost-antarktischer Böden und Zersatzdecken

Hohe Aridität und mangelnde Bodenfeuchte sind für ein eigenständiges Verwitterungs- und Bodenspektrum verantwortlich, wie es von MIOTKE (1979) und vor allem CAMPBELL & CLARIDGE (1987) in ihrem umfassenden Werk über (ost-)antarktische Böden und Verwitterungsdecken beschrieben wird. Es sind vor allem die meist küstenfernen trockenklimatischen Extremstandorte im Transantarktischen Gebirge (Dry Valleys, Victoria-Land) sowie der Rand des Inneren Plateaus, die ein trockenes Bodenmilieu ('xerous soil moisture regime') aufweisen und durch beachtliche Salzhorizonte gekennzeichnet sind. An verschiedenen Standorten nachgewiesene Haupt-Salzminerale sind Calcit ($CaCO_3$), Gips ($CaSO_4$ x $2H_2O$), Thenardit (Na_2SO_4), Mirabilit ($Na_2SO_4 \times 10H_2O$), Halit (NaCl) und Nitronatrit ($NaNO_3$) (MIOTKE & V. HODENBERG 1980: 51). Die Salze stammen entweder als Neubildungen direkt aus dem Verwitterungsgeschehen oder sind vom Meer eingeweht worden. Dies konstatiert auch WAND (1995: 201) aus der Schirmacher-Oase: Der Eintrag geschieht über marine Aerosole. Schmelzwasser transportiert die Salze in die Tiefenlinien oder temporären Seen; Evaporation erzeugt Salzausblühungen am Rand der Gewässer. Darüber hinaus finden sich Salzinkrustierungen auf den Oberflächen fast aller Gesteinsarten. Gips und Calcit dominieren im Spektrum von etwa vierzig verschiedenen Salzen.

HÖFLE (1989: 487) beschreibt aus der Shackleton Range ungewöhnlich dicke, oft über einen Zentimeter mächtige Salzkrusten unter Schutt und Gesteinsblöcken. Er schließt in Analogie zu den oben genannten Beobachtungen aus den Dry Valleys auf eine lange

Bildungszeit der Verwitterungsdecke und damit auch auf eine lange Eisfreiheit des Untersuchungsgebietes (1,5 bis 3,5 Mio. Jahre.) Das Ausgangsgestein wurde bis zur Schluffkorngröße zersetzt, neugebildete Tonminerale wurden aber nicht identifiziert. (Anmerkung: Unbelebte und humusfreie Verwitterungsprodukte der vorgestellten Art als *Böden* anzusprechen - s. CAMPBELL & CLARIDGE 1987 -, ist problematisch. Hier herrscht international keine Einheitlichkeit.)

Mit Annäherung an Küstenstandorte nimmt die Bodenfeuchte zu, verursacht z.B. durch schmelzenden Sommerschnee, so dass Salze diffus verteilt oder lokal angereichert auftreten. Die Küstenzone selbst zeigt ein deutlich differenziertes ('subxerous') Bodenmilieu verglichen mit der antarktischen Kontinentflanke. Hier treten unter wesentlich feuchteren Bedingungen Flechten und Moose auf, die einen schwachen Humusgehalt im wenige Zentimeter mächtigen rotbraunen Oberboden bilden können (nach McNAMARA 1969 zit. bei CAMPBELL & CLARIDGE 1987: 187). Darunter folgen hellbraune sandige Lehme. BÖLTER ET AL. (1994) und BLUME & BÖLTER (1993) beschreiben podsolige Bodentypen aus ost-antarktischen Küstenabschnitten und belegen so eine größere pedologische Vielfalt dieses Raumes als bisher bekannt.

Nach CAMPBELL & CLARIDGE (1987: 181ff) lassen sich folgende Bodentypen in Abhängigkeit vom Bodenfeuchteregime für die Antarktis ausgliedern:

1. *'Ultraxerous soils'*: Extrem trockenes Bodenmilieu
   Verbreitung: In großen Höhen innerer Gebirge bis zum Rand des Polaren Inlandplateaus (z.B. Roberts Massif); sehr tiefe Temperaturen, sehr wenig Schneeniederschlag.
   Eigenschaften: Steinpflaster, darunter gut entwickelter Horizont mit vielen löslichen, weißen Salzen (incl. Nitrate und Na_2SO_4); in älteren Böden >10 cm dick; darunter gelblich-braune, teils fleckige und subpolyedrisch bis klumpige Aggregate; diffuse Salzverteilung.

2. *'Xerous soils'*: Arides Bodenfeuchteregime
   Verbreitung: Zentrales Gebirgsklima vom Rand des Inlandeises bis zu den Küstengebirgen (v.a. Transantarktisches Gebirge); Gebiete sommerlicher Schneefälle mit Bodenbefeuchtung.
   Eigenschaften: Salz in Poren, Hohlräumen, unter Steinen; darunter gelb-rote, skelettreiche Verwitterungshorizonte, teils aggregiert mit Salzflecken und -ausblühungen.

3. *'Subxerous soils'*: Semiarides Bodenfeuchteregime
   Verbreitung: Feuchteres Küstengebirgsklima (ca. 30 - 40 km breiter Streifen); höhere sommerliche Schneeniederschläge als weiter inlands, stellenweise auch Bodenfeuchte aus Winterschnee-Flecken oder Nachbarschaft von Gerinnen.
   Eigenschaften: Geringere Profiltiefe (max. 45 cm bis zur eisreichen Permafrosttafel); höherer Verwitterungsgrad als inlands, relativ arm an Salzen (Ausnahmen: Salzanreicherungen unter Steinpflaster; NaCl und Na_2SO_4); stark alkalische Bodenreaktion; stärkere Mineralverwitterung zum Teil mit Tonmineralen (Smectite).

4. *'Oceanic subxerous soils'*: Semiarides, ozeanisches Bodenfeuchteregime
Verbreitung: Küstennahe Bereiche (einschließlich Teile von Enderby Land) mit
wesentlich höherer und längerer Wasserverfügbarkeit.
Eigenschaften: Dunkelrot-brauner sandiger Lehm; stellenweise besetzt mit Flechten
oder Moosen, dann geringmächtiger Oberboden mit organischer Substanz (bis 3 cm);
tiefere Horizonte mit vesikulärem oder plattigem Frostgefüge.

5. *'Moist soils'*: Feuchtes Bodenmilieu
Verbreitung: Maritime Antarktis (Antarktische Halbinsel und benachbarte Inseln).
Eigenschaften: Böden sind völlig unterschiedlich zu anderen Teilen Antarktikas:
Häufige Veränderungen durch Frosteinwirkung, Auslaugung, geringe Mineralverwit-
terung, kein hohes Bodenalter, regional Flechten- und Moos-Tundra, stellenweise
humose Oberböden, seltener Torf. Auf gut drainierten Standorten treten verbraunte
Böden auf (gelic cambisols; Näheres s. 6.2.5.2).

Ausführliche Informationen über die Böden oder bodenartigen Formen sowie die
Bodenmineralogie der kontinental-klimatischen Antarktis siehe TEDROW & UGOLINI
(1966) sowie vor allem CAMPBELL & CLARIDGE (1987) nebst verarbeiteter Primärlitera-
tur. EITEL (1999) fasst bodengeographische Kennzeichen der Kaltklimate unter Verwen-
dung der FAO-Nomenklatur zusammen.

6.2.4.3 Vorzeitliche Formung und rezente geomorphologische Prozesse

Es ist davon auszugehen, dass sämtliche heutigen unvergletscherten Oberflächen (Periglazialgebiete) Antarktikas eine glazigene Vorformung vor allem durch subglaziale Prozesse erlebten. Sie wurden jedoch vor unterschiedlich langen Zeiten eisfrei (vgl. Kap. 3.4)
und wurden somit auch unterschiedlich lange der subaerischen Verwitterung und Überformung ausgesetzt.

Fundierte Erkenntnisse zur glazigenen und nachfolgenden periglazialen Umformung
ost-antarktischer Bereiche stammen aus dem Transantarktischen Gebirge (Nord- und
Süd-Victoria-Land und Wilkes-Land; s. Abb. 4). Von McMurdo aus sind diese größten
Periglazialgebiete Antarktikas mit den 'Dry Valleys' recht gut zu erreichen und deshalb
auch intensiver geo- wie biowissenschaftlich untersucht.

Die präglaziale, vor dem Eisaufbau existente Oberfläche dürfte ein von Flüssen zer-
schnittenes, stark petrographisch-strukturell geprägtes Relief gewesen sein. Im Transantarktischen Gebirge anstehende Sedimente der Beacon-Gruppe oder mächtige Dolerit-
Lagen wurden durch fluviale Formung und Hangentwicklungsprozesse zu Schichtstufen
oder anderen strukturgestützten Relieftypen ausgestaltet (Abb. 6). Nach glazigener
Überformung zeigt das aktuelle subaerische Relief immer noch (oder wieder) Anklänge
an das Vorrelief: Plateaus und kleinräumige Verebnungen werden von Steilhängen
abgelöst. CAMPBELL & CLARIDGE (1987: 25ff) sehen hier gewisse Gemeinsamkeiten mit
südafrikanischen Landschaften. Derartige Übereinstimmungen sind jedoch nicht ver

wunderlich, wenn man die gemeinsame geologisch-geomorphologische Geschichte betrachtet - beide Kontinente sind Bruchstücke von Gondwana.

Obwohl keine direkten geomorphologischen Nachweise möglich sind, dürfte die primäre glaziale Umformung vor ca. 38 Mio. Jahren (Oligozän) mit einem Talgletschersystem, das sich später zu einem Eisstromnetz weiterentwickelte, begonnen haben. Diverse Autoren gehen davon aus, dass in dieser frühen Phase die wesentliche subglaziale Überprägung und Umformung des Reliefsockels stattgefunden hat, da es sich um erosionsaktive temperierte Gletscher handelte. Auch die allmählich entstehende Inlandeismasse ist wohl anfänglich temperiert gewesen, erzeugte also subglaziales Schmelzwasser und Fließmechanismen mit hoher Abtragungsleistung ('wet-based glacier'). Diese Fähigkeit wird dem zwar mächtigeren, aber weitgehend durchgefrorenen späteren Inlandeisschild ('dry-based glacier', CAMPBELL & CLARIDGE 1987) abgesprochen. Trocken-kalte Gletscher bewegen sich häufig entlang interner Scherflächen, erodieren am Grund recht wenig.

Einer vorausgehenden weiträumigen Vereisung folgte nach einem partiellen Eisrückgang ein erneuter Vorstoß, der in manchen Tälern und auch auf Hochlagen des Victoria-Landes die sogenannte Sirius-Formation ablagerte. Sie besteht aus Grundmoränenmaterial mit bis zu 200 Metern Mächtigkeit. Eine nähere zeitliche Eingrenzung der Sirius-Formation ist bisher nicht möglich gewesen. Die verursachende Vergletscherung war die temperierter, 'wet-based' Gletscher.

Die Vereisungs- und Reliefgeschichte dieses Raumes läßt sich nur mühsam aufhellen. Viele Fragen zur Datierung sind noch offen. Als sicher gilt, dass das heute wieder eisfreie Gebiet des Transantarktischen Gebirges vor 7 - 10 Mio. Jahren unter kaltem Gletschereis lag. Entlang des Gebirges war die Eisbedeckung etwa 1000 Meter höher als heute (CAMPBELL & CLARIDGE 1987). Passüberfließungen waren möglich; die Täler des Gebirges wurden ausgeweitet. Nach der Maximalvereisung (Queen-Maud-Stadium vor 5 Mio. Jahren; Kap. 3.4) erfolgte ein Rückgang der Eiskappe mit Freigabe des subglazialen Reliefs - die Dry Valleys kamen zutage. Die subaerische Verwitterung konnte an den höchstgelegenen Geländeteilen einsetzen. Sie zeigen aufgrund der längsten Eisfreiheit heute den stärksten Verwitterungsgrad. Im Talbodenbereich lagen noch längere Zeit Gletscherzungen, möglicherweise aus mehreren Vorstoßphasen. Sie hinterließen nur wenig auffällige Moränenablagerungen; End- und Seitenmoränen sind nur schwach ausgeprägt. Auf zahlreichen Talsohlen finden sich Grundmoränenablagerungen, insbesondere im Victoria- und Taylor-Valley. Sie stammen von zerfallenden Gletscherzungen, die zunächst toteishaltige Moränen erzeugten ('ice-cored moraines'; CAMPBELL & CLARIDGE 1987). Sie besitzen an der Oberfläche aufgrund erfolgter Auswehungen ein grobes Block- und Steinpflaster.

Nur wenige Gletscherzungen der Antarktis bilden schmale Schotterfluren oder Sanderflächen aus. Einige Beispiele für kleine derartige Formen wurden vom Wright Lower und Victoria Upper Glacier beschrieben. Es handelt sich dabei um supraglaziales Schmelzwasser, das nur saisonal-kurzfristig in Erscheinung tritt. Die zugehörigen

Schotterfluren entwickeln sich daher nur sehr langsam (RAINS ET AL. 1980, zit. bei CAMPBELL & CLARIDGE 1987: 39). An vielen Stellen liegen reliktische Formen vor, die keine Weiterentwicklung mehr erfahren. Auf ihnen zeigen sich vermehrt Frostmuster-strukturen (Polygone, Frostkeile). Starke rezente Kryoturbationstätigkeit ist auf Stand-orte beschränkt, die des öfteren eine Durchfeuchtung erfahren und somit auch entspre-chende Frostwechselwirkungen umsetzen können. (Zum Prozess der Kryoturbati-on/Frostwechselsortierung s. Kap. 8.4.1.1).

Die hohe Aridität ost-antarktischer Periglazialgebiete bremst somit diesen ansonsten typischen geomorphologischen Vorgang und lässt als regelhafte Oberflächenstrukturen bevorzugt Tieffrost-Polygone entstehen, die sich wie folgt erklären lassen: Im trocken-kalten Kontinentalklima der Ost-Antarktis mit Jahresmitteltemperaturen unter –10°C (-10 bis –57°C, Abb. 16) ist in den Periglazialgebieten kontinuierlicher Permafrost verbreitet. Der geringe Tiefgang sommerlicher Erwärmung durch Strahlungsabsorption erzeugt einen saisonalen Auftaubereich von 20 bis 30 Zentimetern. Je nach Standortbe-dingungen und Reliefgeschichte ist darunter trockener oder eishaltiger Dauerfrost entwickelt (vgl. auch Kap. 7.6). Darin ablaufende Tieffrostkontraktion bei Wintertem-peraturen deutlich unter –22°C (Lufttemperaturen liegen realiter bei -40 bis –60°C) erzeugt schlanke Schrumpfrisse, die häufig durch eingewehtes Material oder randlichen Schutt verfüllt werden und allmählich polygonale Muster an der Oberfläche entstehen lassen ('Sandkeile' bei BLUME 1987). Durchmesser dieser Formen liegen zwischen 2 und 30 Metern, im Mittel bei 3 - 4 m (CAMPBELL & CLARIDGE 1987: 37f). Regional können sich diese Tieffrost-Kontraktionsrisse bei ausreichender (Luft-)Feuchte mit Sublimati-onseis füllen und so Eiskeile bilden. (Näheres zu Permafrost und Eiskeilen s. Kap. 7.6).

Fluviale Formung im trocken-kalten Milieu ist unbedeutend. Der längste saisonale Fluss der Antarktis mit 35 km Länge ist der Onyx River in den Dry Valleys. Er fließt durch-schnittlich acht Wochen lang vom Wright Lower Glacier in den Lake Vanda in Wright Valley - streckenweise anastomosierend, in Moränenmaterial eingeschnitten oder über blanken Fels. Nennenswerte fluvial-erosive Umgestaltung findet nicht statt. Dies wird auch von saisonalen Schmelzwassergerinnen aus der Schirmacher Oase bestätigt (RICHTER & BORMANN 1995: 189).

Prozesse der Hangentwicklung bleiben ebenfalls mangels Wasseranfalls meist auf gravitative Vorgänge beschränkt. Aus den seit längeren Zeiten eisfreien kontinentalen Antarktis-Gebieten beschreiben CAMPBELL & CLARIDGE (1987: 35f) an Stufen und Steilhängen entwickelte Schuttkegel oder Schutthalden mit Neigungen von 33 – 35°. Die Hangrückverwitterung läuft solange, bis der korngrößenkonforme natürliche Bö-schungswinkel erreicht ist und keine weiteren gravitativen Bewegungen mehr erlaubt. Da aktiver Weitertransport durch unterschneidende Flüsse weitestgehend fehlt, ertrin-ken die Hänge im eigenen Schutt. Schwache Überformung erfolgt zumeist durch Salzverwitterung und Auswehung des entstandenen Feinmaterials.

In dieser offensichtlich sehr früh eisfrei gewordenen Landschaft vollzieht sich unter dominant trocken-kalten, wüstenhaften Bedingungen eine Transformation des ehemals subglazialen Reliefs durch physikalische und chemische Verwitterungsprozesse. Charakteristische Produkte mit auffälligen Konvergenzerscheinungen zu Wärmewüsten sind Hohlblöcke (Tafoni), Pilzfelsen (durch Tafonierung und Windschliff) sowie vielfältige Spielarten der Wabenverwitterung. Des öfteren beschrieben wurden sie aus den Trockentälern des Victoria-Landes (CAMPBELL & CLARIDGE 1987; MIOTKE 1982) und aus der Schirmacher-Oase (BALKE & RICHTER 1995: 204).

Aride Verwitterungsprozesse sind auch Voraussetzung für die äolische Dynamik als einem potentiellen geomorphologischem Formungselement. In dominant wüstenhaften Landschaften wie den Trockentälern des Transantarktischen Gebirges bei den bekannt heftigen Windsystemen sollte eine entsprechende äolische Formung anzutreffen sein. Sie ist aber quantitativ und in ihrer flächenhaften Ausprägung nur recht kleinräumig formbestimmend, z.B. durch ein etwa 6 km langes Sanddünenfeld im Victoria Lower Valley. Die Barchane werden bis zu 15 m hoch und bis 100 m lang. Ihr Aufbau erfolgt vor allem bei heftigen Winden und Stürmen bis 300 km/h im Frühwinter, wenn die Schneedecke noch dünn ist. Charakteristischerweise sind die Dünen wechsellagernd aus Schnee und Sandstraten aufgebaut. Ihre Kämme bewegen sich bis zu einigen Metern pro Monat (NICHOLS 1966). MIOTKE (1982) berichtet dagegen von insgesamt langsamen Dünenwanderungen: 13 Meter von 1959 bis 1962. Unklar ist, ob hier der gesamte Dünenkörper gemeint ist oder nur die Firste (wie bei NICHOLS), zumal die Dünen innen durch die Schnee-Einlagerungen zementiert und gefroren bleiben. Den gesamten Komplex durch Sublimation oder Antauen erneut zu mobilisieren, erfordert sicherlich längere Zeit und würde eine langsame Wanderung erklären.

Außerhalb der McMurdo Dry Valleys spielen nach NICHOLS (1966) äolische Formen in der Antarktis keine wichtige Rolle. Das Fehlen größerer und zahlreicherer Sandakkumulationen liegt vor allem an den geringen Mengen von mobilisierbarem Sand begründet. Vorzeitliche Moränenablagerungen enthalten relativ wenig Sand- und Schluffkomponenten. Als weiteres Herkunftsgebiet kleinerer Sandmengen kommen noch isostatisch gehobene Strandterrassen in Betracht. Großräumig gesehen stehen in den heute unvergletscherten Bereichen des Transantarktischen Gebirges entweder nackte Felsen, schuttbedeckte Hänge oder feinmaterialhaltige Sedimente an (Hangschutt, vorzeitliche Moränen, Talbodensedimente o.ä.). Potentiell könnten diese heterogenen Lockersedimente Sand- und Schluffkorngrößen liefern. Durch die selektiv arbeitende Deflation enstanden aber (vielleicht ergänzt durch vorzeitliche Auffrierprozesse) flächendeckende Steinpflaster, die eine weitere Auswehung darunterliegender Feinklasten verhindern. Neue Sandquellen sind in der physikalischen Verwitterung zu suchen (Absanden von Lagen des Beacon-Sandsteins oder allgemein durch Abgrusung). Die anfallenden Quantitäten dürften als nicht zu groß eingeschätzt werden. Teile dieser neuen Verwitterungsprodukte werden - wie auch mobile ältere Sande - von den katabatischen Stürmen ins Meer geweht, gehen so aus der terrestrischen Reliefsphäre hinaus. Weitere Teile der mobilisierten Sandfraktionen bleiben auch andernorts in Frostspalten oder Frostbodenstrukturen hängen, werden so wieder fixiert (MIOTKE 1982).

Ähnliches kann auch für das Fehlen von Lössen oder löss-ähnlichen Ablagerungen in der Antarktis postuliert werden: Periglazialgebiete machen bekanntlich nur einen kleinen Teil der Landoberfläche aus. Steinpflaster verhindern wie beim Sand auch eine weitergehende Auswehung von Schluffen. Schmelzwasserablagerungen fehlen oder treten nur kleinräumig auf. Die Produktion von Silt-Korngrößen ist wegen geringer Frostwechselaktivität klein. Die zur Verfügung stehenden Mengen an Schluff sind also begrenzt, werden weit verweht, wofür CAMPBELL & CLARIDGE (1988) auch mangelnden Tundrenbewuchs als Sedimentfalle verantwortlich machen.

Dennoch spielt die Korrasion durch Windschliff regional eine unübersehbare Rolle in der Ausgestaltung des aktuellen Mikroreliefs trockener Periglazialgebiete. Große Blöcke und Felspartien sind angeschliffen oder poliert. Nach den Beobachtungen MIOTKEs (1979) können aus Schutt und Blöcken in wenigen Dekaden oder maximal einigen Jahrhunderten Windkanter entstehen. Wenige Wochen oder Tage im Jahr mit sehr hohen Windgeschwindigkeiten reichen aus, um Oberflächen im Mittel 1 bis 2 Millimeter pro Jahr zu erniedrigen. Die Korrasion arbeitet mit Hilfe von Sand, aber auch von Schnee- und Eiskristallen, die bei sehr tiefen Temperaturen besonders hart wirken. (Schneekorrasion mit perfekten Polituren wurden vom Verfasser auf der Antarktischen Halbinsel angetroffen.) Besonders stark angeschliffen sind Gesteinsoberflächen, die der Hauptrichtung der heftigen katabatischen Winde ausgesetzt sind. Windgeschwindigkeiten sind nicht in allen Tälern gleich, so dass auch die äolische Formung in ihrer regionalen Wirkung zu differenzieren ist. Eine Besonderheit berichtet NICHOLS (1966) aus den Taylor Valleys: Hier werden erbsengroße Kiese und Feinschutt bis 20 mm Durchmesser verweht, die zu kleinen Kiesrücken ('debris tails') oder Kiesdünen akkumuliert wurden. Solche Formen sind auf Alluvionen gut entwickelt. Verantwortlich sind die hier besonders heftigen Winde mit Geschwindigkeiten häufig über 40 m/sec (140 km/h). Eine nur schwache Windwirkung beschreibt RICHTER (1995: 206) aus der Schirmacher-Oase (Queen Maud Land). Windkanter fehlen mangels Sandkorngrößen, reliefformend tritt der Wind nicht in Erscheinung. Gesteinsoberflächen erscheinen lediglich leicht poliert.

6.2.5 Maritime West-Antarktis / Antarktische Halbinsel

Bis vor etwa fünfzehn Jahren war in Deutschland das geographische Klischee der Antarktis geprägt vor allem von Berichten aus dem 'amerikanisch dominierten' Teil. Das Bild des extrem trocken-kalten Raumes, der von McMurdo aus erschlossen wurde, beherrschte Vorstellungen über den Lebensraum Antarktis. Erst in den letzten Jahren rückte die West-Antarktis in das Blickfeld der Medien. Hier ballen sich wissenschaftlich und politisch motivierte Aktivitäten (Stationen, Basislager) und finden sich gleichzeitig in der sonst so lebensfeindlich eingestuften Antarktis die 'üppigsten', vielfältigsten Lebensformen. Diese für Logistiker, Wissenschaftler und Touristen gleichermaßen anziehenden, unvergletscherten Räume sind in ihrer Natürlichkeit und Existenz durch ihre relativ leichte Zugänglichkeit bedroht. Aufgrund der Einmaligkeit und physisch-

geographischen Individualität soll diesem Teil der Antarktis besondere Aufmerksamkeit gewidmet werden.
Auf die geologische wie klimatische Sondersituation der Antarktischen Halbinsel ist bereits mehrfach hingewiesen worden. In diesen westlichen Randbereichen Antarktikas hat die spätglazial-holozäne Klimaentwicklung zu einer beträchtlichen Deglaziation geführt, die noch heute anhält (vgl. Kap. 3.4.2). Landhebung und das Rückschmelzen von Eisrandlagen auf dem Festland schufen junge Periglazialstandorte - neue Lebensräume für eine karge Tundra und zahlreiche Meeressäugetiere und -vögel, die saisonal diese Standorte bevölkern.

6.2.5.1 Witterung und maritimes Klima der West-Antarktis

Die physisch-geographische Eigenständigkeit dieses Teils der West-Antarktis basiert in erster Linie auf dem klimatischen Milieu, das sich deutlich vom kontinental-kalten, trockenen der Ost-Antarktis abhebt. Gemeint sind im folgenden Räume, die in Abb. 3 als 'Maritime Antarktis' ausgewiesen wurden: Es sind die gesamten Westküstenabschnitte der Antarktischen Halbinsel, ihre vorgelagerte Inseln (Abb. 34) sowie benachbarte Inselgruppen (Süd-Shetlands, Süd-Orkney Inseln, Ross-, Joinville-, D'Urville-Insel u.a.).

Der Klimacharakter der Küstensäume und insbesondere der Süd-Shetlands kann als 'polar-ozeanisch' (BLÜMEL 1986; BLÜMEL & EITEL 1989) oder 'cold-temperate oceanic' (nach KATS in TEDROW 1977: 553) umschrieben werden. Im Gegensatz zur Ost-Antarktis zeigt sich hier eine Jahresamplitude der Temperatur (Differenz zwischen kältestem und wärmstem Monatsmittel) von nur ca. 10,5°C (BLÜMEL 1984) - ein ausgesprochen ozeanisch-gemildertes Klima (Abb. 17, 18). Typisch, und für die Entwicklung der Flora entscheidend, sind feucht-kalte Sommer mit häufigem Nieselregen, Schneeregen, Nebel, meist starker Bewölkung sowie ständigen Winden und Stürmen, oft mit Orkanstärke. Niederschlagshöhen können mit 400 bis 500 mm Wasseräquivalent angegeben werden, wobei für die maritime Antarktis wichtig ist, dass auch Regen und Nebelnässe auftreten, die für eine direkte Befeuchtung der Flora während der Sommerzeit sorgen. Winter- wie auch Sommerschneefälle verteilen sich aufgrund der stürmischen Witterung sehr unterschiedlich im Relief und sorgen für kleinräumige Differenzierungen im Bodenfeuchtehaushalt. Für die Verwitterungs- und Abtragungsdynamik wichtig ist die geographische Lage: Die Nordhälfte der Halbinsel liegt noch unterhalb des Polarkreises mit der Folge eines sommerlichen Tag/Nacht-Wechsels. Es wurden bei Aufenthalten 1984 und 1987 für etwa 50% der Sommertage Frostwechsel festgestellt. Dennoch sind auch die Tag/Nacht-Schwankungen der Temperatur maritim niedrig, denn die höchsten gemessenen Sommertemperaturen (King George Island) lagen nicht über 8,7°C. So blieben auch die Mitteltemperaturen der Sommermonate (Dezember bis März) unter +2°C (Abb. 35). (Neueren Berichten zufolge sollen sich in den letzten Jahren die Sommertemperaturen erhöht haben.) In den wenig extremen Wintertemperaturen zeigt sich die zweite Voraussetzung für ein ozeanisch gemildertes Klima. Der kälteste Monat hat eine Mitteltemperatur von –9°C bei tiefster bisher gemessener Temperatur von -23,6°C. Die Maritime Antarktis ist dennoch mit 286 Frosttagen (1979), davon 164 Eis- und 122 Frostwechseltagen ein echtes Kaltklima.

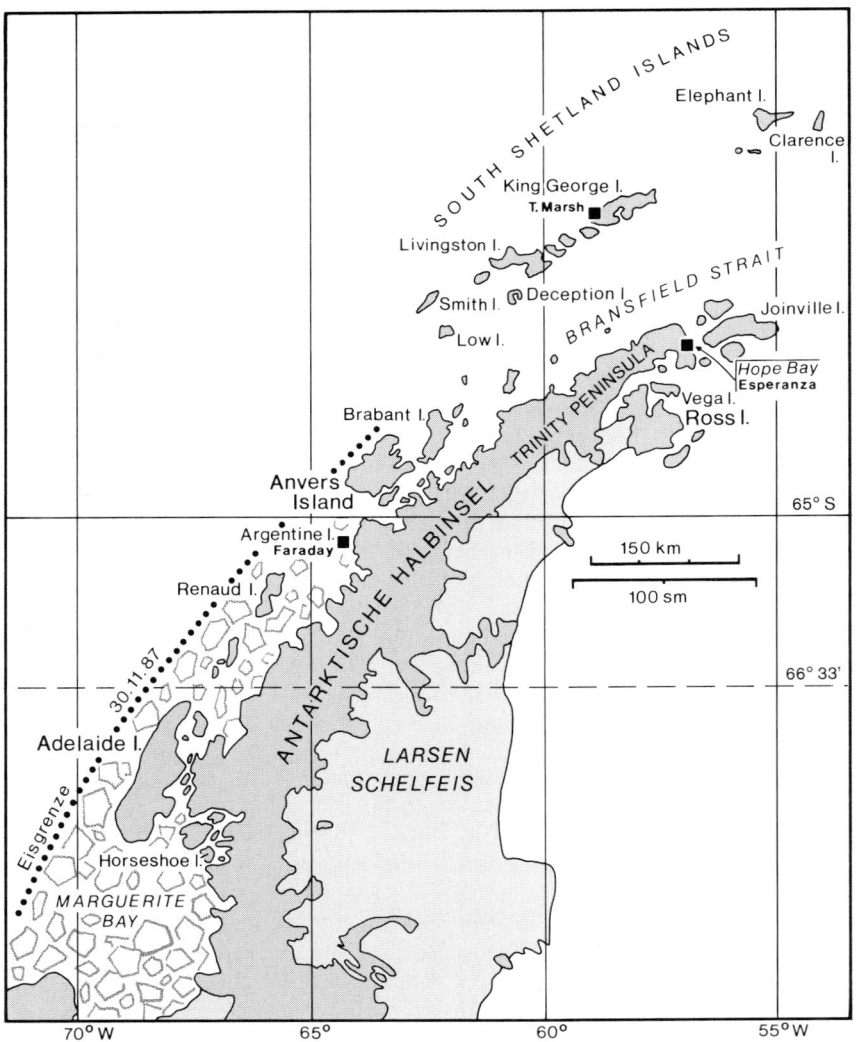

Abb. 34: Die Antarktische Halbinsel mit den Süd-Shetland-Inseln bilden den wesentlichen Festlandsteil der Maritimen Antarktis (aus BLÜMEL 1987).

Kerguelen-Inseln (49° S)

– Jahresmitteltemperaturen um 0 °C
– geringe Jahresamplitude: 10 °C
– kein Permafrost
– starke wechselnde Witterung,
  große Frostwechselhäufigkeit
  zu allen Jahreszeiten
– keine Windwirkung
– Niederschlag ~ 400 mm

King George Island (62° S)

– 2,6 °C
10,5 °C (wärmster Monat Februar: + 1,5 °C;
kältester Monat August: – 9 °C)
kontinuierlicher Permafrost
~ 50% Frostwechseltage im Sommer
(Jan./Febr. 1984)

starke Winde (bis > 130 km/h)
~ 500 mm (300-600 mm)

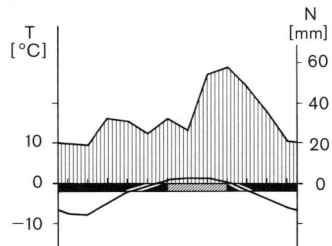
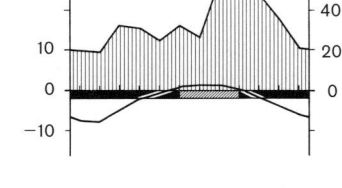

King George Island (5 m)
       –2,6 °C   399 mm

Klimakennzeichen:

Jahresmitteltemperatur: – 2,6 °C

Amplitude der Jahresmittelwerte
(1970-1980): – 1,7 - – 4,0 °C

gemessene Extremwerte: – 23,2 °C / + 8,7 °C

1979: 286 Frosttage (164 Eis-, 122 Frostwechseltage)

Luftfeuchte: 95-70%

Niederschlag: ca. 500 mm, 180 Regentage;
häufig Nebel; 170 Schneefalltage (Schneedecke 3 m
von Mai bis Dezember)

Bewölkung: 1-13 Tage mit < 25% Bedeckung

Sonnenschein: selten

Meerwassertemperaturen: – 1,5 - + 1,6 °C

Abb. 35: Maritime Antarktis: Klimadiagramm und klimatische Kennzeichen von King George Island (62°S/59°W; Abb. 34) im Vergleich mit den subantarktischen Kerguelen-Inseln, die eines der ausgeglichendsten ozeanischen Klimate repräsentieren (aus: BLÜMEL ET AL. 1985).

Dies wird auch in der Verbreitung des Permafrostes in der West-Antarktis deutlich. Trotz einer nur -2,6°C betragenden Jahresmitteltemperatur konnte auf der King-George-Insel kontinuierlicher Permafrost mit gut entwickelter Eisrinde unter dem sommerlichen Auftaubereich festgestellt werden (BLÜMEL 1984; BARSCH ET AL. 1985). Verantwortlich hierfür ist in erster Linie die niedrige Sommertemperatur verbunden mit wenig direkter Einstrahlung. (In Kontinentalklimaten der Arktis mit sonnenreichen Sommern werden für kontinuierlichen Dauerfrost -6 bis –8°C Jahresmitteltemperatur angesetzt; vgl. Kap. 7.6). Das Vorkommen von Blockgletschern als Oberflächenform (gefrorene, in Bewegung befindliche Hangschuttmassen) bestätigt die Existenz holozänen Permafrostes.

6.2.5.2 Chemische Verwitterung und Bodenbildung

Gegenüber den weitverbreiteten Erkenntnissen zur ariden Verwitterungsdynamik der trocken-kalten Ost-Antarktis fiel der unerwartet hohe chemische Verwitterungsgrad der maritimen West-Antarktis auf (vgl. hierzu BLÜMEL 1984, 1986; BLÜMEL ET AL. 1985; BARSCH ET AL. 1985). Die Gründe für diese Sonderstellung sind bereits genannt worden: Ozeanisch gemildertes Kaltklima mit positiven Sommertemperaturen und sommerlicher Feuchte durch Regen, Schneeregen und Nebel. Auslaugung und subkutaner Lösungsabtrag erzeugen 'Pedalfers' im Sinne von GANSSEN (1968). Sie verhindern eine Akkumulation von verschiedenen Salzen, Carbonaten oder Sulfaten in 'Pedocals', wie sie aus der ariden Ost-Antarktis beschrieben wurde (vgl. Kap. 6.2.4.2).

Auf den Süd-Shetland-Inseln und dem Nordteil der Antarktischen Halbinsel wurden sommerliche Auftautiefen zwischen 20 cm unter Moospolstern und etwa 120 cm an schwach bewachsenen Nordhängen ermittelt (BLÜMEL 1984; BARSCH ET AL. 1985). Die liegende Permafrosttafel ist häufig als Eisrinde (BÜDEL 1977) mit eisreichen Lagen oder Blankeiskörpern ausgebildet. Aufgrund der niedrigen Temperaturen ist die Verdunstung allgemein gering. Ausnahme ist die unmittelbare Gesteins- und Bodenoberfläche, die der häufigen Austrocknung durch den Wind ausgesetzt ist. Wasser bleibt also durch Versikkerung und Untergrundplombierung in der Dekompositionssphäre, ist als chemisches Verwitterungsagens verfügbar.

Folgende Standortbedingungen bestimmen oder modifizieren Verwitterungs- und Bodenprofile im maritimen Bereich:

- Drainage
- Exposition und Bodenklima (-wärme)
- Geomorphodynamik
- Mineralzusammensetzung
- Auftautiefe und Permafrost

Standorte mit häufiger Wasserübersättigung oder Überstauung sind am geringsten chemisch umgewandelt. Hier fehlt eine sich ständig erneuernde, untersättigte und damit aggressive Bodenlösung, wie sie bei gut drainierten Profilen erwartet werden kann. Stattdessen finden sich dort häufig die vollkommensten Sortierungsformen (Frostmusterstrukturen; Abb. 39, 40). Steinpolygone, -ringe oder streifen werden fälschlicherweise noch immer als 'Böden' der Kaltklimate angesehen. Sie sind jedoch als rein mechanische Produkte einer Frostwechseldynamik einzustufen (Kap. 8.4.1.1), denen im aktiven Zustand jegliches bodentypische Merkmal fehlt. Klingt die Kryoturbation oder Solifluktion infolge hydrologischer Veränderungen ab, kommt also der gröbere Schuttmantel/-streifen zur Ruhe, so wird er häufig von (Strauch-)Flechten besetzt, die organische Substanz zu einer beginnenden echten Bodenbildung beitragen. Lokal oder regional bauen Humusbestandteile von *Deschampsia*-Büscheln oder Moospolstern die organische Substanz auf. Der Humusgehalt (Ah-Horizont) in verbraunten Profilen beträgt im Mittel 4,5% (0,7 - 10,2%). Zugehörige pH-Werte liegen um 4,7 (KCl) bzw. 5,5 (H_2O)

(BLÜMEL ET AL. 1985). Die Mineralisierungsrate ist aufgrund geringer mikrobieller Aktivität noch bei weitem kleiner als die ohnehin niedrige pflanzliche Zuwachsrate.

In feinmaterialreichen Substraten schreitet die physiko-chemische Verwitterung aufgrund ausreichender Bodenfeuchte schneller voran als in Schuttdecken. Gut drainierte Standorte zeigen eindeutige Verbraunungserscheinungen durch Eisenfreisetzung. Auf Vulkaniten der King-George-Insel konnten Dreischichttonminerale (Smectite) nachgewiesen werden (BARSCH ET AL. 1985: 49). Nähere Untersuchungen ergaben, dass es sich wohl nicht (nur) um neugebildete, pedogene Tonminerale i.e.S. handelt, sondern - beim Mg-Saponit - um hydrothermale Alterationen der primären Minerale Olivin und Klinopyroxen (BLÜMEL ET AL. 1985). Ob alle 2 - 20% Tonmineralanteile in verbraunten Bodenprofilen der West-Antarktis ausschließlich auf endogene thermale Vorgänge zurückgehen, also keine klimagenetischen Produkte sind, ist jedoch noch weiter offen.

Hydrolytische Verwitterungsvorgänge (Ätzgruben auf Mineraloberflächen) lassen sich durch REM-Aufnahmen sichtbarmachen (BLÜMEL 1986). Gleichzeitig konnte nachgewiesen werden, dass Tonkorngrößen über chemische und chemo-klastische Prozesse im Boden entstehen. Zum Teil ist dabei die Ausfällung freier Fe-Oxidhydrate in Poren und Mikrorissen beteiligt. An zahlreichen Skelettteilen verbraunter Böden wurden subkutane braune oder rot-braune Verwitterungsrinden entdeckt, über die die Feinsubstanz angereichert wird (= Verlehmung und Verbraunung). Die Dicke der Rinden erreicht bis zu 2 cm (BLÜMEL 1986: 49ff). Eine Tonverlagerung (Lessivierung) konnte nicht beobachtet werden, ebenfalls kaum Spuren von Pseudovergleyung. Pedogenes Eisen wurde mit durchschnittlich 4,6 mg/Liter im Ah-Horizont, mit 6,5-7,1 mg/Liter in wenigen Dezimetern Tiefe festgestellt - ein Anzeichen für Podsolierungsprozesse (Fe-Verlagerung; s. auch BÖLTER ET AL. 1994). Hauptverantwortlich dafür dürfte der saure Flechten- und Mooshumus sein. Bezeichnend für diese recht starke Versauerung ist auch die aktuelle Basensättigung von stellenweise unter 40% - bei basischem vulkanischem Ausgangsgestein. Die hier erwähnten groben Charakteristika maritim-antarktischer Böden unterstreichen die eingangs genannte Bedeutung chemischer Prozesse und echter Bodenbildung in diesem Teil des antarktischen Groß-Ökosystems. Sicherlich ist bei diesen Beispielen das vulkanische Ausgangsgestein wesentlich und betont eine gewisse Sonderstellung: Basalte sind in allen Feuchtklimaten recht verwitterungsanfällig, vergleicht man sie mit anderen Silikatgesteinen.

Der Horizontaufbau antarktischer Bodenprofile wird mitbestimmt von mechanischen Sortierungsvorgängen. Voraussetzung ist - und sie ist der Normalfall - ein heterogen zusammengesetztes Substrat. Auffrierprozesse bringen die gröberen Komponenten an die Oberfläche, wo sie ein typisches Stein- oder Gruspflaster bzw. Mikropolygone bilden können. Zurück bleibt in den von häufigen Frostwechselprozessen besonders erfassten Tiefen (bis 30 cm) ein Horizont feinerer Korngrößen (Abb. 36, 37). Hierbei handelt es sich folglich um eine relative Anreicherung, die aufgrund ihres Feinmaterialgehaltes besonders geeignet ist, chemisch intensiver zu verwittern als die darüberliegende gröbere Lage. Diese primäre kryogene Horizontierung beeinflusst sicherlich das später resultierende, 'pedogene' Horizontbild.

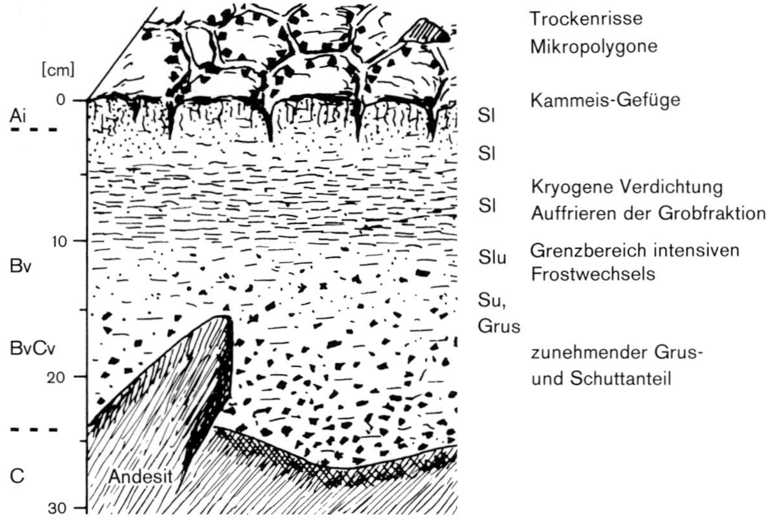

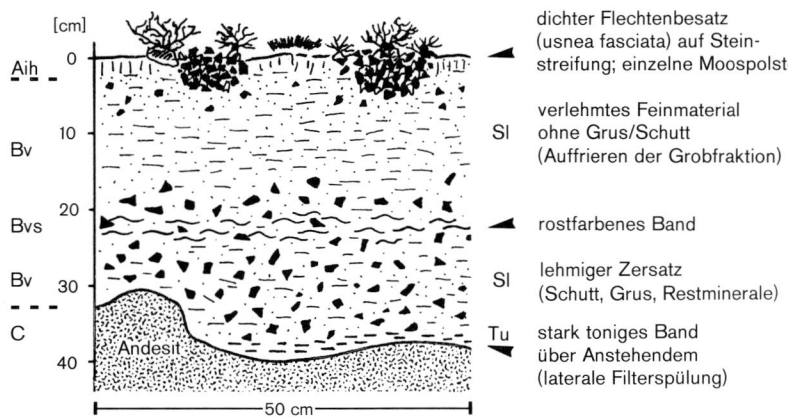

Abb. 36: Verbrauntes Verwitterungsprofil (Cambic Regosol; ahumic brown soil) mit kryogener Sortierung und Pseudo-Horizontierung auf Andesit. An der Oberfläche sind Trockenriss-Mikropolygone und ein Frostgefüge durch häufige Segregationseisbildung entwickelt (Fildes-Halbinsel, King George Island; aus BLÜMEL 1984).

Abb. 37: Kryomorphe Braunerde (Gelic Cambisol) auf andesitischer Solifluktionsdecke. Der ca. 9° geneigte Hang ist gut drainiert und wird derzeit nur sehr langsam solifluidal bewegt, so dass das Wachstum von Strauchflechten auf den Steinstreifen möglich ist (Fildes-Halbinsel, King George Island; aus BARSCH ET AL. 1985).

Alle initialen Bodenprofile besitzen diese kryogene Stratifizierung. Bei Solifluktionsdek-
ken wird das besonders grobe Material zusätzlich in Steinstreifen angereichert (Abb. 40).
Solifluidal bewegte Böden oder Vorstufen dazu sind weit weniger intensiv verwittert als
in situ-Profile mit guter Drainage. Mangels entsprechender Vegetation ist der Humusgehalt recht gering (Mittel 0,4%). Versauerung und Auslaugung sind noch schwach: Die
Basensättigung im Oberboden beträgt durchschnittlich noch 96% (BLÜMEL ET AL.
1985).

		Nord-Hang	Fläche	Süd-Hang	Ø T	Temp.-Ampl.
Mittl. Lufttemp.	1 m über Boden	2,1	2,3	2,3	2,2	0,2
Mittl. Lufttemp.	2 cm über Boden	3,6	3,4	3,3	3,4	0,3
Mittl. Bodentemp.	Oberfläche	4,6	3,9	3,5	4,0	1,1
Mittl. Bodentemp.	- 2 cm	5,1	3,8	3,4	4,1	1,7
Mittl. Bodentemp.	- 5 cm	4,4	3,3	2,9	3,5	1,5
Mittl. Bodentemp.	- 10 cm	4,1	2,9	2,7	3,2	1,4
Mittl. Bodentemp.	- 20 cm	4,0	2,8	2,0	2,9	2,0
Mittl. Bodentemp. -	2 – 20 cm	4,4	3,1	2,8	3,4	1,6
Mittl. Bodentemp. -	0 – 20 cm	4,4	3,3	2,9	3,5	1,5

Tab. 3: Sommerliche Luft- und Bodentemperaturen (in °C), gemessen vom 18. Januar bis 12.
Februar 1984 auf der Fildes-Halbinsel (45 m ü.M.; King George Island, Süd-Shetlands;
aus BLÜMEL 1985).

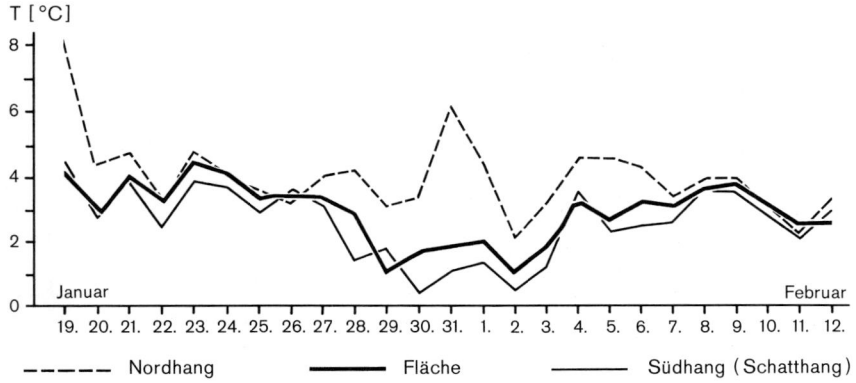

Abb. 38: Mitteltemperaturen (2 - 20 cm Tiefe) im sommerlichen Auftaubereich vom 18. Januar
bis 12. Februar 1984 (Fildes-Halbinsel, 45 m ü.M.; King George Island, Süd-
Shetlands). Deutlich wird die thermische Begünstigung des Nordhanges in den oberen Dezimetern des Bodenprofils (aus BARSCH ET AL. 1984).

Das bodenklimatische Verwitterungsmilieu lässt sich mit Hilfe von Tab. 3 beschreiben: Niedrige Lufttemperaturen stehen in keinem signifikanten Zusammenhang mit den im Mittel und über längere Zeit wesentlich wärmeren Bodentemperaturen (BARSCH ET AL. 1985). Nordhänge sind erwartungsgemäß thermisch besonders begünstigt (Abb. 38). Insgesamt sind über den Sommer gemittelt die Bodentemperaturen in 0 - 20 cm Tiefe deutlich wärmer als die darüberliegende Luft. Hierin wird noch einmal die Bedeutung der Strahlungsabsorption und des vertikalen Wärmetransports in diesen Breiten deutlich. Ab 20 cm unter der Oberfläche machen sich die strahlungsbedingten und diurnalen Temperaturschwankungen nur noch schwach bemerkbar. Ähnliche Beobachtungen zum täglichen Tiefgang von Wärmeschwankungen wurden auch aus kontinentalen Bereichen gemeldet (MIOTKE 1979; KRÜGER 1986).

Dieses gegenüber der Umgebungstemperatur 'warme' Bodenklima erlaubt - bei entsprechendem Feuchteangebot - chemische Dekomposition und Bodenbildung, die gewisse Ähnlichkeiten mit Mittelbreitenböden besitzt. So beschrieben BÖLTER ET AL. (1994) erstmalig auch Podsolierungserscheinungen aus der Ost-Antarktis (Station Casey; Wilkes-Land, Abb. 4) unter dortigen klimatisch begünstigten Flechtenstandorten.

6.2.5.3 Aktuelle geomorphologische Prozesse

Permafrost

Aufgrund des höheren Niederschlagsangebotes kommt in der maritimen West-Antarktis dem Permafrost eine bedeutsamere Rolle als Regler im Landschaftshaushalt zu als dies in Ost-Antarktika der Fall ist. Trotz einer Jahresmitteltemperatur von nur -2,7°C (oder knapp darunter) konnte auf King George Island (Abb. 34) und anderen Süd-Shetland-Inseln kontinuierlicher Permafrost nachgewiesen werden (BLÜMEL ET AL. 1985; BARSCH ET AL. 1985). Der klimatische Grund dafür ist in den typisch ozeanischen, nass-kalten und sonnenarmen Sommern zu suchen. In den arktischen Bereichen dagegen ist wegen der kontinental-warmen Sommer ein Jahresmittel von –7°C für kontinuierlichen Dauerfrost erforderlich (WASHBURN 1979, YERSHOV 1998: 436; vgl. Kap. 7.6). Auftautiefen auf King George Island reichen von 20 cm unter Moospolstern bis maximal 120 cm an nordexponierten Hängen. Im Mittel sind Tiefen von 50 - 80 cm sondiert worden (Abb. 41, 42; BLÜMEL 1984, BARSCH ET AL. 1985). Darunter findet sich eine Art *Eisrinde* im Sinne von BÜDEL (1977) aus lamellenartigem oder schichtigem Segretationseis: Lagen von 1 bis 2 Zentimeter dickem Eis trennen das Verwitterungsmaterial voneinander. Eine solche eisreiche Zone deutet auf eine gewisse Konstanz der sommerlichen Auftautiefe in der jüngeren Zeit hin. Neugebildeter Permafrost unter einer Flugpiste auf King George Island ließ sich unmittelbar nach deren Bau feststellen - ein Zeichen für die Zugehörigkeit zum aktuellen Klima.

Weitere Indikatoren für Permafrost sind Blockgletscher oder verwandte Formen: Mächtige Hangschuttdecken an fossilen Kliffen oder Steilhängen (Abb. 11) sind auch im Inneren gefroren und zeigen deshalb Bewegungsmuster, die mit denen von Gletschern

Ähnlichkeit besitzen. Die Mächtigkeit des Permafrostbereiches kann bei den Süd-Shetland-Inseln mit einigen Dekametern angenommen werden. BARSCH ET AL. (1985) rechnen für King George Island mit etwa 50 m. Eiskeile sind nicht entwickelt; für die zugehörige Tieffrostkontraktion im Permafrost fehlen hier die nötigen extremen Minustemperaturen im Winter.

Formen und Prozesse der Frostwechseldynamik (Kryoturbation, Solifluktion)

In der maritimen Antarktis herrscht eine intensive und vielfältige kryogene Geomorphodynamik, d.h. *Kryoturbation* (Ausprägung von symmetrischen Frostmusterstrukturen wie Steinpolygone und -ringe oder amorphen Formen); *Solifluktion* (gravitative und vor allem durch Frostwechsel ausgelöste, zusammenhängende, langsame Abwärtsbewegung der Auftauschicht); *Kammeissolifluktion* (oberflächennahe Auflockerung und Bewegung durch häufige Bildung und Abtauen von Sublimationseiskristallen); *Abluation* (oberflächige Abspülung von Feinklasten durch Schneeschmelzwasser, verstärkt und erleichtert durch Frostwechselaktivitäten u.a.m.). Die aufgeführten Prozesse werden im Kap. 8.4 (Arktis) ausführlicher beschrieben. Im Erscheinungsbild gleichen sich die Formen auf beiden Polarkalotten in auffälliger Weise, so dass auch von grundsätzlich ähnlichen Vorgängen ausgegangen werden kann.

Die klimatischen Gründe für diese effiziente Abtragungsdynamik sind bereits mehrfach angesprochen worden:
— Die nördliche Hälfte der Antarktischen Halbinsel mit ihren benachbarten Inseln erstreckt sich nördlich des Polarkreises (Abb. 34). Die hier noch herrschenden kurzen Nächte sorgen für einen frequenten Frostwechsel auch während der Sommermonate.
— Es herrschen relativ hohe Niederschlagsaufkommen und häufige Durchfeuchtung durch sommerliche Niederschläge (Schnee, Schneeregen, Regen, Nebel).

Voraussetzungen zur Entstehung typischer Steinpolygone und Steinringe mit Feinerdekernen, Steinnester und -rosetten, Zellenböden, Feinerdeknospen, Solifluktionsdecken mit Steinstreifen und Feinerdesträngen sind heterogene, in der Korngrößenzusammensetzung gemischte Substrate. Bei der Entstehung von Entmischungsformen scheint eine regelhafte Beziehung zu bestehen: Bei besonders groben Korngrößen (Grobschutt, kleine Blöcke) in einer feinerkörnigen Matrix resultieren Steinpolygone großen Durchmessers (Meterdimension, zum Teil mehrere Meter; Abb. 39, 79, 81). Bei kleineren Skelettanteilen entstehen Formen in der Dezimeter-Dimension (Abb. 79).

An manchen Standorten der West-Antarktis ist die Kryoturbation zum Erliegen gekommen. In der Folge besiedelten (Strauch-)Flechten die Steinpolygone. Der Standort wurde in echte Bodenbildung einbezogen; das anorganische Verwitterungsmaterial verbraunte. Gründe dafür liegen in der verbesserten Drainage z.B. durch rückschreitende Hangentwicklung (Solifluktion) oder einen heute tiefergreifenden Auftauboden. Eine Kryoturbationsbewegung kommt bei nicht-überstauten Standorten auch dann weitgehend zum Erliegen, wenn die Entmischung/Sortierung in gröbere und feinere Klasten bereits ein gewisses Maß an 'Perfektion' erreicht hat.

Unter *Solifluktion* wird eine langsame Abwärtsbewegung der zusammenhängenden sommerlichen Auftauschicht verstanden. Dieser Prozess kann ebenfalls als ein charakteristischer, das Relief prägender und umgestaltender Vorgang in periglazialen Milieus aufgefasst werden (Abb. 41, 42; nähere Erläuterungen hierzu siehe Kap. 8.4). Insbesondere bei heterogenen Substraten lässt sich eine frostwechselbedingte Sortierung ähnlich der Kryoturbation beobachten; hinzu kommt als entscheidender Faktor die Schwerkraft, vorgegeben durch das Gefälle. Bei Hangneigungen mit mehr als 2° bewegen sich Lockermassen pro Frostwechsel-Zyklus einige Millimeter bis wenige Zentimeter im Verband abwärts. Entscheidend für diesen Vorgang ist auch hier die Volumenausdehnung des feuchten Substrats, insbesondere in vertikaler Richtung. Die Partikel in ihrer Gesamtheit werden senkrecht zur Oberfläche angehoben, aber beim Auftauen lotrecht wieder abgesetzt. Daraus ergibt sich keine harmonische 'Fließbewegung', sondern eine 'Auf-und-Ab-Bewegung', die besonders dynamisch ist, je häufiger pro Zeiteinheit Gefrornis und Auftauen sich abwechseln. Auch hierbei werden seitliche Bewegungen

Abb. 39:   Durch Kryoturbation erzeugte polygonale Frostmusterstrukturen (Steinpolygone) gliedern eine Fläche auf King George Island (S-Shetlands). Über der plombierenden Permafrosttafel staut sich das Wasser (dunkle Farbe im Grobschutt), so dass mit einsetzendem Winterfrost entsprechende Volumenzunahmen und Druckwirkungen entstehen, die den Kryoturbationsprozess in Gang halten (Länge des Maßstabs: 80 cm; Aufnahme BLÜMEL, Februar 1984).

Abb. 40: *Links:* Solifluktionshang auf Elephant Island (Süd-Shetlands). Anstehend sind meta-
morphe Schiefer, die durch Frostsprengung und Hydratation in eine blättrige Verwitterungsdecke zersetzt werden. Über der Permafrosttafel (ca. 70 cm unter Oberfläche) bewegt sich der Auftaubereich hangabwärts, wobei hier neben der Frostwechselwirkung (Kap. 8.4) ein starker Wassergehalt die gravitative Verlagerung verstärkt.
Die progressive Solifluktion hat einen ehemaligen überwachsenen Kryoturbations-
standort in die Hangabtragung einbezogen. (Aufnahme BLÜMEL, Dezember 1987)
Rechts: Grabung in einem Solifluktionsprofil auf einem ca. 6° geneigten Hang. Wie
auch bei Kryoturbationsvorgängen auf flachen Geländeformen bewirken Wechselfol-
gen von Auftau und Wiedergefrornis ein nach oben gerichtetes 'Auffrieren' gröberer
Korngrößen, wobei diese in Streifen angeordnet werden. Die Abwärtsbewegung der
feuchten, aber gut drainierten Zersatzdecke geschieht in Form der Frostwechsel-
Solifluktion mit wenigen Zentimetern oder Millimetern pro Auftausaison. Bei 30 cm
Grabungstiefe steht bereits der wasserundurchlässige, dauernd gefrorene Untergrund,
die Permafrosttafel, an (Aufnahme BLÜMEL, Januar 1984).

der Grobkomponenten erzeugt, was sich in markanten Steinstreifen und parallelen
Feinerdebeeten äußert (Abb. 40, 86). Gebiete mit frequenten Frostwechseln in den
Übergangsjahreszeiten wie auch im Sommer (Antarktische Halbinsel, südliches Grön-
land oder Mitteleuropa in pleistozänen Kaltzeiten) unterliegen bzw. unterlagen einer
intensiven Formung durch die Solifluktion. Voraussetzung ist, es bleibt genügend
Feuchte in der Auftauschicht für die notwendige Volumenausdehnung.

Unabhängig von diesem Vorgang läuft besonders in Gebieten mit häufigen Frostwechseln die *Kammeissolifluktion* ab. Sie ist auf die unmittelbaren Bereiche der Oberfläche beschränkt und arbeitet durch die meist nächtliche Bildung von Sublimationseisnadeln unter Steinen, Schuttpartikeln oder Bodenaggregaten. (Nähere Erläuterungen dazu s. Kap. 8.4.)

Modifiziert wird die Solifluktionsrate insgesamt durch Faktoren wie Substrateigenschaften, unterschiedlich mächtige Schneeablagerungen oder expositionsbedingtes langsameres Abschmelzen. Daraus ergeben sich langanhaltende Bodenfeuchte, Zuschusswasserzufuhr oder Überstauung und damit Intensivierungen des Prozesses gegenüber trockeneren Standorten.

Abluation

Mit dem Begriff *Abluation* wird ein in Schneeklimaten wichtiger Abtragungsprozess umschrieben - die selektiv wirkende, weitgehend oberflächig ablaufende Abspülung feiner Korngrößen durch die Schneeschmelze. Besonders wirksam ist sie auf noch gefrorenen oder erst angetauten Flächen vor zurückweichenden Schneeflecken (Abb. 41, 90). In Frostwechselklimaten wie der Antarktischen Halbinsel kommt es zusätzlich zu häufigen Kammeisbildungen mit Lockerung von Oberflächenpartikeln (Frostgefüge). Beim fortgesetzten oder wieder auflebenden Schneeschmelzprozess können diese leicht abgeschwemmt werden. Abluation ist mitbeteiligt an der frostgesteuerten Hangglättung und sorgt für eine selektive Materialverteilung, das bedeutet Anreicherung feinerer Ablagerungen an Unterhängen und Hangfüßen. Des weiteren liefert die Abluation Feinmaterial als Suspensionsfracht in die Wasserläufe, ist somit auch ein wesentlicher Vorgang bei der Talbildung (vgl. Abb. 42, 90) wie generell bei der periglazialen Reliefbildung.

Periglaziale Talbildung

Deutliche Talhangentwicklung und dabei auftretende Asymmetrien periglazialer Tälchen (Korrasionstälchen, Dellen) lassen sich in der Antarktis wie im pleistozänen Mitteleuropa auf die kombinatorische Wirkung von Solifluktion plus Abluation zurückführen, wobei gerade der anhaltenden Feuchtigkeitsspende durch Schneeflecken eine entscheidende Bedeutung als steuernder Parameter zukommt. Nivationsnischen fördern somit eine intensivere Abtragung als in der früher schneefreien oder gar im Winter aperen Nachbarschaft. Hieraus können eigenständige Nebentälchen oder, bei stärkerer Reliefenergie, runsenartige Kleineinzugsgebiete entstehen.

Auch in der maritimen Antarktis ist ein fluviales Entwässerungssystem nur schwach entwickelt. Zwar liefern höhere Niederschläge und geringe Evaporationsverluste ein größeres Schmelzwasseraufkommen als ähnlich gestaltete Gebiete in der kontinentalklimatischen Antarktis, die erosive Leistung der periodischen Gerinne ist jedoch schwach, da die Schneeschmelze aufgrund der niedrigen Temperaturen über den gesamten Sommer gestreckt wird und die sommerlichen Niederschläge kaum abflussbildend wirken (BARSCH ET AL. 1985: 43).

Periglaziale Tälchen auf der Fildes-Halbinsel (King George Island) laufen meist in ehemaligen Schmelzwasserrinnen der postglazial zurückgewichenen Collins-Eiskappe, die aktuell noch den größten Teil der Insel bis 700 m Höhe überdeckt. Heute sind es authochtone Einzugsgebiete mit nivalem Abflussregime; Gletscherabfluss wurde nicht beobachtet. Rezente 'Talbildung', d.h. Weiterentwicklung der nur wenige Meter eingeschnittenen Abflussrinnen erfolgt durch selektive Ausspülung der Sohlenbereiche (Abb. 90, 42). Zurück bleibt ein Steinpflaster aus Schutt oder Moränengeröllen, das eine aktuelle Tieferlegung weitgehend bremst. Demgegenüber sind die Talflanken aktiv. Sie werden durch Solifluktion und Abluation zurückverlegt, wobei auch nur die feineren Klasten vom fluvialen Abtransport erfasst werden. (Weitere Erläuterungen zur periglazialen Talbildung s. Kap. 8.4.2.)

Hangentwicklung

In der West-Antarktis erfolgte der Eisrückgang und damit die Schaffung unvergletscherter Oberflächen erst mit dem Ende der Weichsel-/Würm-/Wisconsin-Eiszeit. Abb. 43 zeigt exemplarisch begleitende Erscheinungen: An dem subglazialen Härtling, einer Vulkanschlotfüllung, bildete sich mit dem Eisrückgang zunächst ein Mantel aus Seitenmoränenmaterial. Postglazialer Frostschutt vom oberen Hang überlagert heute zum Teil den gravitativ etwas abgeflachten und umgeformten Moränenmantel. Vergleichbare Situationen sind auch andernorts zu finden. Generell resultieren bei freigelegtem Steilrelief Schuthangbildung sowie verschiedene Formungsprozesse (Glatthangbildung) durch Solifluktion, Nivation, Abluation etc., die MANZEL (1990) systematisch beschrieben und durch Modellbildung unterlegt hat.

Äolische Prozesse

In der West-Antarktis fehlen äolische Akkumulationsformen vollständig, jedoch sind angeschliffene oder polierte Fels- und Schuttoberflächen keine Seltenheit. Als Schleifmittel dienen Sand-, Grus- und Feinschuttpartikel, die nach dem Abtrocknen der häufig feuchten Bodenoberfläche abgeweht werden können. Häufige Kammeisbildungen führen zur Lockerung der oberflächennahen Partikel und prädestinieren diese zur äolischen Mobilisierung. Die intensive kombinatorische Verwitterung erzeugt große Mengen an Feinklasten, aber sie sind in der Mehrzahl durch das Feuchtmilieu, durch Steinpflaster und den Tundrenbewuchs vor der Auswehung geschützt, kommen also als Schleifmittel weniger in Betracht. Perfekte Polituren wurden vom Verfasser am Rande von Eiskappen (Hope-Bay, Abb. 10, 34) beobachtet, wo die abströmenden katabatischen Winde vor allem Schnee- und Eiskristalle für den Schliff benutzen. Aufgrund der Küstennähe west-antarktischer Periglazialgebiete werden Schluffe und Sande leicht bis ins Meer transportiert.

Abb. 41: Solifluktion, Abluation und Mächtigkeiten des sommerlichen Auftaubereichs (Fildes-Halbinsel, King George Island / S-Shetlands). Wenig tief aufgetaute Bereiche vor den zurückweichenden Schneeflecken bewirken eine besonders intensive Abluation, während mit wachsender Entfernung dazu immer mehr Wasser im Auftauprofil versickert. Dieser west-exponierte flache Hang erreichte im Hochsommer 1984 eine maximale Auftautiefe von 85 cm.

Abb. 42: Querschnitt durch ein periglaziales Gerinnebett auf der Fildes-Halbinsel. Die durch den kühlen maritim-antarktischen Sommer verzögert ablaufende Schneeschmelze bewirkt nur eine geringe Abflussrate, die keinen nennenswerten Grobmaterialtransport leisten kann. Wesentlichen Anteil an der Talhangentwicklung hat die Frostwechsel- und die Kammeissolifluktion sowie die feinmaterialliefernde Abluation (beide Abbn. verändert nach BLÜMEL 1984).

Abb. 43: Der *Three Brothers Hill* (96 m ü.M.) repräsentiert mit seinen Basaltsäulen einen der zahlreichen vulkanischen Förderschlote, die während des Tertiärs am Aufbau der King-George-Insel beteiligt waren. Beim spät- und postglazialen Eisrückgang blieb an seinem Hang ein Moränenmantel zurück, der durch nachfolgende holozäne Hangschuttbildung teilweise überdeckt wird. In der Nachbarschaft wurde die argentinische Station Jubany angelegt. Die tieferen Geländepartien sind isostatisch gehobene Strandterrassen (Aufnahme BLÜMEL 1984).

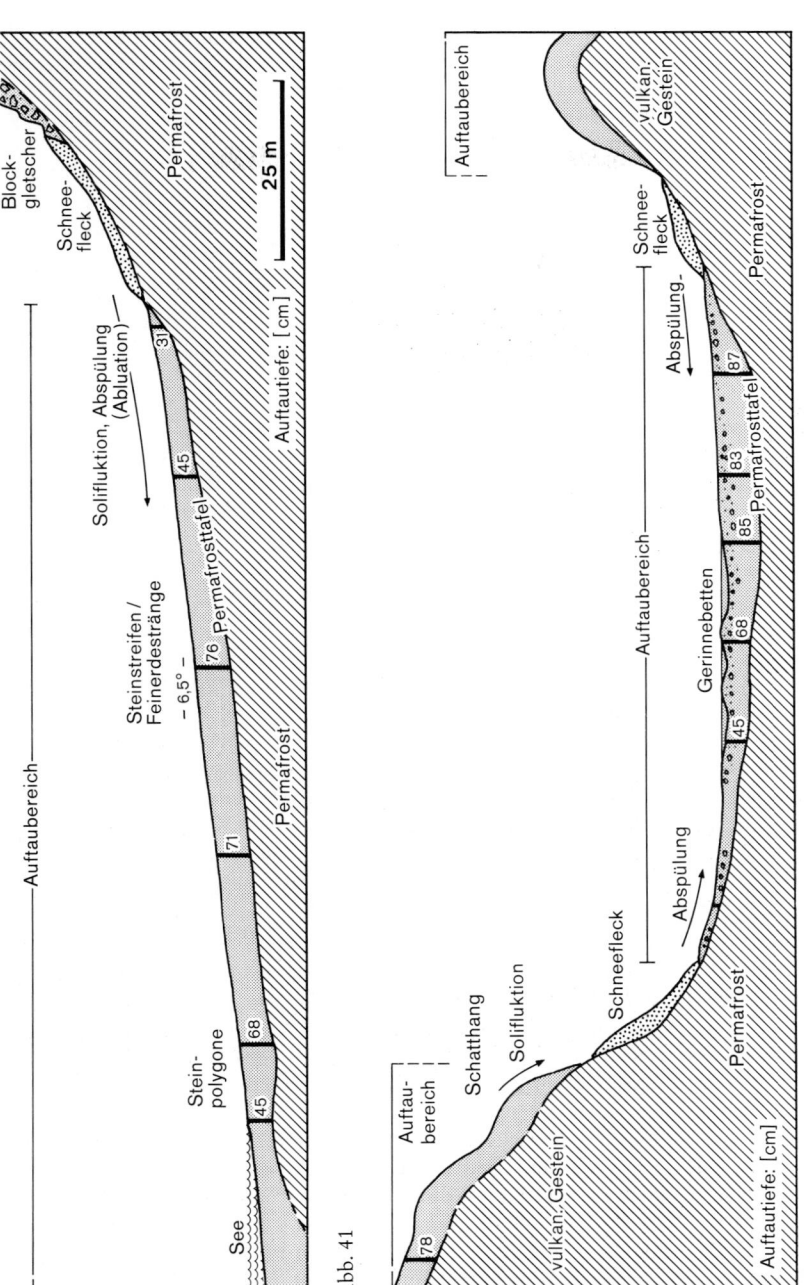

Abb. 41

Abb. 42

6. 3 Anthropogene Eingriffe in antarktische Lebensräume

6.3.1 Ausbeutung mariner Ressourcen

Wenige Jahre nach den Entdeckungsreisen von James Cook (1775; s. Kap. 1.1) begannen die frühen Beutefahrten von *Robbenjägern*. Sie dezimierten in kurzer Zeit die Robbenpopulationen beträchtlich. Zuerst wurden die immensen Pelzrobbenbestände (*Arctocephalus gazella*) der Antarktischen Halbinsel und der Subantarktischen Inseln fast ausgerottet. Schiffsladungen von 50 000 Robbenfellen waren damals keine Seltenheit. Im Südsommer 1820/21 waren vierzig englische und amerikanische Schiffe an der Pelzrobbenjagd auf den Süd-Shetlands beteiligt - acht Jahre nach deren Entdeckung. Im Zeitraum von vier Jahren wurden 320 000 Pelzrobben getötet (DRESCHER 1983).

Als Robbenjäger James Weddell 1823 die Süd-Shetlands betrat, fand er keine einzige Pelzrobbe mehr vor (KOHNEN, o.J.: 53). Auch die Weddell-Robbe (*Leptonochotes weddelli*) und der Südliche See-Elephant (*Mirounga leonina*) blieben nicht verschont. Letzterer wurde wegen seines Specks und Trans gejagt: Erwachsene Bullen werden bis zu 4,5 Meter lang und etwa 4 t schwer.

Bevor also Nennenswertes über den siebten Kontinent bekannt war, waren bereits massive Eingriffe in dessen marines Ökosystem erfolgt, die sich bis in die Gegenwart auswirken. Manche Robbenarten sind im Bereich der Antarktis und der Subantarktischen Inseln heute vollständig geschützt, für andere gelten genaue Jagdbestimmungen. Insgesamt hat sich die Population wieder kräftig erholt.

Den Robbenjägern folgten bald *Walfänger*, deren Jagd im Laufe des 19. Jahrhunderts ständig intensiviert wurde. Um die Jahrhundertwende baute man, von den Falkland-Inseln ausgehend, in antarktischen Gewässern eine regelrechte Walfangindustrie auf. Im Jahr 1913 zählte man sechs Verarbeitungsstationen an Land, 21 Fabrikschiffe und über 60 Fangboote. Mehr als 10000 Buckel-, Blau- und Finnwale wurden pro Saison erlegt. In dem Zeitraum 1930 - 1950 wurden pro Jahr etwa 40 000 Wale getötet und verarbeitet. Nach nur sechs Jahrzehnten intensiver Jagd waren die Bestände derart geschrumpft, dass auch die Walfangindustrie in der Subantarktis (Süd-Georgien) eingestellt werden musste. Zuletzt blieb nur noch der Seiwal und der Minkwal als Beute.

Schätzungsweise existieren heute noch 2% der ursprünglich etwa 200 000 Blauwale. Seit 1965 sind sie vollständig geschützt. Drei Prozent der Buckelwale und 20% der ehemals 380 000 Finnwale sollen den aktuellen Bestand stellen (DRESCHER 1983: 124). Bis heute bemühen sich Gruppen von Naturschützern um die Durchsetzung eines strikten Walfangverbots nicht nur in antarktischen Gewässern. Japan betreibt aber weiterhin ungeachtet der Proteste die Jagd auf antarktische Wale 'zu Forschungszwecken'.

Mit diesen Eingriffen sind Veränderungen im gesamten marinen Ökosystem der Antarktis verbunden. Da die Bartenwale nur noch etwa ein Sechstel ihrer ursprünglichen Biomasse ausmachen, ist der jährliche Krillkonsum von 190 Mio. t auf geschätzt 40 Mio.

t zurückgegangen. Das wirkt sich auf das Konkurrenzverhalten der verbleibenden Krillkonsumenten aus. Die Trächtigkeitsrate bei Blau-, Finn- und Seiwalen nimmt zu, die Geschlechtsreife mancher Walarten tritt wesentlich früher ein, beim Zwergwal bereits nach 6 - 7 Jahren gegenüber vormals 14 Jahren. Vergleichbares gilt für die Krabbenfresserrobbe. Pelzrobben, Seevögel und Adelie-Pinguine haben in Gebieten mit großen Krillvorkommen beträchtlich an Zahl zugenommen (DRESCHER 1983). Krill ist Teil des Zooplanktons; wichtigster Vertreter ist eine 1 - 2 g schwere, bis zu 6 cm lange Leuchtgarnele, die sich von Kiesel- und Geißelalgen ernährt. Krill wird 6 - 7 Jahre alt, was bedeutet, dass die jährliche Zuwachsrate im Vergleich zur Biomasse gering ist.

Seit 1972 läuft kommerzieller *Krillfang* durch Flotten aus Japan und der ehemaligen Sowjetunion, gefolgt von Chile, Südkorea, Polen oder der früheren DDR. Schwerpunkte des Krillfangs bilden die Gewässer um die Süd-Orkneys, Süd-Georgien und Elephant Island im atlantischen Sektor sowie vor dem Amery-Schelfeis und dem Enderby-Land im Sektor des Indischen Ozeans. Nach SARHAGE (1992: 222) wurden 1981/82 528 000 t Krill gefangen, in den Folgejahren etwa 400 000 t. Hauptverwendung findet Krill als Futter für Pelztiere, in der Viehzucht und Aquakultur; für den menschlichen Konsum spielt er in Japan eine gewisse Rolle. Noch immer bereitet die Verfahrenstechnik dabei Probleme: Für den menschlichen Verzehr müssen die Fänge aufgrund des hohen Fluoridgehaltes innerhalb weniger Stunden geschält werden. Verglichen mit dem geschätzten Gesamtbestand an Krill erscheint die genannte Entnahmemenge gering. Bei einer stärkeren Nutzung wird aber die Frage akut, wieviel der Mensch nutzen kann, ohne die regenerierende und neu strukturierte Nahrungskette (Abb. 99) erneut zu gefährden.

Obwohl der *Fischfang* in antarktischen Gewässern erst seit knapp dreißig Jahren praktiziert wird, haben fast alle Nutzfischbestände durch Überfischung stark abgenommen. Schutzmaßnahmen einer internationalen Kommission zur Erhaltung der lebenden Ressourcen der Antarktis brachten kaum Erfolge. Von 280 Fischarten werden nur zwölf durch die Fischereiwirtschaft genutzt, dies sind vor allem Marmorbarsche, Graue Notothenien, Bändereisfische, Gelbflosseneisfische, Schwarze Seehechte sowie kleine Leuchtsardinen. Bis 1982/83 wurden etwa 2,8 Mio. t gefangen, davon 90% von Schiffen der ehemaligen Sowjetunion (SARHAGE 1992).

Auf die Biologie der antarktischen Meere kann hier nicht näher eingegangen werden. Neueste Arbeiten hierzu werden in HEMPEL & HEMPEL (1995) referiert. Eine fundierte biologische Zusammenschau über marine Fauna, Festlandsflora und -fauna brachten BONNER & WALTON (1985) heraus. Überblicke zur Biologie bieten (stellvertretend) MOSS & DE LEIRIS (1992).

6.3.2 Gefährdung durch Stationen und Tourismus

Die wenigen unvergletscherten Bereiche der Antarktis stellen den Lebensraum für eine karge, sehr langsam wachsende und damit nur schwer regenerierbare Flora (vgl. Kap. 6.2.1). Des weiteren werden bevorzugt diese Periglazialgebiete jahreszeitlich von den zahlreichen Seevögeln als Brutkolonien sowie von den Pelzrobben und See-Elephanten zum Fellwechsel oder Nachwuchsaufzucht genutzt. (Zur Zoologie der Antarktis s. stellvertretend HEMPEL & HEMPEL 1995; MOSS & DE LEIRIS 1992; BONNER & WALTON 1985). Da der Mensch ebenfalls für den Bau seiner Stationen und Basislager für Expeditionen die eisfreien Standorte vorzieht, erwächst daraus zwangsläufig eine regionale Beeinträchtigung oder gar Zerstörung von Lebensräumen. Gleichgültig, ob der Bau von saisonal oder ganzjährig besetzten Stationen wissenschaftlichen Zwecken oder nur der Vertretung nationaler Interessen dient - das engere wie weitere Umfeld wird nachhaltig geschädigt. Zusätzlich zu den unmittelbaren, irreparablen Schäden durch Erdbewegungen, durch Transporte mit Fahrzeugen, den Flugpistenbau usw. bedeuten selbst 'sanfte' Fortbewegungsarten zu Fuß eine ernste Schädigung. Ein einziger Fußtritt vernichtet oder beschädigt Pflanzen, die zur ihrer Entwicklung bisweilen mehrere Jahrhunderte benötigt haben. Darüber hinaus werden filigrane Oberflächenstrukturen der Kältewüste wie Frostmustererscheinungen (z.B. Abb. 78) durch Begehen zerstört. Selbst solche scheinbar unbedeutenden Spuren bleiben, vergleichbar denen in heißen Wüstengebieten, oft mehr als Jahrzehnte sichtbar. Dies mag die ökologische Sensibilität antarktischer Festlandsräume beispielhaft andeuten.

In diesem Zusammenhang ist auch der wachsende Tourismus im Bereich der maritimen Antarktis als äußerst bedrohlich zu sehen. Eisgängige Kreuzfahrtschiffe suchen vermehrt die Küsten der Antarktische Halbinsel und die vorgelagerten Inseln auf. Bereits um 1990 brachten sie jährlich etwa 5000 Besucher (BRONNY & HEGELS 1992: 214). MOSS & DE LEIRIS (1992: 167) nennen die Zahl 5000 - 10 000 Touristen. Trotz Aufklärung durch geschulte Reiseleiter mehren sich Störungen. Der immer häufiger werdende Besuch attraktiver Pinguin- oder anderer Seevögelkolonien beeinträchtigt nachweislich das Brutgeschäft und die Reproduktionsrate. Auch die Robbenkolonien sind betroffen. Für attraktive Photos werden nötige Abstände oft nicht eingehalten, die Tiere aufgeschreckt oder beunruhigt, so dass verstärkt Stresssituationen auftreten. Gleichzeitig wird die benachbarte Flora und ihr Umfeld beschädigt oder vernichtet.

Der Bau und Betrieb von Wissenschafts- oder Repräsentationsstationen zur Befestigung von Besitzansprüchen bringt ein weiteres Gefährdungspotential mit sich. Ein Extrembeispiel stellen die Periglazialstandorte der King-George-Insel dar. Sie sind aufgrund ihrer logistischen Gunst so dicht mit Stationen und Infrastruktur besetzt (sowie von Touristenströmen besucht), dass keine ungestörten Bereiche mehr existieren. Während der Gültigkeit des Antarktisvertrages (s. REINKE-KUNZE 1992b; MOSS & DE LEIRIS 1992) waren die Besitzansprüche einzelner Nationen zwar 'eingefroren', ein weitgehend ungehinderter Zutritt jedoch möglich (vgl. WOLFRUM 1992, MAY 1988).

Abb. 44:   Mülldeponie in der Nähe einer südamerikanischen Station (King George Island).
Unter anderem lagern hier Fässer mit Treibstoff- oder Heizölresten in direkter
Verbindung zu einer sommerlich offenen Seefläche. Austretendes Öl und andere
Schadstoffe bleiben in Erdoberflächennähe - und damit in Kontakt zu Fauna und
Flora -, da der Permafrost in nur wenigen Dezimetern Tiefe ein Versickern verhin-
dert (Aufnahme BLÜMEL 1984).

Mit der Vertretung zahlreicher Nationen kam auch deren Müll in die Antarktis. Bis
heute - trotz verschärfter Regeln des 1991 um fünfzig Jahre verlängerten Antarktisver-
trags - ist bei zahlreichen Stationsbetreibern noch kein ausreichendes Naturschutz- und
Umweltbewusstsein entwickelt. Unverständlich bleibt, warum beispielsweise Müllde-
ponien (Abb. 44) eingerichtet werden oder Müll in das Meer verschoben wird. Auch in
der Vergangenheit hätten die Frachtkapazitäten für den Antransport von Gütern
ausreichen müssen, um die anfallenden Reste wieder zu entsorgen. Bemühungen um

nachträgliche Beseitigung sind zwischenzeitlich stellenweise in Gang gekommen. Dennoch existiert das Problem der Altlasten weiterhin, von den Deponien mit ihren Treib- oder Brennstoffresten, Chemikalien, Kunststoffen bis hin zu radioaktivem Abfall (McMurdo) geht eine Kontaminationsgefahr oder aktive Belastung der angrenzenden Land- und Meeresbereiche aus. Gerade in einem an Mikroorganismen armen Lebensraum ist der Abbau von Schadstoffen besonders problematisch. REINKE-KUNZE (1992b: 197ff) hat beispielhaft und drastisch die relevanten Beeinträchtigungen der Natur, wie sie von den Stationen ausgehen, zusammengefasst.

7 Das Nordpolargebiet (Arktis)

7.1 Physisch-geographische Kennzeichen und zonale Gliederung

Verglichen mit der Antarktis besitzt das Nordpolargebiet (Arktis) eine gänzlich andere horizontale wie vertikale räumliche Struktur und Physiognomie: Statt einer teils über 4000 m mächtigen Inlandeismasse auf einem Kontinent in polarer Lage ist die zentrale Arktis ein eisbedecktes Meer vom stellenweise mehr als 4500 m Tiefe. Der Position des antarktischen Ringstroms entspricht auf der Nordkalotte eine zirkumpolare Landmasse mit der schmalen Beringstrasse (bei 170°W) und der breiten Öffnung des Nordpolarmeeres zwischen Grönland (20°W), Spitzbergen und dem norwegischen Nordkap (25°E; Abb. 14). Vergletscherte Bereiche sind flächenmäßig untergeordnet und unregelmäßig verbreitet (Abb. 2). Dieses 'Umkehrbild' der Antarktis gibt dem Nordpolargebiet völlig andere und individuelle Eigenschaften, gleichgültig, ob man deren vielfältige Teilräume und Ökosysteme, die aktuelle Vereisung und Vereisungsgeschichte oder z.B. die globale Klimawirkung betrachtet.

Wie eingangs angesprochen (Kap. 2), ist die Abgrenzung des Nordpolargebietes gegen die borealen Mittelbreiten mit Hilfe des Polarkreises unbefriedigend. Die nicht-symmetrische Land-Meer-Verteilung, die Reichweiten ozeanischer Klimawirkungen und die Dominanz kontinentaler Einflüsse bewirken eine in groben Zügen zonale Abfolge von Vegetationsgürteln, die aber nicht annähernd zufriedenstellend durch die Polarkreisgrenze umrissen werden können (vgl. Abb. 2). Die Baumgrenze als stark zerlappte Linie greift teils weit über den Polarkreis nach Süden aus, z.B. im Gebiet der Hudson Bay und im Mackenzie-Territorium Nordwest-Kanadas. In Nord-Europa dagegen liegt sie nördlich davon. Generell verläuft die Baumgrenze im ozeanischen Bereich südlicher, im kontinentalen weiter nördlich. Aus geographischer Sicht ist die Kennzeichnung polarer Räume als 'baumlose' Zone gegenüber den angrenzenden Mittelbreiten als 'Waldklima' sinnvoll, da sie physiognomisch deutlich auszumachen ist. Umstritten ist noch immer die Frage, ob die *Baumgrenze* (Vorkommen einzelner Bäume) oder die *Waldgrenze* gewählt werden soll. Da Klimate mit den kausal zugehörigen Vegetationsabfolgen auf den Festländern selten scharfe Grenzen bilden, sondern Übergänge die Regel sind, muss auch in diesem Fall ein unterschiedlich breit ausfallender Grenzsaum (*Waldtundra* in Abb. 2) akzeptiert werden. Hier wird der Baumgrenze der Vorzug gegeben.

Unterlagert werden beide Zonen - die baumlose polare Tundra wie der angrenzende boreale Nadelwald - von Permafrost, der in jedem Fall Jahresmitteltemperaturen unter 0°C erfordert. Er reicht (in Ost-Sibirien wie in Teilen Kanadas und Alaskas) weit nach Süden in den Nadelwaldgürtel hinein (Abb. 2). Permafrost bestimmt also nicht die Verbreitung von Wald- oder waldlosen Gesellschaften. Dennoch ist er als ein typisch polares Klimamerkmal und Wesensbestandteil unvergletscherter Gebiete (Periglazialgebiete) der Arktis wie der Antarktis anzusehen, da er großräumig die landschaftsökologischen und geomorphodynamischen Rahmenbedingungen vorgibt. Auch nicht die

winterliche Kälte mit teils extremen Temperaturen limitiert die Verbreitung von Wald-
oder Baumwuchs: In Jakutien liegt der nördliche Kältepol der Erde - mitten im borealen
Nadelwald. Wärmemangel in der Vegetationsperiode ist dagegen entscheidend. Wird
eine bestimmte Wärmesumme in der Vegetationsperiode nicht mehr erreicht, so hört
der Baumwuchs auf. In Kap. 2.2 wurde bereits auf diese Mindestanforderungen hingewiesen. Als grobe Richtwerte können die 12°C-Juli-Isotherme für die Waldgrenze und
die 10°C-Isotherme des wärmsten Monats für die Baumgrenze gelten werden (Abb. 2).

Im Gegensatz zum Südpolargebiet sind weite Teile der heutigen Arktis unvergletschert.
Ausnahmen machen Grönland mit seinem Inlandeis, die Spitzbergen-/Svalbard-
Inselgruppe mit Eisstromnetzen und Plateaugletschern, das Franz-Josefs-Land, einige
Inseln/Halbinseln in der östlichen Kanadischen und in der Sibirischen Arktis (Novaja

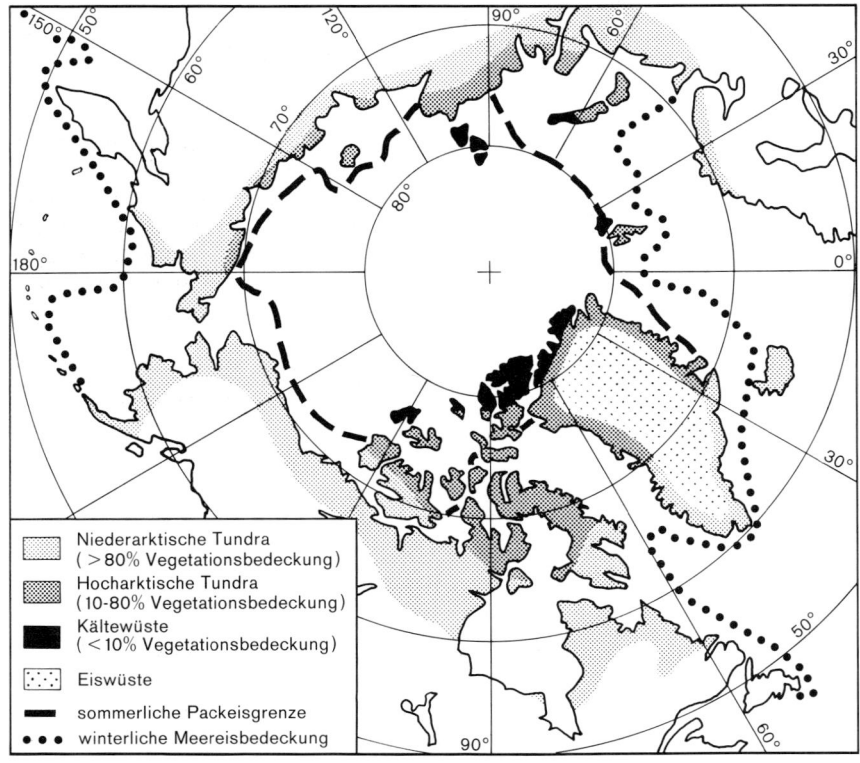

Abb. 45: Zonale Gliederung des Nordpolargebietes nach dem Grad der Vegetationsbedeckung
(ergänzt nach SCHULTZ 1988) sowie saisonale Meer- und Packeisbedeckung (aus
BLÜMEL 1990a: 151)

Semlja, Severna Semlja u.a.) sowie einige maritime Inseln (Aleuten, Island). Wiederum anders als in der Antarktis wurden große arktische Landflächen erst vor 8000 bis 10 000 Jahren mit dem Abschmelzen der riesigen eiszeitlichen Gletschermassen über Nord-Amerika und Nord-Europa eisfrei. (Vgl. dazu *Atlas of Paleoclimates and Paleoenvironments of the Northern Hemisphere*, hrsg. von FRENZEL, PECSI & VELICHKO 1992).

Die heutige Arktis hat in ihrer landschaftsgeschichtlichen Entwicklung und geomorphologischen Ausstattung somit Anteil an unterschiedlich vorgeprägten Räumen, z.B. an seit langem periglazial geformten Bereichen, die in der letzten Eiszeit nicht vergletschert waren und an solchen, die erst vor wenigen Jahrtausenden vom Eis freigegeben wurden. Diese besitzen sehr unterschiedliche Eigenschaften bezüglich Verwitterungsgrad, Bodendecke, Bodenwasserhaushalt usw., was sich landschaftsökologisch oder vegetationsgeographisch sehr stark bemerkbar machen kann.

In Anpassung an die aktuelle Klimakonstellation lässt sich die festländische Arktis in zwei Großzonen gliedern (Abb. 45, 2): I.) in die *Gletscherzone* (Eiswüste) und II.) in das *Periglazialgebiet* mit seinen Subzonen IIa.) *Frostschuttzone* (Kältewüste) und IIb.) *Tundrenzone* (hoch- und niederarktische Tundra).

zu I. *Gletscherzone*: Sie wird bestimmt von der gegenwärtigen Lage der klimatischen Schneegrenze. Festlandsvergletscherungen werden häufig als 'Eiswüste' oder nivale Zone bezeichnet. (Als Zonenbegriff müsste zur Eiswüste konsequenterweise auch das ganzjährig eisbedeckte Polarmeer hinzugezählt werden; Abb. 14). Auslassgletscher und kleinere Schelfeisgebiete (Grönland) geben überschüssige Eismassen (Eisberge) an das Europäische Nordmeer und den Atlantik ab. Periodische glaziale Schmelzwasserströme formen regional in stärkerem Maße die unvergletscherten Gebiete, als dies in der Antarktis der Fall ist.

Zur arktischen Gletscherregion sind folgende Flächen zu zählen (Angaben aus SUGDEN 1982: 65):

Grönland (Inlandeis)	1 726 400	km²
Grönland (Talgletscher	76 200	km²
Kanadischer Archipel	153 169	km²
Spitzbergen (Svalbard)	58 016	km²
Sonstige arktische Inseln	55 658	km²

Mit einer resultierenden Gesamtfläche von 2 069 443 km² gegenüber 12 588 000 km² der Antarktis nimmt die Arktis lediglich etwa 14% der globalen Eisfläche ein. Vom Eisvolumen her beträgt der arktische Anteil ca. 9%. (Eine differenzierte räumliche Aufschlüsselung der arktischen Vergletscherung findet sich bei PFLÜGER 1997).

zu IIa. *Frostschuttzone*: Häufig wird hierfür der vegetationsgeographische Begriff 'Kälte-wüste' eingesetzt, wenn Pflanzen weniger als 10% der Fläche bedecken (SCHULTZ 1995: 97). Die Mitteltemperatur des wärmsten Monats bleibt unter 6°C. Geomorphodyna-misch bestimmen mechanische Verwitterung, kryogene Frostmusterstrukturen, kryo-gen-gravitative Massenverlagerungen und periglaziale Talbildung die Reliefsphäre. Etwas mehr als 1 Mio. km² umfasst die Kältewüste im nordpolaren Bereich.

zu IIb. *Tundrenzone*: Höhere Temperaturen des wärmsten Monats (6 – 10°C) ermögli-chen intensiveren Pflanzenwuchs, der in südlicher Richtung an Biomasse, Wuchshöhe oder Flächendeckung zunimmt (Näheres s. Kap. 8.2). IVES & BARRY (1974, zit. in SCHULTZ 1995: 130) unterscheiden darin nochmals die *Hocharktische Tundra* mit 10 - 80% Vegetationsbedeckung von der *Niederarktischen Tundra* mit mehr als 80% Vegetati-onsbedeckung (Abb. 45). Tundrenareale nehmen knapp 5 Mio. km² auf der Nordkalotte ein.

In dieser horizontalen Zonalität muss noch die vertikale Höhenstufung bei eingelagerten Gebirgen berücksichtigt werden. Mit zunehmender Höhe wird die Tundrenstufe von der Frostschutt- und, weiter oberhalb, von der nivalen Stufe abgelöst.

Großräume und Landschaften, die zum arktischen Periglazialgebiet zu zählen sind (von West nach Ost): Fjell-Regionen Nordnorwegens und der Finnmark; westrussische und sibirische Küste mit Teilen der Kola-Halbinsel, Nowaja Semlja, Jamal- und Gydan-Halbinsel, Taimyr-Halbinsel, Neusibirische Inseln, Anadyr-Gebirge und Tschuktschen-Halbinsel, Teile des Ostsibirischen Berglandes (Werchojansker, Tscherski-, Kolyma- und Korjaken-Gebirge). In Nord-Amerika sind es große Teile Alaskas (mit den Aleuten, Küstenländer südlich und nördlich der Kuskokwim-Mündung, Seward-Halbinsel und Brooks-Kette), nordkanadische Küsten ('North-West Territories' mit den Barren-grounds), der gesamte Kanadische Archipel (mit Ellesmere und Baffin Island) und der Norden von Labrador. Grönland hat mit allen seinen Küsten Anteil an Periglazialgebie-ten. Island gehört in diese Vegetationszone, wird aber nicht von allen Autoren zwingend zum Nordpolargebiet gerechnet, da es z.B. unterhalb des Polarkreises liegt und keinen kontinuierlichen Permafrost aufweist. Schließlich sind noch Spitzbergen (Svalbard-Archipel) und Franz-Josefs-Land zu nennen, die typische hochpolare Räume mit hocharktischer Tundra, Kältewüste und Gletscherzone repräsentieren.

7.2 Zur geologischen Entwicklung des Nordpolargebietes

Drei alte Schilde aus vornehmlich präkambrischen Graniten und Gneisen bilden die geologische Grundstruktur arktischer Festlandsräume:

1. Kanadisch-grönländischer Schild
2. Baltisch-Skandinavischer Schild
3. Angara-Schild (Nord- und Zentralsibirien)

Teile der Schilde werden als Grundgebirge überdeckt von flachlagernden jüngeren Sedimenten, so z.B. im russischen Tafelland oder in kleineren Gebieten des Mackenzie-Tieflands. Der Angara-Schild unterscheidet sich deutlich von den übrigen, indèm nur wenig Grundgebirgsgestein freiliegt. Das übrige ist von mächtigen, teils kräftig gefalteten und stellenweise von Vulkaniten durchsetzten Sedimenten bedeckt (SATER ET AL. 1971). Zwischen den konsolidierten Schilden und den damit verbundenen Tafelländern erstrecken sich Gürtel stark gefalteter Sedimente, die heute noch z. T. Gebirgscharakter zeigen. Wo intensive, zeitlich weit zurückreichende Faltung stattgefunden hat, unterscheidet sich die Physiognomie wenig von der der alten Schilde (Nordskandinavien, Spitzbergen). Im Gegensatz dazu findet man alpine Reliefkonfigurationen in Bereichen jüngerer Faltungszonen (Teile Alaskas, die nordwestlichen Inseln des Kanadischen Archipels, Teile Kamtschatkas). Kamtschatka gehört zu einer orogenetischen Zone starker seismischer und vulkanischer Aktivität.

Die geomorphologische Grobformung ausgedehnter zirkumpolarer Landschaften reicht tief in die geologische Vergangenheit zurück. Prägende Reliefzüge existierten bereits vor dem Einsetzen der pleistozänen Vereisungen. Weit verbreitet sind eingerumpfte Hochlandblöcke in Kristallingesteinen. Damit besteht Ähnlichkeit mit Teilen der Ost-Antarktis oder generell mit dem Altrelief von Gondwana-Kontinenten. Bezogen auf die Arktis, dominieren solche Rumpfflächen über Hochlandblöcken heute in Ostkanada, Ost- und Westgrönland, Spitzbergen/Svalbard, Skandinavien und im nördlichen Novaja Semlja. Andere Typlandschaften sind geologisch jünger. So wird der Rand des Nordpazifiks von einem vulkanischen Gebirgsgürtel gebildet. Im Atlantik tritt Vulkanismus am mittelozeanischen Rücken auf, besonders spektakulär in Form von Island. Der nördlichste aktive Vulkan ist die Insel Jan Mayen zwischen Island und Spitzbergen. In Nordspitzbergen (bei etwa 80°30'N) finden sich Vulkane und Vulkanite aus dem jüngeren bis mittleren Quartär am Bockfjord (Sverrefjellet, Alter zwischen 100 000 und 200 000 Jahre) und am Wood-Fjord (Abb. 48).

Jungtertiäre und quartäre Ablagerungen bilden eine weitere geologische Einheit der Arktis. Sie umfasst die Küstenebenen von Nordalaska und der anschließenden Beaufort-See, die Deltas von Mackenzie, Yukon und die der sibirischen Flüsse sowie das westsibirische Tiefland.

Weltklimatisch wichtig ist das einem 'Mittelmeer' ähnelnde Nordpolarmeer, das - von weiten Schelfmeeren gesäumt - aus seinen zentralen Tiefseebecken heraus für einen wesentlichen Antrieb des globalen ozeanischen Umwälzsystems verantwortlich ist (Abb. 46; vgl. Kap. 4). Zahlreiche geowissenschaftliche Aktivitäten sind der Aufklärung der Entwicklungsgeschichte des Nordpolarmeeres gewidmet. Es ist in vier tiefe Becken gegliedert, die jeweils durch langgestreckte Rücken getrennt werden (Abb. 46). Die Rekonstruktion der erdgeschichtlichen Entwicklung zeigt noch viele Lücken und ist regional eher spekulativ: So wurde für das Kanada-Becken lange Zeit angenommen, es repräsentiere eine von mächtigen Sedimenten gebildete, abgesunkene kontinentale Kruste. Neuere Untersuchungen kommen zu der Ansicht, dass es sich um einen während der Kreidezeit entstandenen Ozeanboden handelt (FÜTTERER 1988: 7). Umstritten ist ebenfalls, wie der 400 - 600 km breite Alpha-Mendelejew-Rücken (Abb. 46) zu deuten ist. Die Meinung wechselt vom Kontinentfragment zu vulkanischer Entstehung. Offen bleibt weiter, ob es sich um eine vorzeitliche Subduktionszone handelt oder um einen ozeanischen Intraplattenvulkanismus (FÜTTERER 1988: 8).

Gesäumt wird dieser zentrale Tiefseekomplex von Schelfmeeren, die im Bereich der Barents-, Kara-, Laptev- und der Ostsibirischen See besonders ausgedehnt entwickelt sind. Entlang der Küste Alaskas, Kanadas und des Kanadischen Archipels sowie Nord-Grönlands existiert dagegen nur ein relativ schmaler Saum.

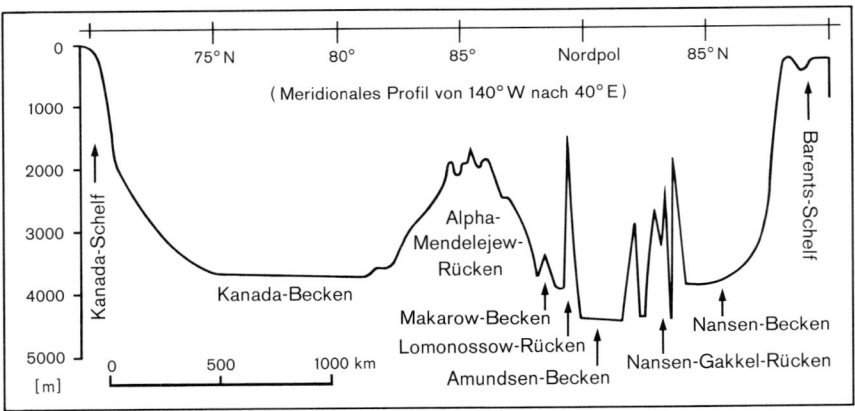

Abb.: 46 Schematisches Profil durch das Nordpolarmeer mit wichtigen Becken- und Rücken-strukturen (Verlauf etwa 140°W – 40°E; nach FÜTTERER 1988).

Die Hauptlieferung polaren Kaltwassers in den atlantischen Ozean geschieht über die Fram-Straße, den Meeresbereich zwischen Grönland und Spitzbergen aus dem nördlich anschließenden Amundsen- und Nansen-Becken. Die Fram-Straße selbst in ihrer Genese und Struktur ist Objekt aktueller Untersuchungen. Sie steht in Verbindung mit der eurasischen und nordamerikanischen Plattengrenze, der plattentektonischen Atlantik-Öffnung und dem begleitenden *seafloor spreading* einschließlich vulkanischer Erscheinungen. PFIRMANN & THIEDE (1992) fassen die Ereignisse zusammen, die mit der Krustenspreizung entlang des Gakkel-Rückens einhergehen und die Eintiefung der beiden Tiefseebecken (Amundsen- und Nansen-Becken; s. Abb. 46) begleiten, woraus letztlich auch das heutige Großrelief mit Nordost-Grönland - Fram-Strasse - Spitzbergen resultiert. Demnach machte ein seafloor spreading vor gut 55 Mio. Jahren den Anfang. Grönland und Spitzbergen schoben sich entlang einer Blattverschiebung aneinander vorbei, wobei West-Spitzbergen seine frühtertiäre Kompressionsfaltung erfuhr. Zur eigentlichen Öffnung der Fram-Straße kam es im Oligozän (38 Mio. Jahre), wonach sich diese ozeanische Kruste stetig erweiterte. Wann jedoch der klimatisch so bedeutsame

Tiefenwasseraustausch zwischen dem Nordpolarmeer und dem Europäischen Nordmeer in Gang kam, ist noch nicht endgültig geklärt (PFIRMANN & THIEDE 1992). LAWVER ET AL. (1990: 53f) argumentieren für einen Flachwasseraustausch zwischen beiden Ozeanteilen zwischen 15 und 10 Mio. Jahren, wobei sich Grönland und Spitzbergen trennten. Vermutet wird, dass die ozeanische Kruste zwischen Grönland und Spitzbergen bis 7,5 - 5 Mio. Jahren nicht breit genug war, um eine Tiefenwasserzirkulation zu erlauben, zu der eine Wassertiefe von mehr als 2,5 km nötig ist. Die Grenze Grönland/Spitzbergen scheint aber nicht entscheidend gewesen zu sein für den plio-pleistozänen Temperaturwechsel, der in den Weltmeeren vor rund 4 Mio. Jahren stattgefunden hat (LAWVER ET AL. 1990: 54).

7.3 Mineralische und organogene Rohstoffe; Nutzungsprobleme

Die Alten Schilde der Arktis sind bekannt für ihren Reichtum an mineralischen Rohstoffen wie Eisen, Nickel, Kupfer und Zink. In den Faltungs- und Störungszonen Alaskas und den benachbarten nordost-sibirischen Halbinseln finden sich verschiedene Minerallagerstätten, unter anderem reiche Gold- und Zinnvorkommen (SUGDEN 1982: 39f; GOCHT & PLUHAR 1978). Auf der Tschuktschen-Halbinsel und im westlich angrenzenden Anadyr-Gebirge werden Gold- und Zinnerzlagerstätten bereits seit den 40er Jahren ausgebeutet (TREUDE 1991). Kanada nutzt seit 1976 Blei-Zinkerze auf Nord-Baffin Island und auf Little Cornwallis Island. Eine Asbestgrube in Nord-Quebec wurde mangels Nachfrage 1981 geschlossen. Kryolithvorkommen im westlichen Grönland, geeignet zur Herstellung von Aluminium, Email, Milchglas oder Fluor, sind bereits erschöpft. Ebenso musste die Zinkerzgrube bei Maarmorilik wegen fehlender Abbaureserven wieder geschlossen werden.

Die an die Schilde angrenzenden paläozoischen Sedimente enthalten häufig *Erdöl- und Kohlevorkommen*. In den 70er Jahren wurde ein regelrechter 'Erdölgürtel' entdeckt: Ausgehend von der Faltungsregion Nord-Alaskas lassen sich Erdöl- und Erdgaslagerstätten nach Osten verfolgen, und zwar über die gefalteten Bereiche der Kanadischen Arktis, das nördliche Grönland bis in ähnliche Strukturen der Barents-See und Spitzbergens/Svalbards (vgl. TREUDE 1991: 21). Die Erschließung der Gasvorkommen im Kanadischen Archipel kommt nur zögernd voran, da über Pipelineführungen noch keine Einigung erzielt werden konnte. Riesige Öl- und Gasreserven sind auch in den Sedimenten zwischen den beiden russischen Schilden nachgewiesen. Die dortige Erdöl- und Erdgasförderung arbeitet sich seit Mitte der 80er Jahre aus der borealen Zone des osteuropäischen und vor allem westsibirischen Tieflands in die arktischen Tundren vor, mit verstärkter Anbindung der Förderung an Pipelines zur nationalen und internationalen Belieferung. Von besonderer Bedeutung sind dabei die On- und Offshore-Förderung von Erdöl um die Kolgujew-Insel (zwischen der Halbinsel Kola und Nowaja Semlja) und die arktischen Gasfelder auf der Jamal-Halbinsel und benachbarten Räumen am Ob-Busen (Jamburg-Feld/Tas-Halbinsel). Die neueren Erschließungskonzepte verzichten weitgehend auf Begleiteinrichtungen von Siedlungen mit entsprechendem sekundärem und tertiärem Wirtschaftssektor. Sie konzentrieren sich auf fördertechnischen Maß nahmen und notwendigen Infrastrukturen, die von temporären 'Schicht'-Siedlungen für wechselnde Belegschaften betreut werden. Man hat erkannt, dass in dem arktischen Klimamilieu Dauersiedlungen mit ansprechender Lebensqualität kaum möglich sind (TREUDE 1991: 21f).

Beispielhaft soll hier aufgezeigt werden, welche Komplikationen und Umweltprobleme mit der Nutzung arktischer Rohstoffe verbunden sind. So verfügt Alaska über ein *Erdölfeld* im Norden, Prudhoe Bay, das 1968 entdeckt und das seit 1977 durch eine 1300 km lange Pipeline mit dem Hafen Valdez an der Südküste verbunden wurde. Gigantische Baumaßnahmen und Infrastrukturen waren nötig, um täglich 200 Mio. Liter Öl, das mit 80°C aus der Bohrung kommt, durch dieses Permafrostgebiet zu transportieren (vgl. Kap. 7.6; STÄBLEIN 1985, WEISE 1983: 176f). Dieses auf gekühlte Stelzen gesetzte Bauwerk, parallel begleitet durch Verkehrswege, galt lange als massiver Eingriff in den Naturhaushalt und als Störfaktor z.B. für die saisonalen Wanderungen der Caribou-Herden und das Leben der indigenen Bevölkerung. Diese Befürchtungen haben sich, vergleichbar den Entwicklungen in der russischen Arktis, als nicht so gravierend herausgestellt. Nach dem Abschluss der störenden Baumaßnahmen gewöhnt sich die Fauna offensichtlich besser an die neuen Gegebenheiten als befürchtet.

Dagegen bleibt die begründete Besorgnis, für die zu Recht bei einem solchen Hightech-Projekt Szenarien für Ölkatastrophen entwickelt wurden. Sie sind in Alaska in größerem Ausmaß bisher glücklicherweise nicht eingetreten. Sehr problematisch und weit stärker risikobehaftet sind offensichtlich die am Pipeline-Ende beginnenden Transporte durch Tankschiffe in polaren Gewässern. Ölkatastrophen wirken sich in diesen Breiten besonders gravierend auf das marine Ökosystem und die Fauna und Flora der betroffenen Küstenregionen aus - wie das Tankerunglück der *Exxon Valdez* in der Bucht von Valdez vor Augen führte. Stürmische und nebelreiche Gewässer mit driftenden Eisbergen bilden ein permanentes Risiko bei der Nutzung polarer Ölreserven.

Katastrophale Folgen zeitigten auch die nur wenig bekannt gewordenen Ölunfälle an russischen Pipelines, wo durch austretendes Öl weite Landstriche ökologisch verwüstet wurden. Die geringe Aktivität von Mikroorganismen verhindert einen raschen Abbau der Kohlenwasserstoffe; der Permafrost im Untergrund lässt das Öl nicht versickern, sondern verursacht in und über den Auftauböden eine weitflächige Kontamination des Wassers und damit der gesamten regionalen Biosphäre.

Polargebiete bergen mit ihrem Permafrostinventar und den damit verbundenen saisonalen lateralen wie horizontalen Oberflächenveränderungen grundsätzlich ein hohes Beschädigungsrisiko für Leitungssysteme oder sonstige Infrastrukturen. In diesem Zusammenhang sei auf beträchtliche Veränderungen im natürlichen Gefüge einer Periglaziallandschaft hingewiesen, die durch die verschiedenartigsten Baumaßnahmen in Gang gesetzt werden und sich zu Kettenreaktionen ausweiten können. Es handelt sich um die in Kap. 7.6 näher erläuterten Phänomene der 'Thermoerosion' oder des 'Thermokarstes': Der Gleichgewichtszustand großer Räume bezogen auf ihr saisonales Auftauverhalten und den Zustand des unterlagernden Permafrostes kann derart gestört werden, dass eine weitflächige Versumpfung oder Seenbildung um sich greift, andernorts sich Einbrüche und Sackungen durch austauenden Permafrost einstellen oder neue hydrologische Systeme ungewollt entstehen, die wiederum die geschaffene Infrastruktur gefährden. (Bei WEISE 1983: 167ff und PEWE 1974: 48 finden sich Beispiele für Probleme und Lösungen bei Hoch- und Tiefbaumaßnahmen in Permafrostgebieten oder für Degradierungserscheinungen im Dauerfrostbereich.)

Nicht selten sind in den paläozoischen wie auch in jüngeren Sedimentbecken (z.b. Spitzbergen) die Eröl- und Erdgasreserven vergesellschaftet mit *Kohlevorkommen* (s. Abb. bei TREUDE 1991: 21). So liegen zwei große Kohlebecken im äußersten Nordosten Sibiriens, auf der Tschuktschen-Halbinsel und um das Kap Anadyr (Korjakengebirge). Weite Vorkommen erstrecken sich im nordsibirischen Tiefland zwischen Chatanga und Lena sowie im nördlichen Ural und nordwestlich davon (Tiefland der Nenzen). Tertiär-zeitliche Kohle wird seit der letzten Jahrhundertwende in mehreren Gruben West-Spitzbergens abgebaut. Es ist damit das älteste Bergbaugebiet der Arktis, das gegenwärtig durch norwegische und russische Unternehmen genutzt wird. Die wirtschaftliche Bedeutung der Kohleförderung nimmt in den letzten Jahren stetig ab. Beide Staaten reduzieren ihre Fördermengen und Investitionen (vgl. THANNHEISER 1996: 271ff). Die norwegische Bergbausiedlung Longyearbyen wandelt sich zunehmend zu einem Dienst-leistungs- und Touristikzentrum.

Generell kann die gesamte festländische Arktis einschließlich ihrer Schelfmeere als rohstoffreiches Reservegebiet eingestuft werden, jedoch mit starken quantitativen wie qualitativen regionalen Unterschieden. Explorationen haben in großer Zahl stattgefun-den und die Vorkommen dokumentiert. Bisher sind aber nur vergleichsweise wenige Lagerstätten in der Arktis erschlossen worden. Hohe Kosten für Logistik, Abbautechnik und Arbeit erschwerten bis heute eine intensive Ausbeutung, was dem Erhalt des Natur-raums zugute kommt. (Nähere Informationen über die regionalen Vorkommen finden sich z.B. bei SUGDEN 1982 oder GOCHT & PLUHAR 1978; auch verzeichnen neuere Atlanten Lage, Art und Nutzung arktischer Rohstoffvorkommen).

7.4 Zur Vereisungs- und Klimageschichte der Arktis

7.4.1 Jungtertiärer Vereisungsbeginn in der Arktis

Im frühen Tertiär vor ca. 60 Mio. Jahren wuchsen auf Ellesmere und Axel Heiberg Island in der (heutigen) Kanadischen Arktis dichte Wälder. MCIVER & BASINGER (1993) schätzten die damalige dortige Jahresmitteltemperatur auf etwa 15°C, gegenwärtig sind es –19°C. Noch während des mittleren Tertiärs kam es zu Braunkohle-Bildungen auf Spitzbergen. Ab etwa 38 Mio. Jahren baute sich dagegen auf der Südkalotte bereits die bis heute persistente antarktische Inlandvereisung auf (Kap. 3.4). Die Vereisungsge-schichte der Arktis ist somit deutlich jünger. Weit zurückreichende Rekonstruktionen früherer Klimate sind ein schwieriges Thema, insbesondere bei Festländern, die in jüngeren erdgeschichtlichen Phasen von Vergletscherungen überprägt wurden. Sedimentologische oder paläontologische Zeugnisse fallen dabei leicht der Glazialerosion zum Opfer: So findet man im PONAM-Report beispielsweise den Hinweis auf den riesigen Bären-Insel-Sedimentfächer am Rand des Barents-Schelfs: Er soll mit 365 000 km^3 die ungefähre Dimension wie die des Amazonas- oder Mississippi-Fächers haben.

Umso mehr gewinnen in den letzten Jahrzehnten Bohrkernanalysen und Datierungen mariner Sedimente an Bedeutung für die Paläoklimarekonstruktion, da an Kontinentalabhängen und in Meeresbecken sich die Materialien wiederfinden, die vom festländischen Abtragungsgeschehen geliefert wurden. Zusammen mit eingeschlossenen (Plankton-)Organismen, Isotopengehalten und paläomagnetischen Kennzeichen bieten sie Möglichkeiten der Rekonstruktion vorzeitlicher Klima- und Lebensbedingungen. Eisbohrkerne aus dem grönländischen Inlandeis (GRIP) geben über eingeschlossene Gase und Staubpartikel sowie über Isotopenverhältnisse paläoklimatologische Informationen für die letzten 200 000 Jahre. Ältere Eisschichten am Grund des im Zentrum über 3000 Meter mächtigen Eiskörpers (Abb. 64; CESARE & PAPETTI 1994: 97ff) sind bereits abgeflossen oder nicht mehr zeitlich auflösbar. Im Folgenden werden an ausgewählten Beispielen einige grobe Informationen über die in vielen Punkten noch strittige oder lückenhafte Rekonstruktion der arktischen Vereisungsgeschichte gegeben.

Beispiel: Spitzbergen (Svalbard) - Grönland

Der Beginn der kaltklimatischen Geschichte - die Installation eines nordpolaren Klimas mit Meereis und Festlandsvergletscherung - war lange unbekannt und ist mit den jetzt verfügbaren Daten sicherlich noch nicht endgültig gesichert. Bohrkerne aus der Norwegen-See belegen nach JANSEN ET AL. (1990) mehrere Vereisungsphasen in der Umgebung der Norwegen-Grönland-See seit dem späten Miozän und während des Pliozäns. Das Ausmaß der Vergletscherung war dem zufolge weitaus geringer als nach dem stärksten Einsetzen kaltklimatischer Zyklen vor 2,57 Mio. Jahren. Dies wird von den IRD-Relationen (Ice Rafted Debris) abgeleitet, die in der Folgezeit in der Arktis um mehrere Größenordnungen zunahmen. Eine nochmalige Ausweitung glazialer Ereignisse soll den Ergebnissen von JANSEN ET AL. zufolge in der Zeit nach 1,2 Mio. Jahren stattgefunden haben. Sauerstoffisotopenverhältnisse in benthischen Foraminiferen deuten auf häufige Schwankungen im globalen Eisvolumen seit dem Ober-Miozän hin (vgl. Kap. 3.5.2).

JANSEN ET AL. (1990: 692) diskutieren eine klimatische Schwelle zwischen 4,1 und 3,7 Mio. Jahren, die heftigere Abtragung auf den arktischen Festländern und stärkere ozeanische wie klimatische Gradienten mitsichbrachte. In diesem Zeitraum fällt nach JANSEN ET AL. eine markante Abkühlung und eine nordwärtige Verlagerung der Antarktischen Polarfront. Dieser Vorgang korreliert zeitlich etwa mit der Schließung der Panama-Straße vor 4,6 Mio. Jahren (HAUG ET AL. 1998: 32ff; 3 - 4 Mio. Jahre bei KEIGWIN 1982), die erhebliche Veränderungen der ozeanischen Zirkulation bewirkte. So könnte die Installation bzw. Verstärkung des Golfstroms mehr Feuchtigkeit in höhere nördliche Breiten gebracht, damit die Vergletscherung verstärkt und den Aufbau des Barents-Eisschildes bewirkt haben (HAUG ET AL. 1998; vgl. auch PONAM o.J.). Dieser seit längerem diskutierte ursächliche Zusammenhang zwischen tektonischen Vorgängen und klimatischen Folgewirkungen erscheint somit immer wahrscheinlicher.

Mit der Zeit um 2,57 Mio. Jahre wird im Sedimentcharakter der Norwegen-See eine *'dramatische Veränderung'* mit dem Einsetzen wiederholter Vereisungsphasen registriert (Aufbau und Rückgang von Eisschilden um die Norwegen-See; JANSEN ET AL. 1990). Darin liegt für viele Geowissenschaftler das Signal für den Beginn des *Quartärs* - des *Eiszeitalters*. Nach SHACKLETON ET AL. (1984) ist mit 2,4 Mio. Jahren der Zeitpunkt erreicht, ab dem sich Inlandseise (ice-sheets) auf der Nordhalbkugel bildeten. Die Arbeitsgruppe PONAM ermittelt für den Beginn größerer Vereisungen auf dem Barents-Schelf 2,5 Mio. Jahre, hält aber den Beginn der ost-grönländischen Vereisung für wesentlich älter (5 - 7 Mio. Jahre).

Die nachfolgenden 1,2 Mio. Jahre produzierten weniger glazigene Meeresablagerungen. Das Klimamilieu blieb kaltzeitlich mit wärmeren Unterbrechungen. Seit 1,1 Mio. Jahren stoßen Eisschilde verstärkt von den Küsten auf die Schelfmeere und in die gemäßigten Breiten Nordeuropas (wohl auch Nord-Amerikas) vor. Die zyklischen Änderungen der Erdbahnparameter, entsprechend der MILANKOVICH-Theorie, bestimmen jetzt die klimatischen Fluktuationen und Veränderungen. Aus der Analyse von Meeressedimenten wird immer mehr die steuernde Bedeutung von Meeresströmungen und Albedo-Rückkopplungen bei der Erklärung von Vereisungs- und Wärmephasen erkennbar. Energieströme bringen beide Kalotten bei der Klimaentwicklung in kausale Beziehung zu einander (stv. HODELL & CIESIELSKI 1990; vgl. Abb. 13).

Mit der zunehmenden Intensität der Vereisungsphasen wurden die Zwischeneiszeiten (Interglaziale) wärmer. In den letzten 800 000 Jahren erreichten die nordischen Vereisungen etwa alle 100 000 Jahre ihre größte Ausdehnung (PONAM). Innerhalb der letzten 100 000 Jahre verzeichnete die Barents-See zwischen Spitzbergen (Svalbard) und Norwegen längere Perioden geringerer Vereisung (Interstadiale oder Interglaziale), entsprechend etwa den heutigen Bedingungen. Maximale Vereisung soll (nach PONAM) in kürzeren Intervallen in nur 20 - 30% der Zeit des letzten 100 000-Jahre-Zyklus stattgefunden haben. Drei große Vereisungen weist die Arbeitsgruppe PONAM für die jüngsten 100 000 Jahre im Raum Grönland - Svalbard - Barents-See nach (s. unten; Abb. 47). Die Sondersituation Grönlands als Inlandeisgebiet auch während interglazialer Wärmeperioden wird am Beispiel der aktuellen Nacheiszeit deutlich: Die Eiskappe ist weitgehend persistent. Seit 14 000 Jahren hat Grönland nur 25% seines Eisvolumens verloren, während in der selben Zeit der Barents-Eisschild mit seiner ursprünglichen Mächtigkeit von 2000 - 2500 Metern fast verschwunden ist.

Konkrete Aussagen über Vereisungen und deren Wirkungen zu machen, die zeitlich hinter das Weichselglazial (älter als 120 000 Jahre) zurückgehen, ist schwierig. Hier ist wieder vermehrt das Archiv der marinen Sedimente gefragt. Aufgrund nachfolgender glazigener oder periglazialer Überprägung sind ältere Reliefgenerationen auf den Fest ländern nur schwer zu identifizieren und zeitlich einzuordnen. So signalisieren die Fjorde Grönlands und Spitzbergens eine altersmäßig weit zurückreichende geomorphologische Anlage. Sie sind sicherlich mehrfach durchflossen und glazial-erosiv ausgeformt worden. Ob sie aber bereits im Pliozän oder Ältestpleistozän existierten, und in welcher Dimension, das bleibt offen. Zumindest in der Weichselzeit wurden einige der Fjorde nur noch in ihren Tiefenlinien von Eis durchflossen. Benachbarte, küstennahe Bereiche und höhere Lagen blieben unvergletschert.

Wann formte zuletzt eine übergeordnete Vergletscherung (Inlandeis) die altersmäßig ebenfalls unbekannten Fjorde Nordwest-Spitzbergens? Hoch über den Fjorden liegende Erratika (755 m ü.M.) auf der Finnluva (Germania-Halbinsel/Liefdefjord) oder erratisches Material in der Gipfelregion des Vulkans Sverrefjell (506 m ü.M., Bockfjord) belegen eine 'Supervereisung', die das gesamte Relief mit den Hochlagen überfuhr (BLÜMEL ET AL. 1994: 40). Der Sverrefjell-Vulkan wird nach SKJELKVALE ET AL. (1989) in die Zeit 100 000 bis 250 000 Jahre vor heute gestellt. Ein übergeordnetes Inlandeis müsste demnach in der Saale-Eiszeit (Zeitraum 130 000 - 240 000 Jahre v.h.; Isotopenstadium 6) oder allenfalls noch in der Früh-Weichselzeit bestanden haben (115 000 bis 75 000 J.v.h.; Isotopenstadien 5a-d, nach PONAM). In der nachfolgenden Zeit blieben Eisströme auf die Böden und tieferen Bereiche der Fjordprofile beschränkt (vgl. Abb. 48).

7.4.2 Jungquartäre Vereisung und Deglaziation; Klimawandel und Klimasprünge

Unter der Zeitspanne *Jungquartär* soll das letzte Interglazial (Eem-Warmzeit) und die nachfolgende Weichsel-(Würm-)Eiszeit verstanden werden, das entspricht den Isotopenstadien 5e bis 2 (Abb. 47). Über den zeitlichen Verlauf und die Dynamik des Eiszeitalters sowie seine Gliederung in Glaziale, Interglaziale und Interstadiale diskutiert die Quartärwissenschaft bereits seit der Entdeckung des Phänomens 'Eiszeiten' (vgl. IMBRIE & PALMER-IMBRIE 1981). Dabei ist - anders als auf der Südhalbkugel - die Vereisungsgeschichte der mittleren Breiten Nord- und Nordwest-Europas sowie Nord-Amerikas stärker einzubeziehen: Der immer wiederkehrende riesige Barents-Eisschild (Fennoskandischer Eisschild) umfasste heutige Polargebiete: Spitzbergen/Svalbard, Franz-Josefs-Land, Sewernaja Semlja und Taymir-Habinsel, Bereiche Nordwest-Sibiriens, die Barents-See, Skandinavien und südlich angrenzende Gebiete Russlands, Polens, Norddeutschlands sowie Großbritannien und Irland. Das zweite große Vereisungsgebiet lag über dem nördlichen Amerika (Laurentischer Eisschild), in seiner Verbreitung etwa nachgezeichnet durch die zahlreichen Seen (nördliche USA und Kanada) in weitem, radialem Abstand zum ehemaligen Vereisungszentrum Hudson-Bay. Mit erfasst vom großen quartären Inlandeis war der Kanadische Archipel, die heutigen arktischen Queen-Elizabeth-Inseln (vgl. FRENZEL ET AL. 1992).

Die physisch-geographische Ausstattung und landschaftsökologische Charakteristik zahlreicher arktischer Gebiete erklärt sich in starkem Maße aus der regionalen Vereisungsgeschichte. Letztere bestimmte das Abtragungsgeschehen, die Herauspräparierung und Entblößung des Gesteinssockels einerseits, die Akkumulation von Lockersedimenten (verschiedene glaziale und fluvio-glaziale Ablagerungen) andererseits. Die geomorphologischen Resultate stellen somit heute entscheidende geoökologische Parameter in den jeweiligen arktischen Räumen. Für die Diskussion der zukünftigen Klimaentwicklung ist es wichtig, eventuelle Gesetzmäßigkeiten beim Phänomen *Klimawandel*, dessen räumliche Dimensionen, Geschwindigkeit, Dynamik und Auswirkungen auf angrenzende Lebensräume zu kennen.

Aus der früheren Vorstellung und dem damaligen Kenntnisstand einer klimatisch weitgehend einheitlichen Weichsel-(Würm-)Kaltzeit (vgl. u.a. BÜDEL 1960b) ist mit wachsender Verfeinerung der Untersuchungsmethoden und Analysetechniken ein sehr differenziertes Bild entstanden. Dabei bestätigt sich immer mehr das errechnete, lange umstrittene Modell von MILANKOVICH (s. Zusammenfassung bei IMBRIE & PALMER-IMBRIE 1981; aktuelle Diskussion bei Broecker & Denton 1990). Nach neueren Arbeiten (PONAM) wirken sich die MILANKOVICH-Parameter beim Svalbard-Barents-Eisschild wie folgt aus:

1.) Alle 100 000 Jahre tritt eine Hauptvereisung auf, die die 'treibende Kraft' für einen 100 000-Jahres-Zyklus ist. Als bestimmende Ursache wird die *Exzentrizität der Erdumlaufbahn* angesehen. Das Weichsel-Glazial setzte vor etwa 118 000 Jahren ein und endete vor 10 000 Jahren.

2.) Beim Svalbard-Barents-Eisschild wirken sich neben dem 100 000-Jahre-Maximum die 41 000-Jahre-Zyklen besonders aus. Steuernde Ursache: *Schiefe der Ekliptik*/Neigung der Erdachse. Das bedeutet drei Vorstöße und drei Rückschmelzphasen während des gesamten Weichsel-Glazials (Abb. 47).

3.) Von der *Präzession der Erdachse* stimulierte 21 000-Jahre-Zyklen führten vor allem zu Reaktionen beim Fennoskandischen Eisschild über Nordeuropa, wo fünf Vorstöße und Rückzugsphasen innerhalb der Weichsel-Zeit abliefen (PONAM).

Diese Feststellungen können durch festländische Beobachtungen in Nordwest-Spitzbergen bestätigt werden, wo durch geomorphologische Zeugnisse zumindest zwei eigenständige Vereisungsphasen innerhalb des Weichsel-Glazials zu belegen sind (BLÜMEL ET AL. 1994; Abb. 48). Die besonders schwache Ausdehnung der jüngsten Vereisung (Liefdefjord-Stadium) könnte mit einem mangelnden Niederschlagsaufkommen des nördlichen Barentssee-Eisschildes erklärt werden: Die Ausbreitung des Fennoskandischen Eisschildes nach Westeuropa fing Niederschläge ab, verminderte durch sein zentrales Kältehoch eine kräftige Schneeversorgung nördlicher Gebiete. ELVERHOI ET AL. (1992) vermuten aufgrund mariner Indikatoren eine erst späte, verzögerte Ausdehnung des Barentssee-Eisschildes (nach 22 000 Jahren vor heute) verglichen mit dem Fennoskandischen Inlandeis - was die oben angeführte Erklärung stützt.

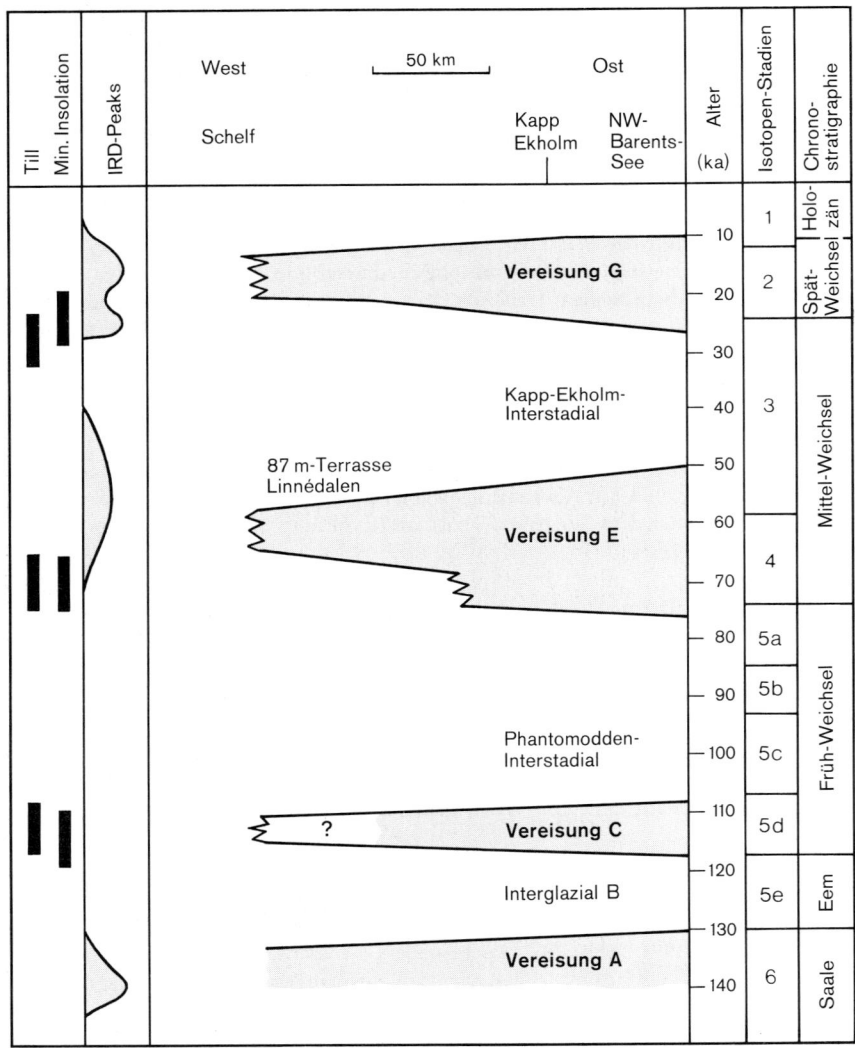

Abb. 47: Vereisungsphasen und warmzeitliche Intervalle im jüngeren Quartär Spitzbergens (Svalbard-Archipel). Für den Zeitabschnitt der Weichsel-Eiszeit (120 000 bis 10 000 Jahre vor heute) lassen sich drei Glaziale und zwei ausgeprägte Interglaziale rekonstruieren (nach PONAM, o.J.).

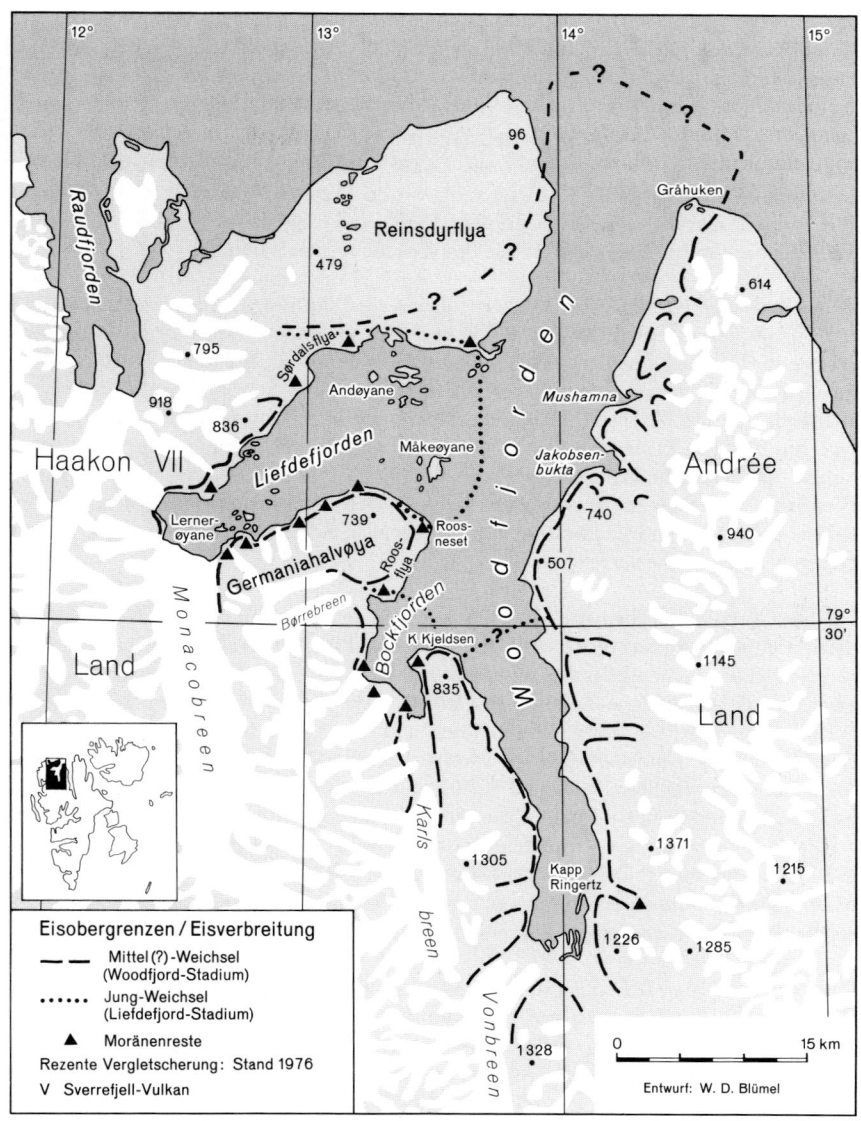

Abb. 48: Rekonstruktion der Gletscherausdehnung im Bereich von Liefde- und Woodfjord während der letzten Eiszeit (Weichsel-/Würm-Eiszeit). Zwei eigenständige Vereisungen mit interstadialer Unterbrechung können durch geomorphologische Kriterien ausgegliedert werden. Der jüngste eiszeitliche Gletschervorstoß (punktierte Grenzen) aus der Zeit zwischen etwa 25 000 und 14 000 Jahren vor heute hatte dabei die geringste Ausdehnung (aus BLÜMEL ET AL. 1994).

MANGERUD ET AL. (1992) diskutieren ebenfalls die Frage nach Dauer und Ausdehnung der jung-weichselzeitlichen Vereisung in der hohen Arktis (Spitzbergen). Sie wenden sich mit Gelände- und Datierungsbefunden gegen die weit verbreitete Meinung, die Westküste Spitzbergens sei während der Jung-Weichselzeit (ca. 25 000 bis 10 000 Jahre vor heute) eisfrei geblieben und postulieren eine weit stärkere Eisausdehnung bis außerhalb der Mündungen westlicher Fjorde. ÖSTERHOLM (1990) liefert Befunde aus dem Nordosten Svalbards (Prins Oscars Land), wo er eine *'dünne Eisdecke'* für die Jung-Weichselzeit rekonstruiert. Eine größere Vergletscherung dieses Raumes fand seiner Meinung nach in früheren Abschnitten des Weichsel-Glazials statt.

Diese kurz angerissene Diskussion zeigt, dass weder alle Fragen klimatischer Veränderungen mit ihren Auswirkungen auf Vereisung und erneute Deglaziation gelöst sind noch eine Übertragbarkeit regionaler/lokaler Befunde auf Großräume möglich ist. Geht man davon aus, dass kein geschlossener, mächtiger Eisschild den Svalbard-Archipel während des Jung-Weichsel-Glazials überdeckte, sondern das interstadiale Eisstromnetz (vgl. den heutigen Zustand) erweitert wurde, kommen durchaus unterschiedliche Eisvolumina und -ausdehnungen in Betracht. So könnte die aktuell wesentlich feuchtere Westflanke Spitzbergens auch während des Glazials mehr Niederschläge empfangen haben, während die nördlichen und nordöstlichen Bereiche trockener waren und so eine geringere Eiszunahme verzeichneten.

Die Komplexität des Themas und die Problematik der jungquartären Klimaentwicklung mag durch weitere Hinweise unterstrichen werden: Untersuchungen an Sauerstoffisotopen im grönländischen Inlandeis und an Sedimenten des Nordatlantiks zeigen, dass eine Serie von schnellen Klimaoszillationen (*'kalt - warm'*) die jüngste Kaltzeit (hier bezogen auf die letzten 90 000 Jahre) kennzeichnen und dass solche Klimasprünge im System typisch sind (sog. *Dansgaard-Oeschger events*). Nach BOND ET AL. (1993) gibt es Hinweise darauf, dass zwischen 20 000 und 80 000 Jahren vor heute Kälteperioden von 10 000 bis 15 000 Jahren Dauer auftraten. Jeder dieser Zyklen gipfelte in einer enormen Freisetzung von Eisbergen in den Nordatlantik (sog. *Heinrich events*), gefolgt von einer spontanen Klimaerwärmung. Diese Zyklen belegen nach BOND ET AL. (1993: 143) einen bisher nicht erkannten Zusammenhang zwischen dem Verhalten von Inlandeis und den ozeanisch-atmosphärischen Temperaturveränderungen.

Über den Gehalt an IRD (ice rafted debris), also von Eisbergen transportierten Materials, lassen sich ebenfalls Aussagen über klimatische Veränderungen ableiten. BOND ET AL. (1992) nennen Hinweise auf sechs sogenannte *'Heinrich-Schichten'*, die zwischen 14 000 und 7000 Jahren vor heute abgelagert wurden. Sie sind reich an IRD und ungewöhnlich arm an Foraminiferen. Darin drücken sich Erniedrigungen der Meeresoberflächentemperaturen und des Salzgehaltes aus, ebenso eine verringerte Lieferung an planktonischen Foraminiferen in das Sediment sowie kurzzeitige, massive Ausbrüche von Eisbergen aus dem östlichen Kanada. Die Drift dieser Eisberge kann mit 3000 Kilometern nachgewiesen werden, was eine extreme Abkühlung des Oberflächenwassers und wiederholte rasche Vorstöße des nordamerikanischen Eisschildes belegt. Solche 5000 bis 10 000 Jahre-Intervalle zwischen den *Heinrich events* sind nicht durch die MILANKOVICH-

Parameter zu erklären. Es bleibt also noch offen, worin der zusätzliche Grund für diese Kälteperioden zu sehen ist (BOND ET AL. 1992). Das Thema *Klimawandel / Klimasprünge* in der jüngeren Erdgeschichte ist noch längst nicht ausdiskutiert und geklärt.

Bezieht man die Untersuchungen zur Vereisungsgeschichte der Arktis die vielerorts unübersehbaren isostatischen Landhebungen in die Rekonstruktion der Vereisungsgeschichte mit ein, wird das Bild zwar ergänzt, Widersprüche und Ungereimtheiten bleiben dennoch unvermeidbar. Zur offensichtlich regional sehr unterschiedlichen Eisbelastung der Erdkruste kommt deren sicherlich nicht gleichförmige Reaktion auf die Entlastung, zumal die Svalbard-Inselgruppe verschieden aufgebaute und tektonisch strukturierte Bereiche hat (Geologische Karte, NPI 1983). Arbeiten zur Glazial-Isostasie tragen vor allem zur Aufhellung der spät- und postglazialen Landschaftsgeschichte Svalbards bei (vgl. u.a. BRÜCKNER & HALFAR 1994; BLAKE 1989; SALVIGSEN & ÖSTERHOLM 1982; Büdel 1977; GLASER 1969, WIRTHMANN 1964).

7.4.3 Isostatische Landhebung: Regionale Befunde aus Kanada und Grönland

Aus allen eiszeitlich stärker vergletscherten Regionen der Arktis werden glazial-isostatische Ausgleichsbewegungen beschrieben. Zum Teil sind dabei beachtliche spät- und postglaziale Hebungsbeträge zu registrieren, die zunächst den ebenfalls steigenden Meeresspiegel (bis 130 Meter) kompensieren müssen. Mit der isostatischen Landhebung werden - wie bereits für die Antarktis geschildert (Kap. 3.4.2) - Landoberflächen neu exponiert und nacheinander klimageomorphologisch und landschaftsökologisch den neuen Umweltbedingungen 'angepasst'.

Kanada: Die Hudson-Bay kann als Zentrum des Laurentischen Eisschildes über Nord-Amerika angesehen werden. Sie ist in ihrer Anlage als Meeresbucht (im Prinzip der Ostsee vergleichbar) mit auf die weichselzeitliche Eisbelastung (= Wisconsin-Eiszeit) zurückzuführen. Entsprechend kräftig ist dort nahe dem Südostzipfel der postglaziale Hebungsbetrag (bis 250 m) sowie die rezente Hebungsrate mit mehr als 1,1 m/Jahrhundert Abb. 49). Am östlichen/nordöstlichen Saum der Hudson-Bay sowie im Südwesten, am St.-Lorenz-Strom beträgt die Hebung 150 m und die Rate 0,5 bis 0,7 m/Jahrhundert. Hocharktische Bereiche wie Baffin, Ellesmere oder Victoria Island wurden etwa 100 m gehoben. Aktuelle Raten liegen bei 0,5 bis 0,3 m/Jahrhundert. BLAKE (1975) nennt 130 m Hebung für den Süden von Ellesmere Island, verweist auf eine entsprechende ehemalige Eismächtigkeit in diesem Raum und auf die Dynamik der Landhebung: Zwischen 9000 und 8000 J.v.h. (Teil des postglazialen Klimaoptimums) hob sich das Gebiet mit 7m/Jahrhundert; 70 m der genannten 130 m fallen in diese Zeitspanne. In den letzten 2400 Jahren betrug die Rate nur noch weniger als 0,3 m/Jahrhundert. Ähnliche Verhältnisse datiert BLAKE (1992) für das östliche Ellesmere

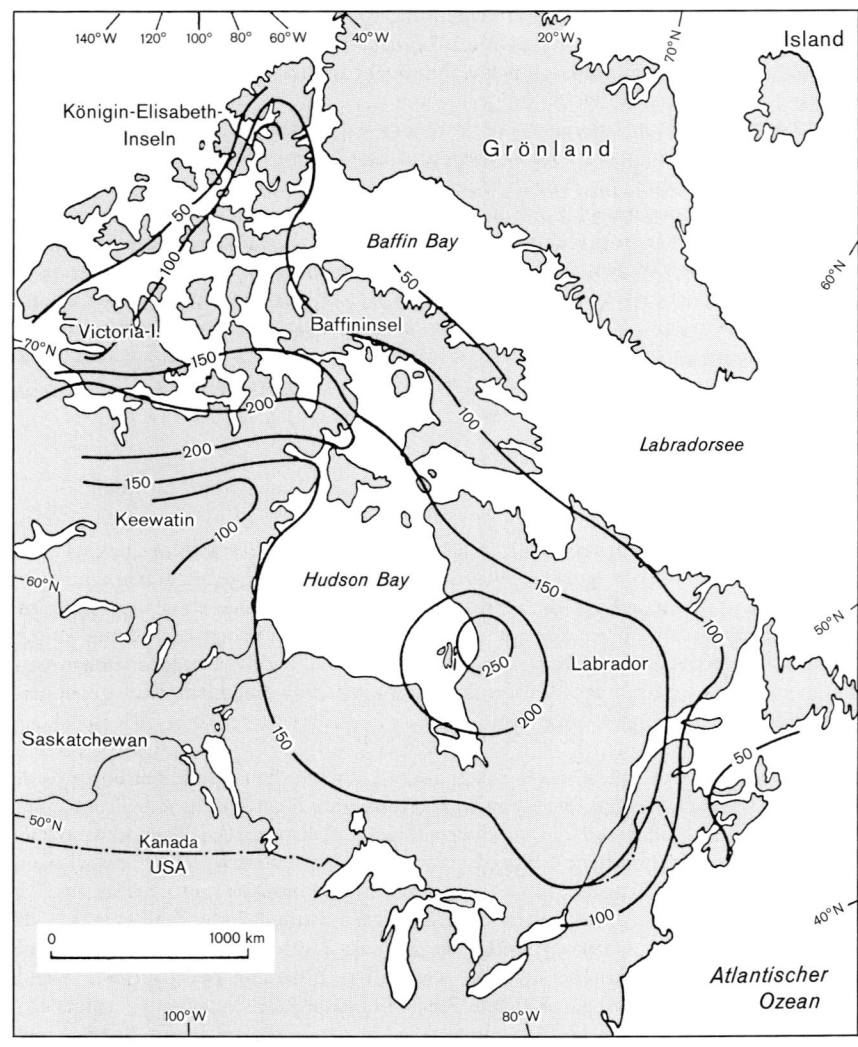

Abb. 49: Beispiel postglazialer isostatischer Landhebung in der Kanadischen Arktis und Nordost-Kanada. Die bezifferten Isolinien geben die aktuelle Höhenlage mariner Terrassen an (Meter über Meer). Das Gebiet um die Hudson-Bay war das Zentrum des letztkaltzeitlichen Laurentischen Eisschilds mit der größten Eismächtigkeit und hebt sich demzufolge am stärksten (veränd. nach SUGDEN 1982: 172).

Island gegenüber Inglefield-Land (Grönland). Dieser Raum war in der Zeit des globalen Klimaoptimums von heftigen Schmelzwassermassen und Abschmelzprozessen betroffen, die bis in das mittlere Holozän anhielten. Die Vergletscherung zeigte ein Minimum; alle Auslassgletscher (s. AHNERT 1996: 330) lagen damals hinter ihrer heutigen Position.

Grönland: Von der nordost-grönländischen Küste beschreibt HJORT (1981) bis 50 m postglaziale Landhebung. Die unteren 15 m datiert er in das mittlere Holozän (7500 und 6000 yBP, 'Middle Flandrian'), das mit Transgressionen verbunden war (Kliffbildung). Hier mag der geringere Eisverlust bzw. die relative Persistenz des grönländischen Eisschildes die kleineren Hebungsbeträge im Vergleich zum Zentrum der Kanadischen Arktis erklären. HJORT weist an Grönlands Ostküste auf eine aktuelle Transgression hin, die er auf erneute isostatische Absenkung durch wachsende Eisauflast im 'Neoglacial' (= Zeit nach dem Klimaoptimum) zurückführt.

7.4.4 Holozäne Gletscher- und Klimaschwankungen

Während des jüngsten, recht kurzen Weichsel-Vereisungsmaximums war die gesamte Barentssee von einem aufliegendem Eiskörper bedeckt (Inlandeis), dessen Abbau um 15 000 Jahre vor heute begann und in Teilen bis vor 10 000 Jahren noch nicht vollendet war (ELVERHOI ET AL. 1992). Die nachfolgenden zehntausend Jahre (= Holozän) gelten in der irdischen Klimageschichte als ausgesprochen stabil (IMBRIE & PALMER-IMBRIE 1981) und repräsentieren damit eine Seltenheit in der quartären Entwicklung: Zahlreiche rapide Klimawechsel/-sprünge kommen speziell bei der Analyse von Eisbohrkernen zu Tage und sollten auch bei der Abschätzung zukünftiger Entwicklungen als natürliches Phänomen nicht übersehen werden (vgl. BROECKER 1996; Kap. 7.4.2). Umso erstaunlicher ist, dass selbst in hohen Breiten sich eine Vielzahl von Klimafluktuationen innerhalb dieser Stabilitätsphase in Gletscherschwankungen äußert. FURRER ET AL. (1991, 1992) haben am Liefdefjord (Nordwest-Spitzbergen) durch ^{14}C-Datierungen an fossilen Böden und Torfen eine partielle postglaziale Chronologie aufstellen können (vgl. Abb. 50). Offengeblieben ist, ob und in welchem Ausmaß ältere spät- und postglaziale Gletschervorstöße erfolgten. Dies gilt insbesondere für die Jüngere Dryas-Zeit (11 000-10 200 yBP), die zumindest auf der Nordhalbkugel einen deutlichen Kälterückfall mitsichbrachte. Sie dokumentiert sich jedoch nicht in den von FURRER analysierten Sedimentprofilen - im Unterschied zu zahlreichen Ergebnissen aus anderen Teilen der Arktis oder des Nordatlantik. Als gesicherte Folgerung gilt: *"Spätestens zu Beginn des Alleröds (11 800 - 11 000 yBP) war der Liefdefjord mindestens soweit eisfrei wie heute."* (FURRER ET AL. 1991: 148).

Weitere Informationen zur jüngeren Entwicklung können Abb. 50 entnommen werden. Zu beachten ist, dass allein in den letzten 3600 Jahren mindestens sieben Gletschervorstöße (und entsprechende Rückgänge) nachgewiesen sind. Bodenbildungen zwischengeschalteter 'Wärmeschwankungen' zeigen Mindestentwicklungsalter von wenigen hundert Jahren an. Keiner der genannten Gletschervorstöße ging in seiner Reichweite über den Stand von 1850 hinaus. Dieses Datum steht für das Ende der 'Kleinen Eiszeit' auf der Nordhalbkugel, das insbesondere im alpinen Bereich geomorphologisch gut belegt ist. Im Polargebiet setzt die aktuelle Wärmeschwankung wohl später ein - ca. vor 100 bis 120 Jahren. Für die auf dem Festland endenden Talgletscher Nordwest-Spitzbergens bedeutet dies im Zungenbereich einen Schwund im Volumen wie in der Länge. Die Eismächtigkeit nahm deutlich in den vergangenen 100 bis 150 Jahren ab; das Zungenende liegt gegenwärtig maximal wenige hundert Meter von der '1850er Endmoräne' entfernt. Die heutige Kalbungsfront des im Liefdefjord liegenden Monaco-Breen, des wohl breitesten Auslassgletschers Spitzbergens, ist dagegen von dem 1850er Stand auf den Lerner-Inseln um mehrere Kilometer zurückgewichen (Abb. 48). Über die Ursachen dieser natürlichen Klimaschwankungen können noch keine verlässlichen Aussagen gemacht werden.

DOWDESWELL ET AL. (1997) haben die neuesten Daten zu aktuellen Massenbilanzen von Gletschern zusammengetragen und mit der Klimaentwicklung der vergangenen Jahrzehnte abgeglichen. Sie kommen zu folgenden Befunden:

- Das Ende der Kleinen Eiszeit war verbunden mit schrittweiser Erwärmung und zunehmenden Niederschlägen. Die zahlreichen negativen Massenbilanzen arktischer Gletscher signalisieren, dass die Temperaturzunahme in ihrer Wirkung die Niederschlagserhöhung übertrifft.

- Nur im maritimen Skandinavien (vgl. auch WINKLER ET AL. 1997) und auf Island zeigen sich positive Massenbilanzen als Folge steigender Winterniederschläge.

- Über Grönland existieren noch keine verlässlichen, interpolierbaren Messungen, nur regionale Beobachtungen. Daraus ergeben sich Hinweise auf Zunahmen vor allem in höheren Lagen um 0,2 - 0,3 m/Jahr und Abnahmen um 0,24 m/Jahr in Lagen unterhalb 1200 m Meereshöhe.

- Massenverluste arktischer Gletschergebiete (ohne Grönland) tragen mit 0,13 mm/Jahr zum Anstieg des Meeresspiegels bei, das entspricht etwa 5% vom Gesamtanstieg (2 mm/Jahr).

Anmerkung: Es steht außer Frage, dass 'Global Change' auch im Polargebiet abläuft. Im Zusammenhang mit der negativen Massenbilanz der Gletscher ist jedoch noch nicht klar, ob die Ursache für den Schwund allein in einer Erwärmung (der Sommermonate) zu suchen ist. Die Tatsache, dass der Eisrückgang nur im unteren Zungenbereich zu beobachten ist und in Richtung Nährgebiet die Eisoberfläche und die Seitenmoränenkämme bald wieder übereinstimmen, stützt die Annahme einer bodennahen Erwärmung. Andererseits könnte ebenso eine abnehmende Niederschlagsmenge, also zunehmende Trockenheit, für eine geringere Reichweite verantwortlich sein und so das Gletscherende zurückweichen lassen.

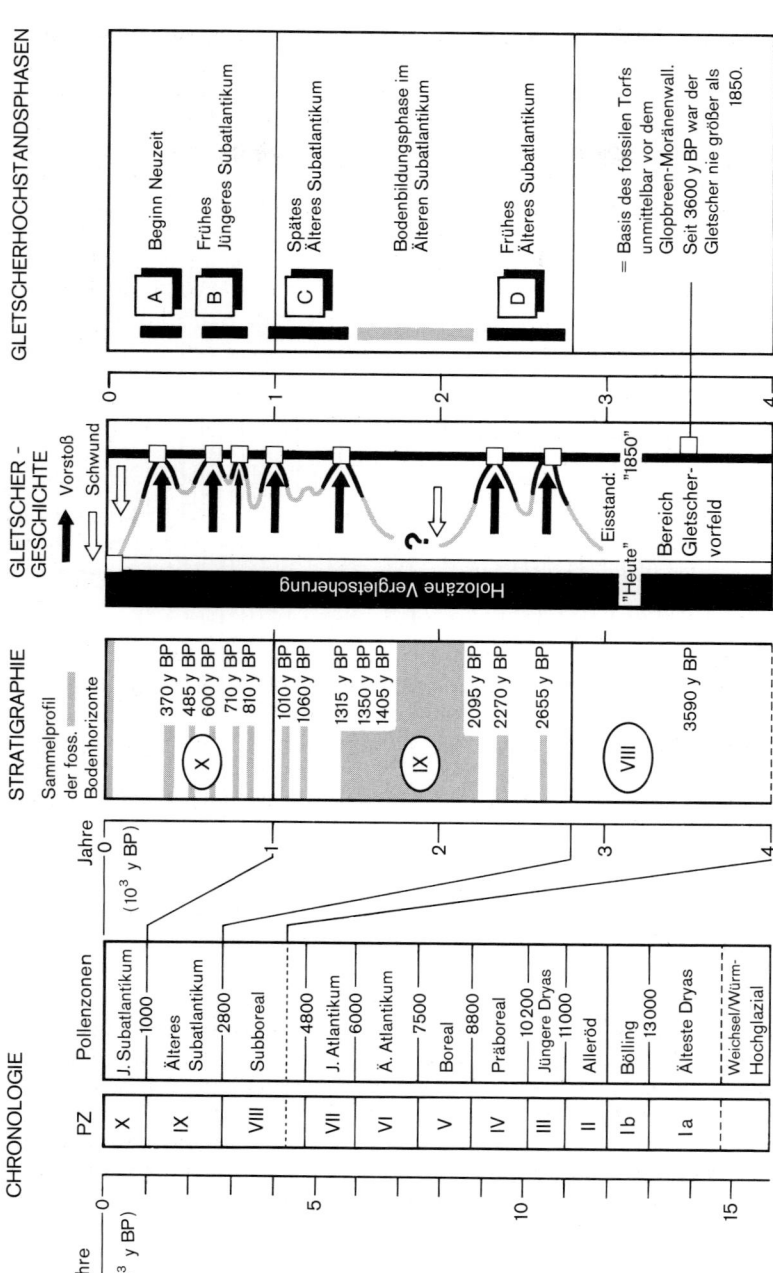

Abb. 50: Radioarbondaten fossiler Bodenhorizonte (yBP = years before present) und Gletschervorstöße im jüngeren Holozän Nordwest-Spitzbergens (aus FURRER 1992: 275).

7.5 Klimatische Grundzüge des Nordpolargebietes

Unter 'Nordpolarklima' wird das gesamte Verbreitungsgebiet polarer Zonen im Sinne der Eingangsdefinition (Abgrenzung durch die Baumgrenze) verstanden. Dies schließt konsequenterweise die südliche bzw. niederarktische Tundra (Abb. 45) ein, so dass Begriffe wie *subarktisch* oder *subpolar* vermieden werden. Aus Abb. 2 ist der betroffene Raum der Nordhalbkugel zu entnehmen. Dabei wird die ungefähre Übereinstimmung der Baumgrenze mit der 10°C-Isotherme des wärmsten Monats Juli deutlich.

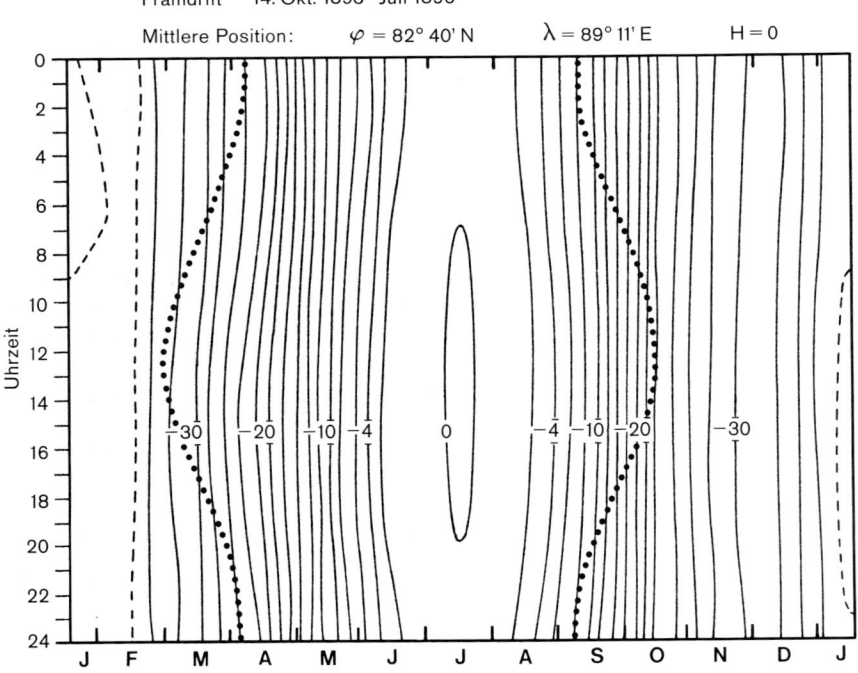

Abb. 51: Thermoisoplethendiagramm der Fram-Drift im Nordpolarmeer (Expedition FRIDJOF NANSENs 1893 - 1896). Gebiete nördlich des Polarkreises sind aufgrund der Beleuchtungsverhältnisse durch ein thermisches Jahreszeitenklima mit geringen Tagestemperaturschwankungen charakterisiert (verändert nach SCHULTZ 1995).

Polargebiete, insbesondere wenn sie eingeengt durch den Polarkreis definiert werden (s. Kap. 2.1, Abb. 1), sind durch einen Wechsel extremer Beleuchtungsjahreszeiten charakterisiert. Dies lässt sich besonders eindrucksvoll mit Hilfe eines Thermoisoplethendiagramms erläutern (Abb. 51). Tägliche Temperaturschwankungen sind minimal - im Winter mangels Einstrahlung (Polarnacht), im Sommer wegen der fehlenden Nacht (Polartag). Das Gegenteil ist der Fall beim Vergleich der Winter- und Sommertemperaturen, so dass ein ausgeprägtes thermisches Jahreszeitenklima resultiert.

Die völlig andersartige Konfiguration des Nordpolargebietes gegenüber der Antarktis ist bereits mehrfach angesprochen worden. Durch die Existenz eines polaren Meeresbekkens mit flacher Packeisbedeckung wird ein wesentlich intensiverer horizontaler Energieaustausch ermöglicht, als dies in der Antarktis der Fall ist. Im Winterhalbjahr breitet sich ein weitflächiges Hoch über dem gefrorenen Nordpolarmeer sowie über Ost-Sibirien aus. Aus der Druckverteilung der Nordhalbkugel resultieren zirkumpolar häufige östliche Winde, auch während der Sommermonate. Der Kältepol der Nordhalbkugel liegt nicht in Polnähe, sondern beim ost-sibirischen Werchojansk und damit bereits innerhalb des Borealen Nadelwaldgürtels mit einem absoluten Temperaturminimum von -67,8°C (Januar-Mittel: -49°C). In Abb. 52 zeigt sich die extreme kontinentalklimatische Winterkälte über dem grönländischen Eisschild sowie über Ost-Sibirien mit Januar-Mitteltemperaturen von -40°C. Vergleichbare geographische Breiten Nordkanadas sind mit etwa -30° demgegenüber deutlich 'gemildert'. Die wenig symmetrische Temperaturverteilung der Arktis wird mitverursacht durch den weitreichenden Golfstrom-Einfluss im Europäischen Nordmeer und im südlichen Polarmeer, abgeschwächt auch durch den pazifischen Einfluss im Bereich der Beringstraße (nach SUGDEN 1982). Während der Sommerzeit erwärmt sich die asiatische Landmasse stärker. Im Raum Werchojansk wurde als höchste Sommertemperatur 35°C gemessen (Juli-Mittel 15,3°C; Abb. 53). Generell betrachtet kennzeichnen vergleichsweise hohe Sommertemperaturen die Gebiete kontinentaler Lage (Nordost-Sibirien, Nordwest-Kanada und Teile Alaskas). Im eigentlichen Polargebiet nördlich der Baumgrenze bewegen sich die Sommertemperaturen in den Küstensäumen zwischen 3 und 5°C. Auch im Sommer ist der ausgleichende Einfluss des Golfstroms unübersehbar. Die allgemein geringe Sommerwärme dieser Breiten erklärt sich nach WALTER (1977: 281) aus dem Wärmeverbrauch, den die Schneeschmelze und das Auftauen des Winterfrostbodens erfordert. Das zentrale Polarbecken bleibt auch im Sommer im negativen Temperaturbereich, ebenso das grönländische Inlandeis mit -12°C (Station Eismitte).

Der saisonale Kältepol verlagert sich im Jahresgang in das flache sommerliche Polarhoch über dem nördlichen Kanada (Baffin-Land und Königin-Elisabeth-Inseln/Ellesmere Island; Abb. 49). Zugehörige dominante sommerliche Wetterlagen der östlichen kanadischen Arktis sind:

- quasistationäre Tiefdruckgebiete im Gebiet Baffin Bay,
- wandernde Zyklonen mit meist ausgeprägten Arktis- und Polarfronten,
- antizyklonale Wetterlagen zwischen nördlicher Baffin Bay und den Königin-Elisabeth-Inseln.

Antizyklonale Sommer-Wetterlagen sind im Durchschnitt zu 20% zu erwarten, die Einflüsse der Baffin Bay-Zyklone zu 40 - 60%. Trotz der beachtlichen Zyklonentätigkeit müssen die Polarregionen häufig den Trockengebieten zugeordnet werden, da ihre Niederschläge weniger als 100 mm in meeresfernen Bereichen und etwa 400 mm an der Küste ausmachen. In der Bilanz sind sie aufgrund der geringen Verdunstungsleistung jedoch häufig humid. Es muss folglich stärker differenziert werden; das gilt sowohl für die Niederschlagsverteilung und - bei der Beurteilung des Landschaftshaushalts - für regionale oder lokale Substrat- und Reliefgegebenheiten. Als Orientierungswerte des

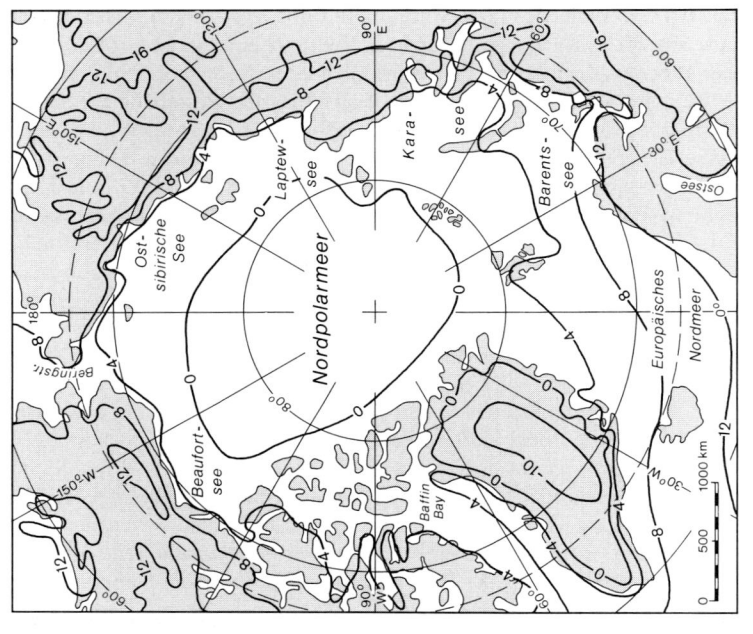

Abb. 53: Mittlere Julitemperaturen der Arktis (nach SUGDEN 1982)

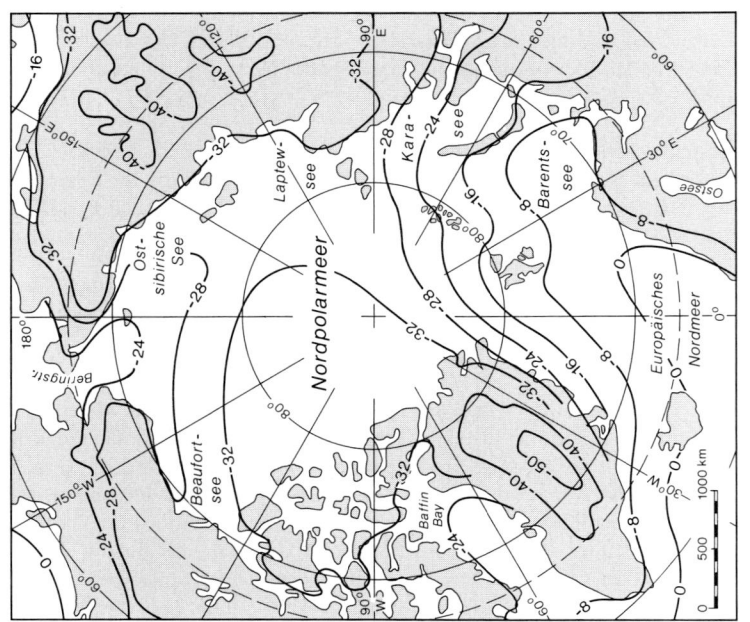

Abb. 52: Mittlere Januartemperaturen der Arktis (n.SUGDEN 1982)

durchschnittlichen Niederschlagsaufkommens (Wasseräquivalent) können angegeben
werden (nach LAUER 1995):
- Nordpolarmeerbecken: 130 mm
- Sibirische, nord-kanadische und grönländische Küsten (Abb. 57): 140 - 260 mm
- Durch die Nähe von Atlantik oder Pazifik stark ozeanisch
- geprägte Polargebiete: bis 600 mm

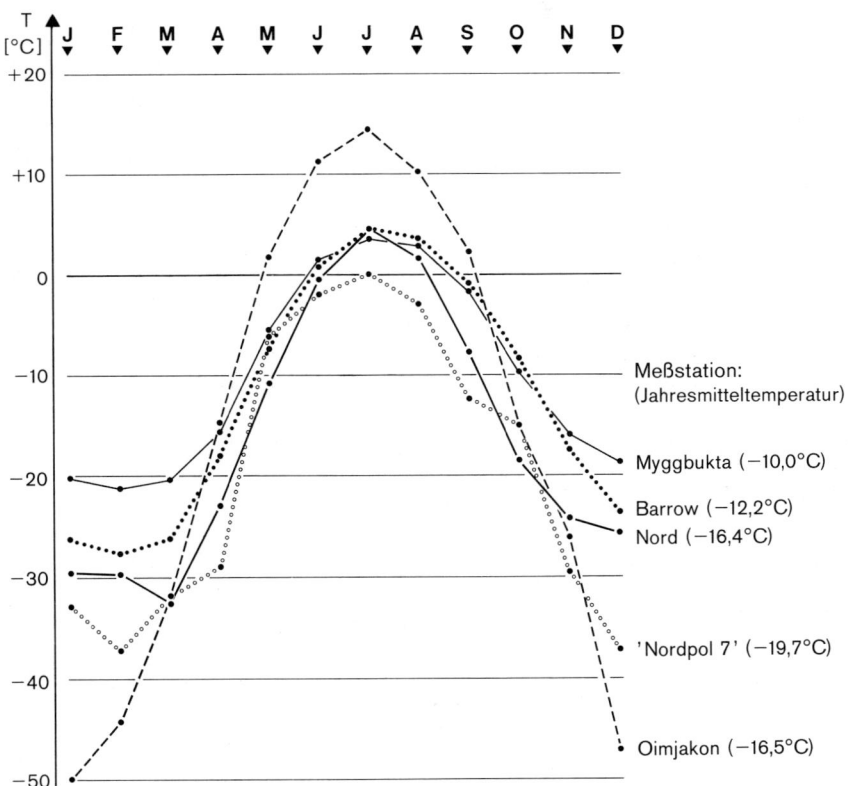

Myggbukta / Grönland   (73° 30' N / 21° 40' W)

Barrow / Alaska   (71° N / 156° W) ; Höhe 7 m

Nord / Grönland   (81° N / 16° W) ; Höhe 35 m ; Beobachtung: 1952-1956

Driftstation 'Nordpol 7'   (82°-86° N / 164°-148° E) ; Beobachtung: 1957-1958

Oimjakon / Sibirien   (63° N / 143° E) ; Höhe 740 m

Abb. 54:   Temperatur-Diagramm ausgewählter Klimastationen der Arktis (nach Daten bei
KUHN 1983 und LAUER 1995: 180).

Thermisch wie hygrisch ist das Nordpolargebiet nicht zu pauschalieren (vgl. Abb. 54). Trotz der genannten Faustregeln und Trends herrschen zusätzlich regionale Klimate mit z.B. regelhaften Reliefwinden, Luv-Niederschlägen oder sonnenreichen Lee-Lagen. Daraus ergeben sich geobotanische oder faunistische Besonderheiten sowie eventuell Gunsträume für menschliche Aktivitäten. Ein wesentlicher Regelfaktor ist der Grad der Ozeanität bzw. Kontinentalität, der exemplarisch durch Abb. 55 ausgedrückt wird. Er differenziert die konkreten mittel- und langfristigen Durchschnittswerte von Gebiets-niederschlag, Temperaturamplitude, Bewölkungsgrad, Sommerwärme usw. (Nähere regionale Informationen s. WALTER/LIETH Klimadiagramm-Weltatlas.) Als Beispiel hierfür sei die thermische Charakteristik hochpolarer Gebiete herausgegriffen, wie sie KING (1981a: 79) für Ellesmere Island (80 - 83°N; 60 - 90°W; Königin-Elisabeth-Inseln, Abb. 49) in der Kanadischen Arktis für den Sommer 1978 beschreibt: "..anhaltende, warme und trockene Witterung mit Maximaltemperaturen von über 15 °C und Tagesmittel-temperaturen von über 10 °C über mehrere Tage hinweg...". Die zunächst für nicht-repräsentativ eingestuften, hohen Werte erwiesen sich nach KINGs Recherchen jedoch als durchaus zutreffend für stark kontinental geprägte Standorte dieses Großraums.

Aufgrund nur weniger und in der Fläche ungleichmäßig verteilter Messstationen der hohen Breiten sind die konkreten regional-klimatischen Gegebenheiten nur vage be-kannt. Auch bei Messungen, die auf zwei- oder mehrjähriger Basis beruhen wie bei der *Geowissenschaftlichen Spitzbergen-Expedition 1990 - 1992* (BLÜMEL 1992, 1994), ist der gewonnene Datensatz sicherlich nicht repräsentativ. Abb. 56 gibt Sommertemperaturen und Niederschläge in Nordwest-Spitzbergen aus den Jahren 1990 und 1991 wieder. Jeder Sommer war vom Witterungsverlauf her individuell und unterschiedlich. (Im Jahr 1993 fiel er förmlich aus.) Die hier ermittelten Werte gelten für das Gebiet um den Lief-defjord (Abb. 48). Sie können jedoch nicht ohne weiteres 50 km nach Westen transfe-riert werden: Dort liegt die Küste mit Gebirgszügen im Luv mit wesentlich höheren Niederschlägen, intensiverer Bewölkung und damit weniger direkter Einstrahlung. Erst recht können diese Daten nicht für das 200 km entfernte, fast flächendeckend vergle-tscherte Nordostland verwandt werden - trotz ebenfalls gleicher geographischer Breite. Dieses kleindimensionierte Beispiel mag das Problem der Generalisierung umreißen, wenn es um Aussagen zu wesentlich größeren Räumen wie Kanada oder Sibirien geht. Eine annähernd regelmäßige zonale Anordnung der Jahresisothermen zeigt dagegen das Beispiel Alaska (Abb. 59).

Lediglich Grönland als Inlandeisgebiet mit Höhen über dreitausend Meter fällt aus dem klimatischen Großrahmen und hat in seinem regionalen Klimasystem Gemeinsamkeiten mit Antarktika. Dies zeigt sich vor allem in den Wintermonaten, wenn von dem bo-dennahen Hochdruckgebiet über dem Inlandeis katabatische Winde in alle Richtungen abströmen. Grönland erhält dennoch ganzjährig Niederschläge, und zwar im Sommer aus der atlantischen Polarfront (Zyklonenaktivität), während des Winters aus der kana-dischen Arktik-Front. Südöstliche und südliche Küstenbereiche sind dabei deutlich begünstigt. Besonders trocken mit 150 - 200 mm Wasseräquivalent dagegen sind das nördliche Zentrum, der Nordosten und Norden (Abb. 57). An der Westküste bis Disko und im Ostküstenbereich bis Angmagssalik ermöglichen die Sommertemperaturen noch Heide-, Gras- und Mooswachstum. Die Mitteltemperatur des wärmsten Monats liegt in

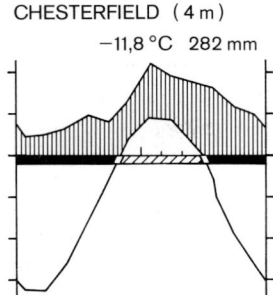

CHESTERFIELD (4 m)
−11,8 °C 282 mm

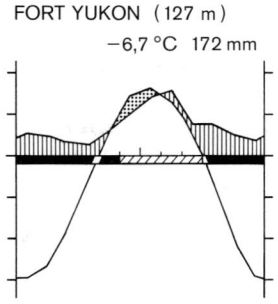

FORT YUKON (127 m)
−6,7 °C 172 mm

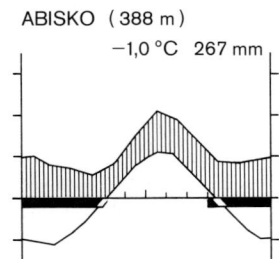

ABISKO (388 m)
−1,0 °C 267 mm

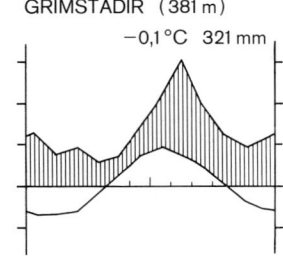

GRIMSTADIR (381 m)
−0,1 °C 321 mm

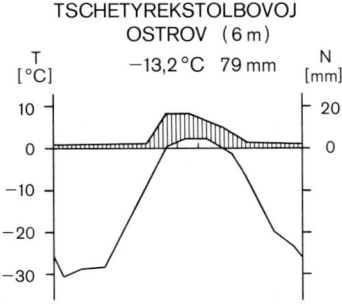

TSCHETYREKSTOLBOVOJ
OSTROV (6 m)

T
[°C]   −13,2 °C 79 mm   N
[mm]

Abb. 55: Vergleichende (WALTER/LIETH) verschiedener polarer, 'subpolarer' und borealer
Regionen:
Chesterfield: Nordamerikanische Tundra;
Fort Yukon: Extrem kontinentales, boreales Klima Alaskas;
Abisko: Waldtundra Schwedens;
Grimstadir: Ozeanisch-subpolares Klima Islands (relativ hohe Niederschläge, geringe
Jahresamplitude mit milden Wintern);
Tschetyrekstolbovoj Ostrov: Hochpolar-kontinentales Klima Sibiriens (streng winter-
kalt und sommerkühl mit hoher Temperaturamplitude sowie wenig Niederschlag)
(nach SCHULTZ 1995: 103 und WALTER 1977: 282).

Küstenbereichen zwischen 5 und 10°C, was sich grob auch mit der Aussage der Juli-Isothermenkarte (Abb. 53) deckt. Klimatisch besonders begünstigt sind innere Fjordlagen im Südwesten. Hier bringen Föhnwinde trockene Warmluftperioden mitsich und damit regional Möglichkeiten für die Schafzucht.

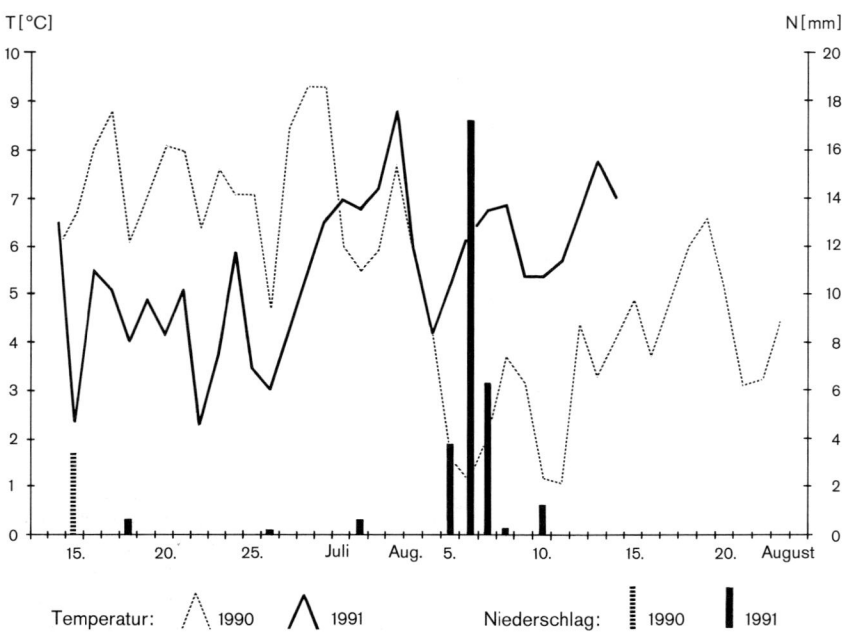

Abb. 56: Sommertemperaturen und -niederschläge 1990 und 1991 in der Hohen Arktis Nordwest-Spitzbergens (Liefdefjord) (nach Daten aus SCHERER ET AL. 1993).

Verglichen mit den ideal angeordneten Jahresisothermen des Südpolargebietes (Abb. 16) erscheint das Temperaturgefüge der Arktis im Sommer wie im Winter wenig regelhaft. Störfaktoren für einen radialen zonalen Gradienten sind vor allem in den weitreichenden maritimen Wirkungen zu suchen. Im Großraum der Beringstraße setzen sich pazifische Einflüsse durch bis in die Beaufort- und Ost-Sibirische See. In weit stärkerem Ausmaß ist die breite Öffnung des Nordatlantik über das Europäische Nordmeer klimatisch wirksam. Über die durch den Golfstrom (Abb. 15) herangeführte 'Fernwärme' wird das westliche und nördliche Europa erst zur Ökumene. Teile der Barentssee bleiben auch im Winter eisfrei (Abb. 14) und Häfen wie Murmansk ganzjährig zugänglich. Als Norwegen-Strom und West-Spitzbergenstrom dringt die Erwärmung weit nach Norden vor und zwingt die sommerliche Packeisgrenze derzeit auf etwa 82°N. Wassertemperaturen von wenigen Grad Celsius im positiven Bereich sorgen vor West-Spitzbergen und in der Grönlandsee dann für weitgehende Eisfreiheit und ermöglichten z.B. die verheerenden saisonalen Walfangaktivitäten bereits im 17. und 18. Jahrhundert.

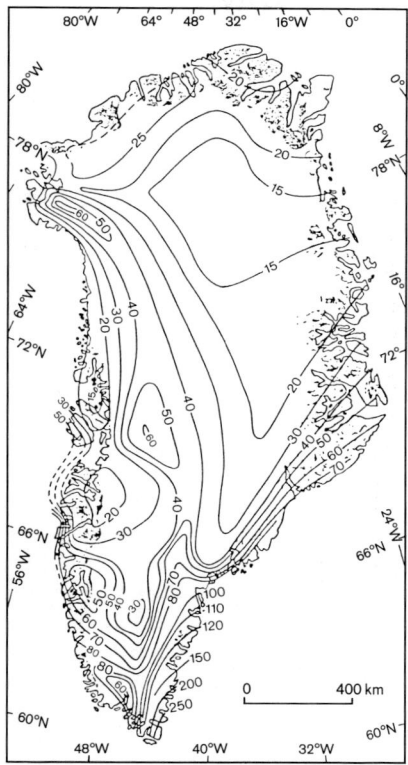

Abb. 57: Schematisierte Darstellung der jährlichen Niederschlagsverteilung in Zentimetern Wasseräquivalent auf Grönland. In den Küstenregionen und an den Rändern des Inlandeises treten auch sommerliche Regenniederschläge auf. Auf der Hauptfläche des stellenweise bis über 3300 m hohen Eisschildes fällt fast ausschließlich fester Niederschlag (nach MAGGI & CORAZZA 1994: 139).

7.6   Permafrost: Verbreitung, vertikale Gliederung, Degradation

7.6.1   Klimatische Verbreitung, Typisierung, vertikale Gliederung

Unvergletscherte Polarregionen besitzen in der Mehrzahl einen ganzjährig gefrorenen Untergrund - den *Permafrost*bereich. Synonyme Bezeichnungen sind *Dauerfrostboden*, *Perenne Tjäle*, *Pergelisol* oder *Frozen Ground*. Mit Permafrost verknüpft sind vielfältige, für Polargebiete typische Oberflächenstrukturen und geomorphodynamische Prozesse. Frostschutt- und Tundrenzonen ohne dauernd gefrorenen Untergrund kommen in ozeanisch geprägten Gebieten vor (Island, Aleuten, Subantarktische Inseln), die von einigen Autoren nicht zu den Polargebieten im engeren Sinne gerechnet werden. Andererseits findet sich Permafrost regional in Mächtigkeiten von mehreren hundert Metern unter Borealen Wäldern (Sibirien, Ostasien, Kanada). Nicht klar zu trennen ist, welche Permafrostgebiete vorzeitliche Gefrornis (z.B. aus den letzten quartären Kaltphasen / Weichsel-Eiszeit) konservieren oder dem heutigen Klima entsprechende Bildungen sind (= rezenter Permafrost). Vorzeitlicher (= reliktischer) Permafrost hat sich vor allem dort entwickelt, wo sich während der letzten Eiszeit keine Gletscherbedeckung ausgebreitet hatte (große Teile Sibiriens, Alaska) und so die extremen Temperaturen bei geringmächtiger Schneedecke tief in den Gesteins- oder Lockersedimentuntergrund eindringen konnten. In Ost-Sibirien wurden Permafrostmächtigkeiten bis zu 1500 m ermittelt (MARKUSE 1976).

Permafrost tritt in den Varianten 'trocken' sowie 'eishaltig' auf. Im ersten Fall sind die Hohlräume im Gestein oder Substrat nur luftgefüllt. Besonders trockene Gebiete kontinentalen Klimatyps wie in der Ost-Antarktis kommen als Verbreitungsraum in Betracht. Eishaltiger Permafrost ist flächenhaft sicherlich der Normalfall. Eingesickertes Schneeschmelz-, Niederschlags- oder Grundwasser sowie Bodenfeuchte können am Anfang der Entwicklung eines Permafrostprofils stehen. Existiert eine solche kalte Strate, kann sie aus der weniger kalten Umgebung (Luft, Bodenluft, -feuchte, -gefrornis) Wasserdampf anziehen, der sich in Form von Eiskristallen an den besonders unterkühlten Stellen anlagert. Steuernd ist bei diesem Prozess die Dielektrizitätskonstante des Wassers - Eis zieht Wasserdampf um ein Vielfaches stärker an als flüssiges Wasser. Der hierbei ablaufende Vorgang der Sublimation führt zu einem anhaltenden Wachstum von Eislinsen, Eislamellen oder Klufteis, wobei die Umgebung unter Druck gerät und verdrängt werden kann. Ein solches Wachstum blanker Eiskörper unterschiedlicher Größenordnung im dauernd gefrorenen Bereich erklärt sich neben dem Prozess der Sublimation/Resublimation aus der sogenannten *Tieffrostkontraktion*: Bei zunehmenden Minustemperaturen schrumpft ein gefrorener Körper, es gehen feine Risse auf, insbesondere an bestehenden Eiskörpern. Diese Schwundrisse füllen sich mit Segregationseis ('*Taber-Eis*'), so dass bei Wiederholung des Vorgangs immer größere Eisansammlungen entstehen. Es entwickelt sich die *Eisrinde* (BÜDEL 1960, 1977), eine besonders eisreiche Lage in dem Teil des Permafrostprofils, der häufig von Temperatur- und Volumenschwankungen betroffen ist (vgl. Abb. 60).

Geomorphologisch ist die Eisrinde bedeutsam, indem in ihr eine subkutane Frostsprengung des Gesteins abläuft, somit Schuttmaterial für gravitative Abtragungsprozesse bereitgestellt wird. Eindrucksvolle Erscheinungen innerhalb eines Permafrostprofils sind *Eiskeile* (Abb. 61, 69, 71). Solche bis zu mehreren Metern lange Blankeiskörper sind

Abb. 58: Verbreitung von Permafrostvorkommen auf der Nordhalbkugel: Dauergefrornis des Untergrundes ist nicht nur auf die Polargebiete beschränkt, sondern auch in weiten Teilen des Borealen Nadelwaldgürtels zu finden (zusammengestellt nach verschiedenen Quellen).

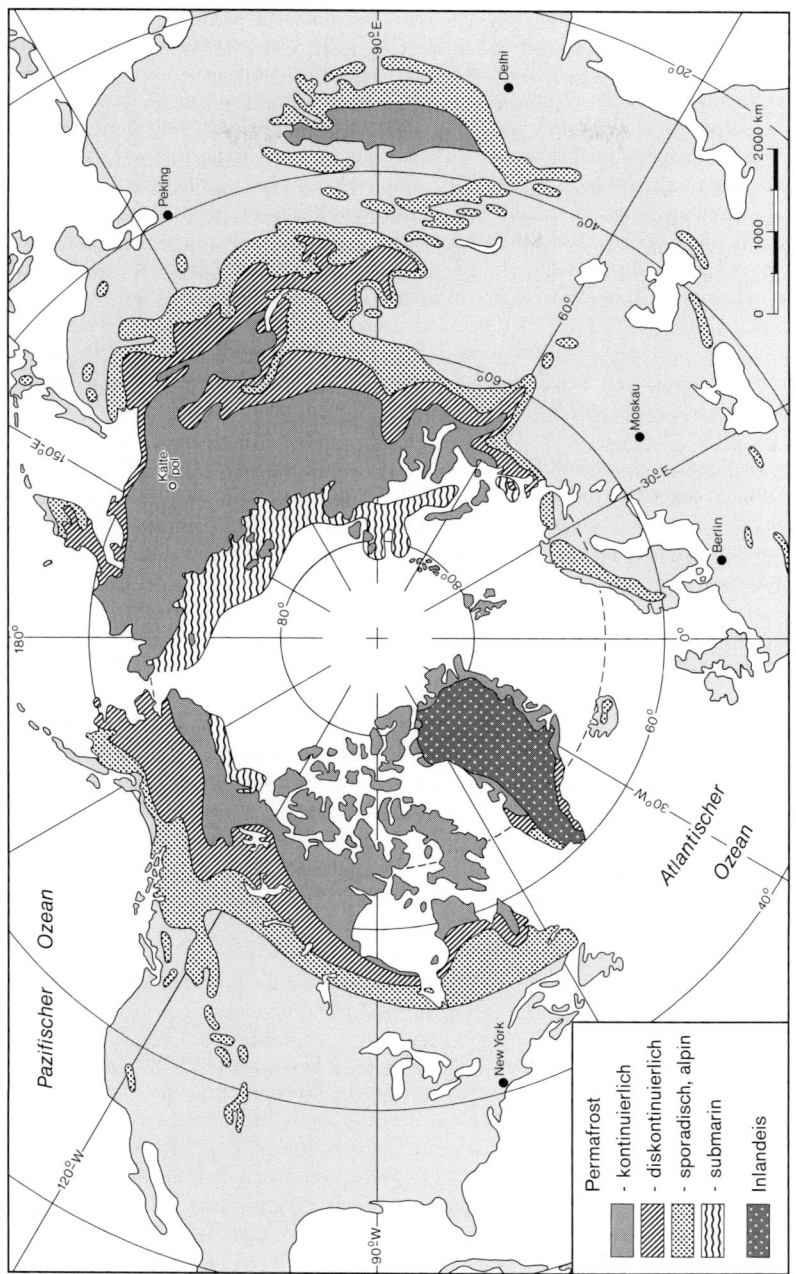

Abb. 58

meist Teil eines polygonalen Eiskeilnetzes, das in seiner Anlage ebenfalls auf winterliche Tieffrost-Schwundrisse zurückgeht (Abb. 61, 63). Solche Polygone haben Durchmesser von einigen Metern bis mehrere Dekameter. Initialstadien sind 1 - 20 mm breite Risse (WEISE 1983: 55; FRENCH 1976), die sich mit Wasser oder direkt mit Sublimationseis füllen. Da diese Risse alljährlich an den gleichen Stellen wieder aufgehen, wachsen Sublimationseiskristalle auf den kalten Flächen der initialen Keile und vergrößern so dessen Volumen. LACHENBRUCH (1962) hat dazu eine Modellvorstellung entwickelt, die in Abb. 61 wiedergegeben ist und die bei zahlreichen Geländeaufnahmen von Eiskeilen prinzipiell bestätigt wurde. Entsprechend den unterschiedlich tiefreichenden jährlichen Temperaturschwankungen, der Breite der Risse sowie der Verfügbarkeit von Wasserdampf wachsen Eiskeile besonders stark in ihrem oberen Teil und verschlanken sich mit zunehmender Tiefe. BÜDEL (1977) sah in der Untergrenze der Eiskeile die Reichweite der jährlichen Temperatur- und Volumenschwankungen. Den nach unten folgenden Teil des Permafrostprofils benannte er entsprechend als *isothermen Dauerfrost*, der ab einer bestimmten Tiefe vom *Niefrostbereich* abgelöst wird (Abb. 60).

Als Beispiel für die Tiefenfunktion saisonaler Temperaturschwankungen gibt STÄBLEIN (1985: 324) für das west-grönländische Jakobshavn (69°N/51°W) fünf Meter als 'thermoaktive Schicht' an. Hierin geschieht eine Lockerung des Gesteinsverbandes, eine Art subkutaner Frostverwitterung, zu deren mechanischer Druckerzeugung kein flüssiges Wasser nötig ist.

Permafrost ist ein Wesensmerkmal des größten Teils polarer Periglazialgebiete. Seine den Untergrund plombierende Wirkung - die Verhinderung von Versickerung - steuert zwangsläufig zahlreiche geoökologische, geomorphodynamische und hydrologische Prozesse. In der räumlichen Verbreitung wie in der Mächtigkeit des Profils existieren große Unterschiede vor allem in zonaler Richtung (vgl. KARTE 1979; WASHBURN 1979). Permafrost wird mit abnehmender geographischer Breite lückenhaft und tritt schließlich nur noch inselartig auf. Somit lässt er sich vom räumlichen Aspekt her einteilen in (vgl. Abb. 58, 59, 62):

1. *kontinuierlichen,*
2. *diskontinuierlichen* und
3. *sporadischen Permafrost.*

zu 1.: *Kontinuierlicher Permafrost*

Kontinuierlicher Permafrost durchsetzt den Untergrund lückenlos in Mächtigkeiten von einigen hundert Metern (im Mittel < 500 m); für die Grenze zum diskontinuierlichen Vorkommen gibt STÄBLEIN (1985: 326) 60 m Dicke an. Als thermische Rahmenbedingung wurden häufig Mindestjahresmitteltemperaturen von -7/-8°C zitiert. Bei KARTE (1979: 22) findet sich die Spanne -6 bis -8°C. Das entspricht auch dem Fallbeispiel Alaska (Abb. 59), wo PEWE die Südgrenze des kontinuierlichen Permafrostes bei etwa -6 bis -7°C kartiert. STÄBLEIN (1979) nennt für die Südgrenze des kontinuierlichen Permafrostes in Nordkanada -7°C als Jahresmitteltemperatur. Diese Werte gelten allerdings für

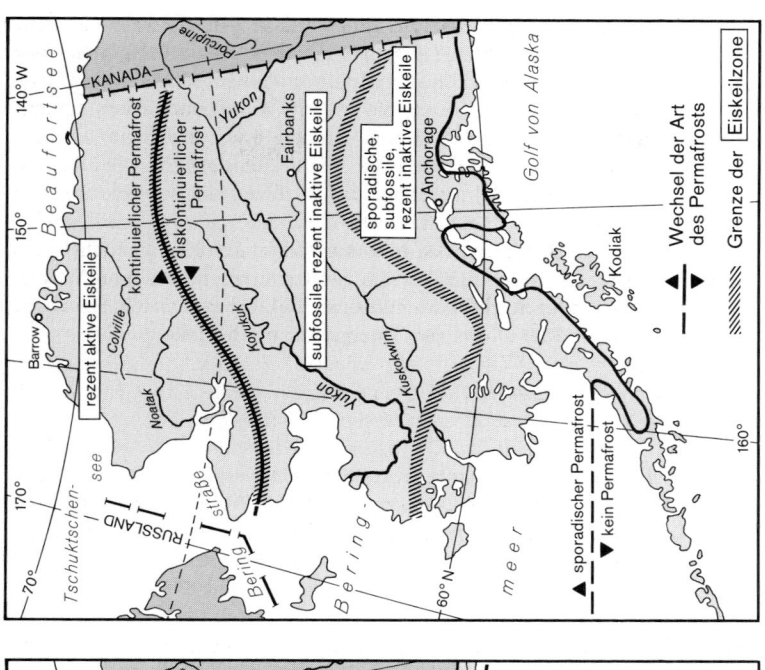

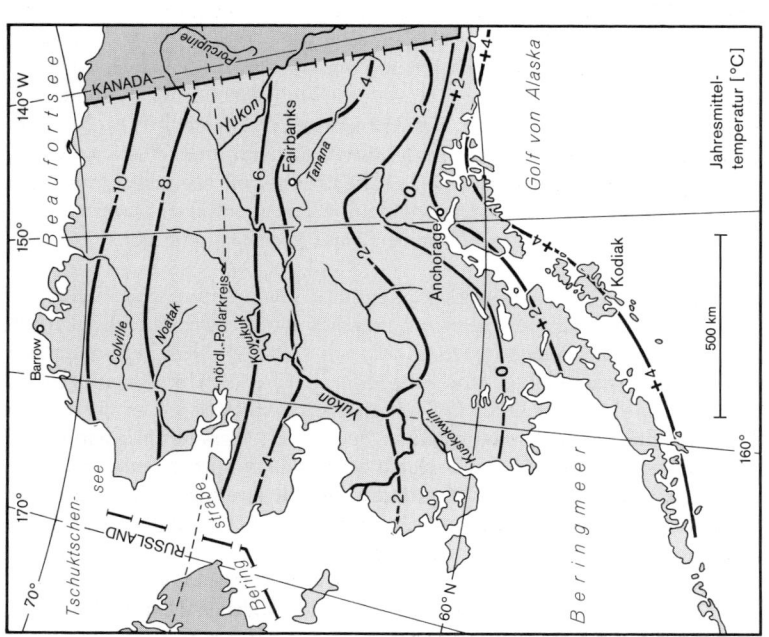

Abb. 59: Jahresmitteltemperaturen, Permafrosttypen und Eiskeilverbreitung in Alaska im Vergleich (nach PEWE, veränd. aus KARTE 1979).

den kontinentalen Klimatyp mit hohen Sommertemperaturen und sehr kalten Wintern (Kanada, Sibirien; z.B. Station Oimjakon in Abb. 54). Verantwortlich für ein tiefgründiges Auskühlen des Untergrundes sind die hochwinterlichen Januartemperaturen von im Mittel -20 bis -30°C (Abb. 52). Hinzu kommt eine größere Wärmeleitfähigkeit durchgefrorener Profile, so dass die winterlichen Extremtemperaturen rascher in die Tiefe vordringen können als der sommerliche Tauprozess. Nur so erklärt sich auch das Phänomen Permafrost als solches mit seiner tiefreichenden Wirkung und Entwicklung.

Unter ozeanischen Bedingungen wie in der West-Antarktis mit kühlen, strahlungsarmen Sommern dagegen genügen bereits weniger als -3°C Jahresmitteltemperatur, um durchgehenden Dauerfrost zu erzeugen (BLÜMEL 1984, 1990b). Zugehörige sommerliche Auftauschichten erreichen Tiefen von wenigen Dezimetern bis ca. einem Meter.

zu 2.: *Diskontinuierlicher Permafrost*

Lückenhafte Vorkommen mit mehr als 50% dauernd gefrorener Fläche werden dem diskontinuierlichen Permafrost zugerechnet (KARTE 1979). Seine Mächtigkeiten liegen im Dekameter-Bereich (60 - 12 m nach STÄBLEIN 1985); zur Verbreitung siehe Abb. 58. Diese Zone wird durch Jahresmitteltemperaturen von -3/-4°C begrenzt. Der sommerliche Auftau liegt zwischen 1 und 2 Metern. Zwischen den Permafrostlagen tregen 'Taliki' auf, das sind ständig nicht gefrorene Bereiche. In den Wintermonaten gefriert der Auftaubereich ('active layer'), verbindet sich mit der Permafrosttafel oder plombiert die Taliki-Zonen an der Oberfläche.

zu 3.: *Sporadischer Permafrost*

Diese Zuordnung gilt für Flächen mit < 50% Permafrost. Die Landschaft ist nur noch inselartig von unterschiedlich dicken Dauerfrostlinsen durchsetzt (mehrere Meter Dicke, Abb. 62). Als thermische Grenze werden -1/-2°C Jahresmittel angegeben (vgl. auch Abb. 58, 59). Bei höheren Durchschnittswerten fehlt auch sporadischer Dauerfrost. Zu dieser Zone gehörige Auftautiefen liegen zwischen 2 und 3 Metern (Abb. 62).

Dauerfrostentwicklung ist nicht allein als klima-zonale Funktion zu sehen. Seen und Flüsse bewirken ein eigenes Temperaturregime, und dies selbst in kleinräumiger Dimension. Nach einer Darstellung bei SMITH (1973; zit. nach STÄBLEIN 1985) liegt unter Seen und Flüssen im Mackenzie-Gebiet Nordkanadas ungefrorener Untergrund (Talik), während unter Waldarealen mit nur 200 m Durchmessern Permafrost bis zu 100 m Tiefe entwickelt ist. Dies mag als ein repräsentatives Beispiel für diskontinuierlichen oder auch sporadischen Permafrost angesehen werden, der sich in der jungquartären Glaziallandschaft nach Abschmelzen der Inlandeismassen neu bilden musste. In Sibirien dürfte dagegen ein lückiger Permafrost als heutige Abbauerscheinung einer kaltzeitlich weiter verbreiteten Untergrundsgefrornis gewertet werden.

Eine besondere Form des Permafrostes wurde bei Erdölbohrungen an der Küste der Beaufort-See (nördlich von Alaska) entdeckt, ebenso weitflächig vor der sibirischen

Küste (Laptev-See, Ostsibirische See; Abb. 58). Bis zu 450 m Tiefe reicht die Dauerge-frornis, die sich nach der spätglazialen/holozänen Transgression gehalten hat (STÄBLEIN 1985). Entstanden ist der heute *submarine Permafrost* während des letzten Glazials, als diese Bereiche durch den eustatischen Meeresspiegelabfall von 130 m trockenfielen und als Periglazialgebiete dem Kaltklima ausgesetzt waren.

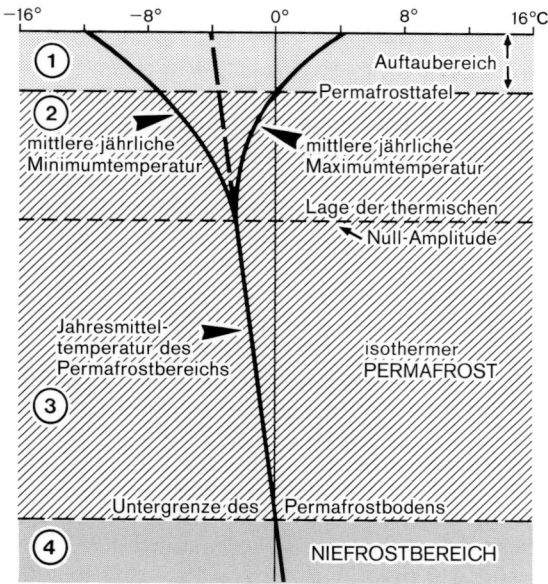

Abb. 60: Modellhaftes Temperaturprofil und Gliederung eines Dauerfrostvorkommens (verändert und ergänzt nach KARTE 1979: 24).

Gliederung und interne Prozesse:

(1) *Sommerlicher Auftaubereich* ('active layer'): Physikalische und chemische Verwitterung; Solifluktion; Kryoturbation; Auffrieren; Bodenbildung (unter Tundra); Oberflächenabspülung (Abluation) u.a. Dimension: Dezimeter bis wenige Meter.

(2) *Zone saisonaler Temperatur- und Volumenschwankungen* ('thermoaktive Schicht', bis maximal 8 Meter Tiefe): In den oberen Dezimetern Eisrinde mit Gesteinszersatz (subkutane Frostsprengung) und besonderes Breitenwachstum der Eiskeile aufgrund häufiger Temperatur- und Volumen-Schwankungen).

(3) *Isothermer Permafrost;* keine frostwechsel-dynamischen Prozesse; mit der Tiefe abnehmender Segregationseisgehalt; Verschlankung der Eiskeile. Die thermische Nullamplitude entspricht der Untergrenze der Eiskeilbildung. Dimension: einige Dekameter bis mehrere hundert Meter; max. 1500 m nachgewiesen.

(4) *Niefrostbereich.*

7.6.2 Natürliche Permafrost-Degradation

Permafrost unterliegt einer ständigen Veränderung durch Eisanlagerung oder Eisabbau aufgrund der natürlichen Witterungsabläufe und klimatischen Fluktuationen. So bleibt auch die Klimaentwicklung seit der letzten Eiszeit bis in die Gegenwart nicht ohne Folgen. Dies gilt insbesondere für die Übergangszonen zwischen kontinuierlichem, diskontinuierlichen und sporadischem Permafrost, wo sich die temperaturbedingten Verschiebungen von Klimagürteln am schnellsten zeigen. Prozesse, die mit der Degradation, das heisst mit dem Abbau von Untergrundeis einhergehen, werden häufig unter dem (leicht missverständlichen) Begriff des *Thermokarstes* oder *Kryokarstes* zusammengefasst (JAHN 1975). Treffender ist vielleicht die Bezeichnung *Pseudokarst*, dessen Gemeinsamkeiten mit echtem Karst sich in vielgestaltigen Sackungsformen finden, die beim Austauen mächtiger Eisrinden oder Eiskeilnetze entstehen. Weitverbreitete Formen sind dabei auftretende saisonale Seen und Wasserlöcher (Alase). Mit Pseudokarst verbundene hydrologische Veränderungen können durch die Frostwechseldynamik zur geomorphologischen Umgestaltung auch großer Räume führen.

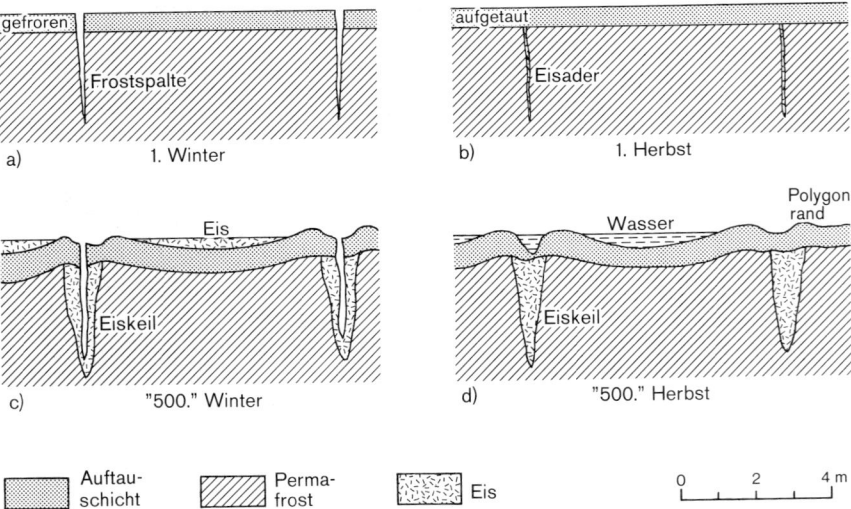

Abb. 61: Entstehung von Eiskeilen durch wiederholte winterliche Tieffrostkontraktion mit nachfolgender Auskristallisation von Wasserdampf (Sublimation): Es bilden sich Lagen von Segregationseis in den Spalten oder an Rissen in/an den bereits exitierenden Eiskeilen. Eiskeile bilden meistens polygonale Netzstrukturen in Lockersedimenten oder klüftigem Gestein (s. Abb. 63) (nach LACHENBRUCH 1962, verändert aus SUGDEN 1982).

Besonders anfällig für Pseudokarstprozesse sind Flachlandschaften mit gehemmtem Abfluss (Nord-Alaska, Nord-Kanada und Nord-Sibirien), insbesondere mit schluffreichen, eis-gesättigten Sedimenten (WEISE 1983: 152). An Flüssen der genannten Gebiete ist häufig die *Thermoerosion* wirksam, wobei durch das Anschmelzen des Permafrostkörpers (häufig mächtige Eisrinden, Blankeislagen oder Eiskeilnetze) es an unterspülten Ufern und Flussterrassen zu kräftiger Seitenerosion kommt. An Hängen sind Rutschungen (Gleitschollen, Fließzungen, mur-artige Abgänge u.ä.) eine häufige Folge austauenden Permafrostes und tieferreichenden sommerlichen Auftaus (vgl. CZUDEK & DEMEK 1970: 106). Das Auftreten von Alasen (Pseudokarst-Depressionen) können zur völligen Oberflächenveränderung von Landschaften führen: Diese Sackungsgebiete zeigen als Einzelformen Durchmesser von 0,1 - 15 km und Tiefen von wenigen Metern bis 40 m. In Zentral-Jakutien sind nach WEISE (1983: 156) 40 - 50% der Oberfläche von Alasen durchsetzt, die zu Alas-Tälern zusammenwachsen können.

Literaturhinweis: Eine detailreiche Übersicht zum Thema Permafrost einschließlich geographischer Verbreitung, regionaler Mächtigkeiten etc. s. WASHBURN (1979); Dynamik des Permafrostes, interne Prozesse, Dynamik des Auftaubereichs, periglaziale Formen u.a. s. WILLIAMS & SMITH (1989). Weitere zusammenfassende Befunde s. KARTE (1979), STÄBLEIN (1985), WEISE (1983), FRENCH (1976), PEWE (1974).

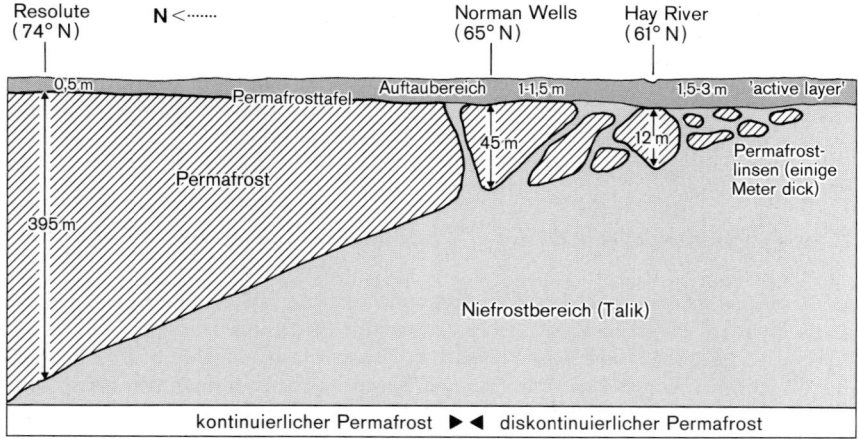

Abb. 62: Schematisiertes Profil durch die Permafrostzone Kanadas (verändert nach WASHBURN 1979). Die Siedlung Resolute liegt bei 95°W im Kanadischen Archipel in der Nähe des Magnetischen Nordpols. Der Längsschnitt springt nach Norman Wells im Westen (127°W), dann wieder nach Osten zur Mündung des Hay Rivers in den Großen Sklavensee (116°W), etwa an der dortigen Nordgrenze des Borealen Nadelwaldes. Aus der Zone des diskontinuierlichen Permafrostes lässt sich der Bereich des sporadischen Dauerfrostes dargestellt als Permafrostlinsen) ausgliedern, der in diesem Teil Kanadas innerhalb des Waldgürtels liegt.

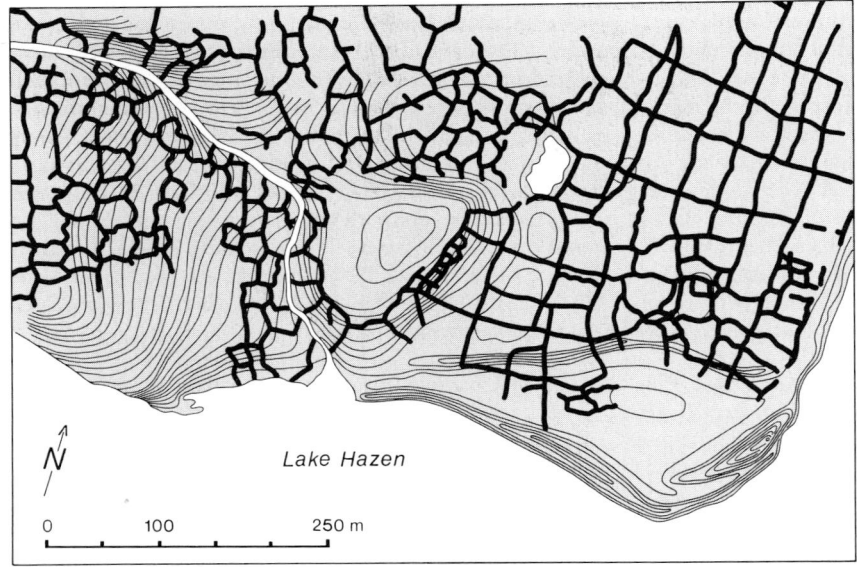

Abb. 63: Darstellung eines Eiskeilnetzes (Eiskeilpolygone). Die Durchmesser einzelner Polygone liegen meistens im Bereich einiger Dekameter. Innerhalb der jeweiligen Flächen
sind häufig Frostmusterstrukturen (Steinpolygone, -ringe oder 'non-sorted circles')
entwickelt, deren Durchmesser oft bei 1 - 3 m oder auch nur bei wenigen Dezimetern liegt (nach YOUNG 1962, verändert aus WEISE 1983).

7.6.3 Folgen menschlicher Eingriffe; bautechnische Probleme

Es ist unschwer vorstellbar, dass Wasser in seinen drei Aggregatzuständen sehr sensibel
und schnell auf klimatische oder morphogenetische Änderungen reagiert, z.B. auf die
Abtragung der Boden- und Vegetationsdecke. Dies gilt insbesondere für das empfindli-
che Gleichgewicht zwischen Gefrornis und Nicht-Frostbereich innerhalb des sporadischen und diskontinuierlichen Permafrostes. Anthropogene Eingriffe (Straßenbau,
Bahntrassen, Flugpisten, Pipelines, Gebäude, Tagebaue etc.) können Ursache erheblicher
geoökologischer und hydrologischer Veränderungen in allen Dauerfrostgebieten sein.
Ganze Landschaften können dadurch ein völlig neues Gesicht erhalten.

Die Erkenntnis von nachteiligen natürlichen Kettenreaktionen - ausgelöst durch
menschliche Eingriffe in polare Geoökosysteme -, hat ihren Niederschlag auch zwangsläufig im Ingenieurbau gefunden (vgl. STÄBLEIN 1985). Gebäude müssen auf Stelzen
gegründet werden, Straßen und Flugpisten mit geeigneten Materialien gegen den emp-
findlichen Untergrund isoliert werden. Besonders teuer, weil technisch aufwendig,

waren beispielsweise die Isolierungsmaßnahmen beim Bau der 1300 km langen Alaska-Pipeline. Die Ständer der Pipeline, durch die 60°C warmes Öl transportiert wird, mussten im Permafrost gegründet werden. Eigene Kühlaggregate an jedem Ständer verhindern ein An- und Ausschmelzen des Permafrostes. Die Leitung wurde in groß-räumigem Zick-Zack-Verlauf gelegt, um jahreszeitliche Kontraktion oder Ausdehnung abfangen zu können (s. SUGDEN 1982: 330). Auslaufendes Öl an Rissen und Brüchen hätten nicht nur materielle Verluste zur Folge, sondern auch gravierende Auswirkungen auf den natürlichen Lebensraum.

Teure technische Maßnahmen gegen den Frosthub und gegen Landschaftsschäden können vermindert oder vermieden werden, wenn eine sorgfältige Standortwahl getroffen wird. Dies ist bei Siedlungsanlagen möglich, wie das Beispiel Inuvik aus dem Makkenzie River Delta (Kanadische Arktis) zeigt. Hier musste im Jahr 1955 der Zustrom an Eskimos, Indianern und Verwaltungsbeamten durch eine Neugründung aufgefangen werden. Über Luftbildauswertungen wurde eine Flussterrasse ausgesucht, die hochwassersicher war und gleichzeitig guten Zugang zum Wasser ermöglichte. Ideal waren auch die Bodenbedingungen: Unter einer fast einen Meter mächtigen Moos- und Torfschicht lagen kiesige Terrassensedimente. Der Auftaubereich umfasste 0,3 - 1,5 Meter (frdl. Mitt. E. LÖFFLER, Saarbrücken). Um die Permafrostverhältnisse während des Baus nicht zu stören, wurde nach folgenden Richtlinien vorgegangen:

- Die natürliche Bodenbedeckung mussten intakt bleiben; Torf- und Mooslagen durften nicht entfernt werden.
- Alle dauerhaften Bauten wurden auf Pfählen und Stützen errichtet, die mehr als die zweifache Tiefe des Auftaubereiches im Dauerfrost verankert wurden.
- Sämtliche Einschnitte in den Boden/Untergrund wurden verboten.
- Straßen und temporäre Gebäude wurden auf einer Kiesschicht über der ungestörten Boden- und Vegetationsdecke angelegt.

Über 20 000 Pfähle aus Fichtenholz wurden mit Hilfe von 'Dampfbohrern' in den Untergrund eingerammt, in dem sie nach drei Monaten festgefroren waren. Alle Gebäude wurden mit mindestens einem Meter Luftraum darunter auf den Pfählen errichtet. Sämtliche Ver- und Entsorgungsleitungen (Heizung, Wasser, Abwasser) wurden isoliert über der Erdoberfläche installiert.

Diese Bautechnik hat sich bewährt und ist überall bei gut konzipierten Neuanlagen zu finden, so z.B. in der derzeit stark wachsenden norwegischen Siedlung Longyearbyen auf Spitzbergen oder in den größeren Antarktis-Stationen. Besonderes Augenmerk auf geeignet konzipierte Infrastrukturanlagen und Transporttechniken ist bei Großprojekten wie Tagebauen, Häfen, Trassen usw. zu richten, da hier das flächenhafte Ausmaß der Eingriffe noch verstärkt wird durch verschiedene Emissionen/Immissionen, die landschaftshaushaltliche Parameter nachhaltig verändern können. Problemorientierte Beispiele finden sich bei SMILEY & ZUMBERGE (1974).

7.7   Zur aktuellen Vergletscherung des Nordpolargebietes; Vergletscherungstypen

Während in der Antarktis die Spuren der letzteiszeitlichen Maximalvereisung zwar nicht zu übersehen sind, ist dort dennoch von einer beeindruckenden Persistenz der Inlandeismasse in der gegenwärtigen Warmzeit zu sprechen (vgl. Abb. 8). In weit stärkerem Maße haben sich jedoch im Spät- und Postglazial mit dem Abbau der riesigen Inlandeismassen über dem nördlichen und nordwestlichen Europa sowie über Nordamerika/Kanada die terrestrischen Verhältnisse und Landschaftstypen gewandelt. (Auskunft hierüber sowie über weitere Themen der klimatisch-räumlichen Gegebenheiten und Veränderungen im jüngeren Quartär bietet der von FRENZEL, PECSI & VELICHKO 1992 herausgegebene Atlas der Paläoklimate.) Große Gebiete der heutigen Kanadischen Arktis wurden erst in den vergangenen Jahrtausenden eisfrei und zu Periglaziallandschaften transformiert. Lediglich Grönland bewahrte seinen - zwar flächig wie vom Volumen her geschrumpften - persistenten Inlandeischarakter und zeigt damit Analogien zur Antarktis. Heute finden sich in den übrigen arktischen Regionen stark unterschiedliche Vergletscherungsverhältnisse und -typen, die nachfolgend kurz umrissen werden sollen.

7.7.1   Arktisches Inlandeis und Plateauvergletscherungen

Aus Sicht der gegenwärtigen Vergletscherung finden sich nur wenig Gemeinsamkeiten zwischen Arktis und Antarktis. Lediglich das oben angesprochene Grönland, mit 2 175 600 km² die größte Insel der Erde, trägt einen imposanten Eisschild, der gewisse Vergleiche in Form und Eisabfluss mit der Antarktis erlaubt. Beide tragen als Vergletscherungtyp ein *Inlandeis*, das heißt es ist eine übergeordnete Vergletscherung, die in Aufbau und Bewegungsverhalten vom darunterliegenden Reliefsockel nicht oder nur unwesentlich beeinflusst wird. Die Insel erstreckt sich über 2700 km von 83°40'N (Kap Morris Jesup) bis 59°45'N (Kap Farvel) mit einer maximalen Breite von 1100 km bei 71°N (MAGGI & CORAZZA 1994). Etwa 65 500 km² sind in Nord-Grönland von wenig beweglichen Plateaugletschern bedeckt, deren größter die Hans-Tausen-Eiskappe mit 50 km Durchmesser ist (AHNERT 1996: 331). Diese flachen Plateaugletscher sind nicht mit dem dominanten Inlandeis verbunden, haben nur wenige Auslassgletscher. Die Fläche der Periglazialgebiete wird mit 408 000 km² angegeben (MAGGI & CORAZZA 1994).

Grönlands Eisbedeckung erstreckt sich über eine Fläche von 1 701 300 km², besitzt damit etwa nur 1/8 der Ausdehnung des Antarktischen Eisschildes. Gemeinsam ist beiden die Form der Eiskappe: Die Grönlands erreicht bei der Station Eismitte ('summit') eine Höhe von etwa 3250 m ü.M., hat ein flach konvexes zentrales 'Plateau', das an den Rändern recht steil abfällt (Abb. 65), ähnlich der noch höheren Antarktis (vgl. Abb. 22). Klimatische Effekte wie radial abströmende katabatische Winde oder verstärkte Niederschlagstätigkeit (Abb. 57) mit entsprechendem Eiszuwachs an den Flanken des Inlandeises stellen ebenfalls Gemeinsamkeiten dar. Auch bei Grönland lassen sich

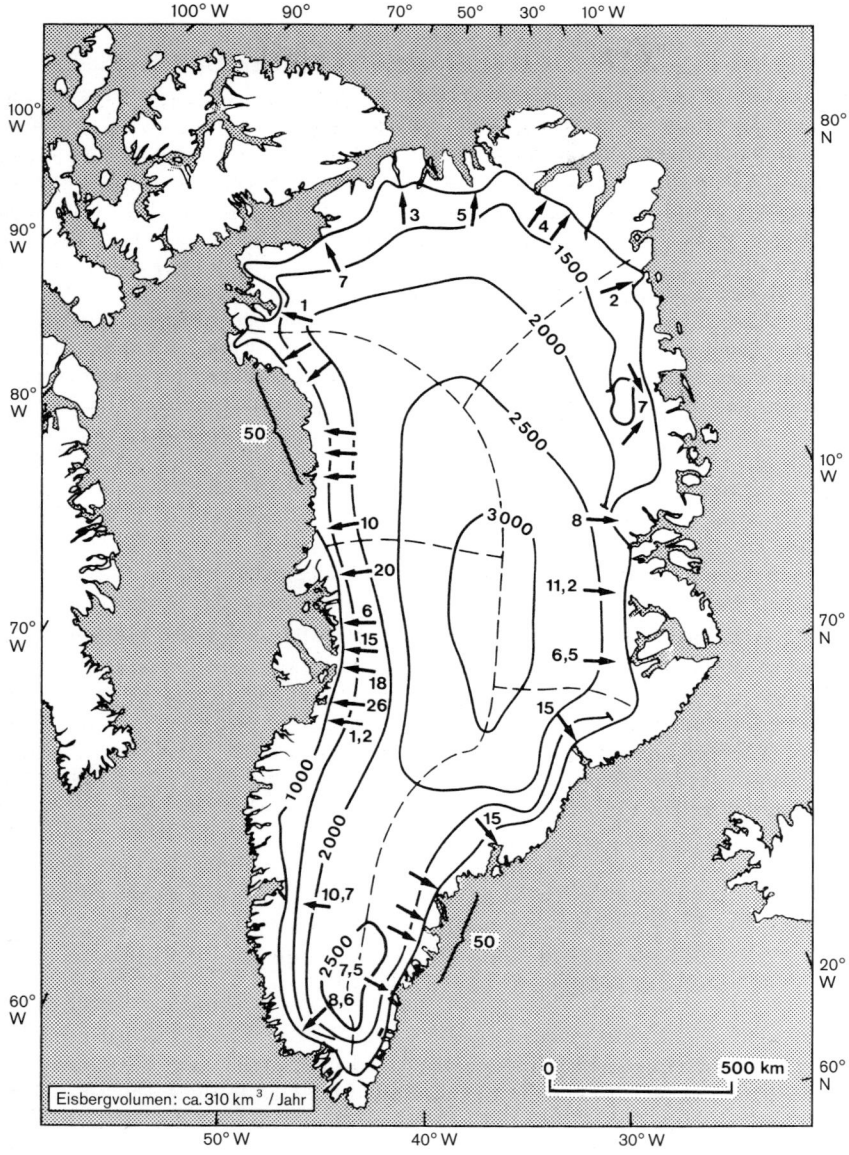

Abb. 64: Mächtigkeiten der grönländischen Inlandvereisung, Verlauf von Eisscheiden (gestrichelte Linien) und Abflussrichtungen sowie das jährliche Abkalben von Eisbergen, angegeben in km³ Wasseräquivalent (verändert aus CESARE & PAPETTI 1994: 99).

Eisscheiden mit zugehörigen Abflussgebieten feststellen. Im großräumigen Überblick resultiert eine zentrifugales, nahezu radial angeordnetes Fließverhalten (Abb. 64, 65).

Die maximale Eisdicke Grönlands beträgt 3400 m, die mittlere Dicke des Eises 1790 m (MAGGI & CORAZZA 1994: 137). Als Folge der Auflast sind der zentrale Bereich und Partien des westlichen Gesteinssockels Grönlands glazial-isostatisch so tief abgesenkt, dass sie deutlich unterhalb des heutigen Meeresspiegelniveaus liegen (bis zu etwa -200 m; Abb. 65). Damit ist im isostatischen Verhalten Grönlands wiederum eine modellhafte Situation gegeben, die in der Hudson-Bay Nordamerikas oder der Ostsee-Depression Analogien aus der letzten Eiszeit besitzt.

Über Auslass- oder Ausflussgletscher ('outlet glaciers', Abb. 66) wird ein Großteil der überschüssigen Eismenge in Form von Eisbergen oder kleineren Eistrümmern ('brash-ice') an das Meer abgegeben. Innerhalb des Eisschildes fließt das Eis langsam. An den Rändern, beim Übergang in lineare Eisströme, erhöht sich die Fließgeschwindigkeit deutlich. Im Unterschied zu Talgletschern, die meist aus mehreren Karen ernährt werden und in ihrer Fließgeschwindigkeit unter einem Meter pro Tag liegen, sind Auslass-

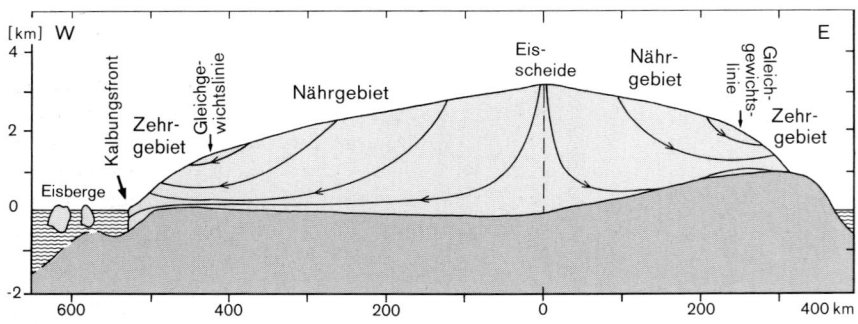

Abb. 65: Schematisiertes West-Ost-Profil durch Grönland mit der Gleichgewichtslinie bei ca. 1500 m, dem Nähr- und Zehrgebiet, den Richtungen der Eisbewegung, dem Abkalben von Eisbergen (Pfeile) sowie der isostatischen Depression unter den aktuellen Meeresspiegel. Nordwestlich von Grönland liegt die Ellesmere-Insel (verändert aus MAGGI & CORAZZA 1994).

gletscher mit einem größeren Einzugsgebiet ausgestattet und bewegen sich rascher. Der schnellste Auslassgletscher (zumindest Grönlands) ist der Jacobshavn-Gletscher in West-Grönland mit 24 m/Tag (AHNERT 1996: 331) bzw. 20 m/Tag (nach CESARE & PAPETTI 1994: 100). Massenverlust (Ablation) des Inlandeises geschieht über Verdunstung (Sublimation) und randnahes sommerliches Abschmelzen. Ganzjährige Abflüsse subglazialen Wassers gibt es nicht. Über das Abkalben von Auslassgletschern an fast allen Küstenabschnitten geht der größte Teil des Eisüberschusses in den globalen Wasserkreislauf zurück. Nur im Norden Grönlands (sowie im Norden der gegenüberliegenden Ellesme-re-Insel) existieren Schelfeise, von denen auch großflächige Tafeleisberge von mehreren Kilometern Durchmesser geliefert werden können. Der größte bisher hier registrierte Tafeleisberg hatte eine Länge von 32 Kilometern. Bei den Auslassgletschern entstehen aufgrund der zahlreichen Spalten meist nur kleinere Eisberge unregelmäßiger Form. Als Ausnahme nennt AHNERT (1996: 334) die schwimmende Zunge des Steensby-Gletschers in Nord-Grönland, der bisweilen Eisberge mit Durchmessern bis zu einem Kilometer produziert. Am häufigsten sind Eisberge in der Baffin Bay westlich und nordwestlich Grönland. Aus ost-grönländischen Fjorden driften Eisberge in die Grönlandsee (Ost-grönland-Strom; Abb. 15) und in die Dänemark-Straße.

WEIDICK (1985) stellte in seiner Massenbilanzabschätzung des grönländischen Inlandei-ses ein etwa ausgeglichenes Verhältnis von Zuwachs und Eisabbau fest:

Jährlicher Eiszuwachs	500 +- 100 km³	Wasseräquivalent
Ablation (= Schmelzen plus Verdunstung)	295 +- 100 km³	- " -
Abkalbung / Eisberge	205 +- 60 km³	- " -

Nach Angaben von CESARE & PAPETTI (1994: 99) soll jährlich ein wesentlich höheres Wasseräquivalent von 310 km³ über das Abkalben von Eisbergen produziert werden (Abb. 64). Unklar ist, ob auch sie die aktuelle Massenbilanz für ausgeglichen halten.

Plateauvergletscherungen werden ebenfalls zum Typ der übergeordneten Vereisung gerechnet. Der Hauptunterschied zum Inlandeis liegt in der Ausdehnung: Gewöhnlich rechnet man Eiskappen bis zu 50 000 km² Fläche zu den Plateaugletschern (SUGDEN 1982), größere zu den Inlandeisen. Die flächenhafte Dimension hängt von der Dimensi-on der flachen Landschaften ('Plateaus') ab, die durch ihre Lage über der Schneegrenze eine Plateauvergletscherung induzieren. Die entstehenden Eiskappen sind entsprechend flach und bewegen sich langsam.

Vorkommen finden sich in der Kanadischen Arktis (Queen Elizabeth Islands, PFLÜGER 1997). Grönland besitzt in seinen nördlichen Teilen Plateaugletscher, von denen der größte die bereits erwähnte Hans-Tausen-Eiskappe ist. Weitere arktische Plateauverglet-scherungen finden sich auf der Inselgruppe Spitzbergen/Svalbard: Im Nordosten - auf Nordaustlandet - die Eiskappen Vestfonna (70 x 50 km) und Austfonna (130 x 70 km), Asgardfonna auf Ny-Friesland. Ferner liegen Eiskappen auf Teilen von Oskar-V-Land sowie auf der Barents- und Edge-Insel.

Generell regeln auch Plateauvergletscherungen ihren Eishaushalt zum Teil über Zungen, die in das Umland vorstoßen und dort abschmelzen. Andere sind über nur langsam fließende, wenig dynamische Auslassgletscher an ein größeres System angeschlossen oder bilden Eiskliffs an den Küsten (z.B. Austfonna).

Abb. 66: Der Monacobreen am Liefdefjord ist mit seiner spaltenreichen, knapp 5 km breiten
Kalbungsfront (zusammen mit dem Seligerbreen) der größte Auslassgletscher Spitzbergens. Er ist Teil des Eisstromnetzsystem des Nordwestens, zu dem auch eine Plateauvergletscherung (Isachsenfonna) gehört (Aufnahme BLÜMEL August 1992).

7.7.2 Formen untergeordneter Vergletscherung: Eisstromnetze, Tal- und Kargletscher

Eisstromnetze zählen zum Typ der *untergeordneten Vergletscherung*. Das Relief des
Untergrundes bestimmt das Einzugsgebiets- und Fließverhalten des Eises. Im Unterschied zur Plateauvergletscherung sind Eisstromnetze im Nährgebiet flach, zeigen keine
Schild- oder Domform. Sie enstehen durch den Zusammenfluss benachbarter Eismassen
über Schwellen oder Transfluenzpässe hinweg, können also als eine Vereinigung von
Kar- und Talgletschersystemen aufgefasst werden (Abb. 67). Derzeit sind Eisstromnetze
mit Passüberfließungen vor allem im nordwestlichen und nordöstlichen Teil von Spitz-
bergen - der Hauptinsel des Svalbard-Archipels - entwickelt, wo sie z.t. imposante
Auslassgletscher ernähren. Als Beispiele hierfür sind in Nordwest-Spitzbergen der
Monacobreen am Liefdefjord (Abb. 66) oder der Krone-Breen mit Mündung in den
Kongsfjord, weiter östlich der Mittag-Lefflerbreen, der Nordenskjöldbreen und der
Negribreen zu nennen.

Begrifflich gleichzusetzen sind Eisstromnetze wohl mit der anglo-amerikanischen Bezeichnung *icefield*. Nach SUGDEN (1982) sind sie häufig in nord-kanadischen Hochlagen.
Als Beispiel aus Alaska wäre das Juneau Icefield zu nennen.

Tal- und Kargletscher sind die klarsten Formen untergeordneter Vergletscherung und in unterschiedlichen Dimensionen in zahlreichen Regionen der Arktis anzutreffen. Talgletscher werden von Felswänden oder flacheren Talflanken gesäumt. Sie sind meist mehrere Kilometer lang (10 - 30 km), aber auch 100 km lange Gletscher kommen vor (SUGDEN 1982). Sie erhalten ihre Eismassen häufig aus mehreren Karen oder zusammengeflossenen Kargletschern. Kare mit ihren zugehörigen Kargletschern sind isolierte, nischenartig geformte Eiseinzugsgebiete unterschiedlicher Dimension, aus denen allenfalls kurze Gletscherzungen herausreichen. In den nur wenig vergletscherten Gebieten Nordost-Sibiriens oder der Brooksrange Alaskas sind Kargletscher als typische Einzelformen häufig.

Abb. 67: Teil des Eisstromnetzes (Nährgebiet) um den Kronebreen (Kongsfjord/West-Spitzbergen) (Aufnahme BLÜMEL 1969).

Spitzbergen, der Kanadische Archipel, (Hoch-)Gebirge in arktischen Räumen (Alaska) oder vergletscherte Inselgruppen wie die Aleuten beherbergen unterschiedlich groß dimensionierte, dicht benachbarte wie auch stark disperse Vorkommen von Tal- und Kargletschern. Allen ist gemeinsam - im Gegensatz zu verwandten Typen temperierter Gletscher in den Mittelbreiten - ein nur saisonaler Abfluss von Schmelzwasser.

Hinweise zur aktuellen Vergletscherung finden sich u.a. bei SUGDEN (1982: Gesamtarktis); BARSCH ET AL. (1981: Ellesmere Island/Nordost-Kanada); SOLLID ET AL. (1994), KING & VOLK (1994: Nordwest-Spitzbergen). PFLÜGER (1997) stellte eine differenzierte Vergletscherungsstatistik (Gletscher und Inlandeis) beider Polargebiete mit Angaben zu Einzelgletschern zusammen.

8 Periglaziale Arktis

8.1 Bodenbildung und Bodentypen in der Arktis

Abgesehen von reinen hydromorphen Bodenbildungen wie Mooren oder Gleyen ist Pedogenese von der Vorbereitung und Mitwirkung physikalischer und chemischer Verwitterung abhängig. Die wichtigsten Prozesse mineralischer Dekomposition in Kaltklimaten wurden in den Kapiteln 6.2.2, 6.2.4.1 und 6.2.5.2 behandelt. Sie können im Allgemeinen auf die Arktis übertragen werden. Kryoklastische Zersatzprozesse, ergänzt und verstärkt durch Insolation und Hydratation sind wesentlich. Dabei können Tonkorngrößen und als Bodenart tonhaltige oder tonreiche Lehme erzeugt werden (SEMMEL 1969).

In den Nordpolargebieten weniger stark vertreten ist aufgrund der Klima- und Lagekriterien die Salzverwitterung, generell der extrem arid geprägte Teil der Verwitterungsdynamik. Dagegen zeigt sich das chemische und biotische Prozessgeschehen vielfältiger, leistungsfähiger (höhere Verwitterungsraten) und landschaftprägender als in Periglazialgebieten der Antarktis. Der Grund liegt in der unterschiedlichen Festlandsverbreitung, so dass arktische Tundren und damit wärmere Polargebiete entsprechend weiter ausgedehnt sind (vgl. Abb. 2, 45). Chemische Verwitterung und mineralische Stoffneubildungen beschränken sich dennoch auf Entbasung, Eisen-Freisetzung, stellenweise Bildung neuer Salze und Carbonate. Tonminerale entstehen kaum neu, sondern sind meist als lithogen oder umgewandelte lithogene Produkte einzustufen. Sie entstammen also weitgehend dem Ausgangsmaterial (EBERLE 1994).

Die großräumigen Periglazialgebiete der Nordhalbkugel verfügen über landschaftliche wie petrographische Vielfalt. Standörtliche Differenzierungen können auf kleinem Raum stark variieren. Gemessen an der Weite dieser Zone ist die räumliche Erfassung wie systematische Bearbeitung und Kenntnis polarer Verwitterungs-, Stoffneubildungs- und Bodenbildungsprozesse jedoch nach wie vor lückenhaft. Gerade flächenhaft angelegte Arbeiten wie die EBERLEs (1994) in Nordwest-Spitzbergen oder die von WALKER & PETERS (1977) aus der Kanadischen Arktis sind selten.

Sehr häufig erfolgt in der Literatur die Ansprache von Frostmusterstrukturen als typische 'Böden' der Polargebiete (z.B. WEISE 1983). Es ist jedoch eine deutliche Unterscheidung nötig zwischen Formen der reinen Frostwechseldynamik (mechanische Sortierungs- und Entmischungsformen, s. Kap. 8.4.1.1) und *Pedogenese* im Sinne von SCHEFFER & SCHACHTSCHABEL (1992). Letztere sollte einen Unterschied machen zwischen mineralischer Verwitterungsdecke (= unbelebte Dekompositionssphäre) und der eigentlichen Bodendecke. In einem echten *Boden* sollten innerhalb und auf der anorganogenen Zersatzdecke zusätzliche biotische Komponenten wie Pflanzendecke, Edaphon oder Humus zu finden sein sowie biotische Stoffumsatzprozesse wie Humifizierung und Mineralisierung ablaufen.

Die Existenz und Bedeutung chemischer Verwitterung wurde trotz früher Arbeiten von BLANCK (1919) oder MEINARDUS (1930) für polare Räume zu wenig beachtet. Zumindest in Deutschland wurde das Bild polarer Landschaften durch das der physikalisch dominierten Frostschuttzone besonders bekannt, und zwar durch die geomorphologischen Untersuchungen der Arbeitsgruppe um BÜDEL (1960, 1977) und WIRTHMANN (1964) in Ost-Spitzbergen. SEMMEL (1969) beschrieb jedoch aus dem gleichen klimamorphologischen Milieu die Existenz humushaltiger Bodenprofile.

Aus kanadischen und sibirischen Polarregionen wurden mit zunehmender wissenschaftlicher wie wirtschaftlich motivierter Erkundung auch vertiefte Kenntnis zur Charakteristik arktischer Böden gewonnen. TEDROW (1968, 1977) und vor allem TEDROW ET AL. (1958) publizierten ausführlich über Bodenbildungen im arktischen Kanada und in Alaska, IGNATENKO (1971) über Sibirien. UGOLINI (1966) und STÄBLEIN (1977) lieferten bodenkundliche/-geographische Arbeiten über Grönland, UGOLINI & SLETTEN (1988) über Spitzbergen sowie SEMMEL (1969) über Spitzbergen und Lappland.

Einige wesentliche Erkenntnisse und Regelhaftigkeiten über Böden der Arktis lassen sich nach UGOLINI (1986); SEMMEL (1993) und TEDROW (1977) verallgemeinern, ergänzt durch eigene Arbeiten und Beobachtungen in Spitzbergen (EBERLE 1994; BLÜMEL & EBERLE 1994; EBERLE & BLÜMEL 1992; WEBER & BLÜMEL 1994): UGOLINI (1986) versucht eine zonale Gliederung gut-drainierter Böden (*well-drained soils*), sieht somit auch die Notwendigkeit, bei der Systematik polarer Böden zwischen 'feuchten' und 'trockenen' Standorten grundsätzlich zu unterscheiden. Tundrengebiete gelten generell als schlecht drainiert, was mit der Reliefkonfiguration weitgespannter Flachlandschaften in Sibirien oder Nord-Kanada zusammenhängt. Kontinuierlicher oder diskontinuierlicher Permafrost verstärkt Überstauung und Versumpfung, so dass hydromorphe Böden (meist anmoorige oder moorige Gleye) flächenmäßig dominieren. UGOLINI (1986: 103) gibt demgegenüber für gut drainierte Böden nur einen Flächenanteil von 1 - 10% an. Heutige Periglazialgebiete waren zu großen Teilen während der letzten Eiszeit vergletschert (Ausnahme weite Teile Alaskas und Ost-Sibiriens), so dass gut durchlässige Böden eigentlich nur auf glazialen Aufschüttungsformen (Lockersedimente) häufig sind. Zusätzlich kommen kleinräumige Standorte mit entsprechend wasserdurchlässigen Eigenschaften wie gehobene Strandterrassen mit marinen Kiesen für gute Drainageeigenschaften in Betracht. Wichtig dabei ist eine den Wasserabzug begünstigende Reliefkonfiguration (Kuppen, Rücken, Hanglagen).

Zahlreiche von Eis überschliffene blanke Felspartien (z.B. Rundhöcker) bieten allenfalls Pionierpflanzen einen Standort. Dort, wo nach dem Eisrückgang neuer Frostschutt entstehen konnte sowie in den sehr alten Periglaziallandschaften bieten sich Möglichkeiten guter Drainage und damit intensiverer chemischer Umsetzung. Nur bei ungehemmter Durchlässigkeit kann auch eine entsprechende zonale Abfolge von Bodentypen analog zu vegetations- und klimageographischen Gegebenheiten erwartet werden.

In arktischen Gebieten laufen pedogenetische Prozesse ab, die ähnlich denen in der borealen oder der kühl-gemäßigten Zone sind, wenn auch in der Intensität geringer. EBERLE (1994) belegt mit seiner flächenhaften, detailreichen Arbeit über Nordwest-Spitzbergen diese Feststellung. Er korrigiert zudem die weitverbreitete Ansicht, der Permafrost sei ein unmittelbarer Parameter der Bodenbildung. Entscheidend sind die angesprochenen Bodenfeuchteverhältnisse (Drainage) und pedoklimatischen Bedingungen für die Intensität chemischer Verwitterung sowie für die Wege der Bodenbildung. Das Adjektiv 'gelic' der FAO-Bodenklassifikation in Verbindung mit polaren Bodentypen drückt eine genetische Beziehung zum Permafrost aus, die im Grunde nicht zutrifft. Um die Ergänzung gelic in der Nomenklatur zu verwenden, darf der sommerliche Auftaubereich nicht tiefer als 2 m gehen. Pedogenetisch hat aber die Braunerde (Gelic Cambisol) eigentlich nichts mit dem Permafrost oder der Kryodynamik gemeinsam.

Dort, wo in kontinentalen Klimabereichen relativ warme Sommer auftreten, findet sich das Verbreitungsgebiet der Waldtundra und Niederarktischen Tundra (Abb. 2, 45) mit noch üppigem, oft flächendeckendem, artenreichem Bewuchs. Dieser liefert in der Regel eine schwer abbaubare Streu und Rohhumus mit kräftiger Versauerung des unterlagernden Oberbodens. Winterliche Gefrornis ist insofern relevant, als der ohnehin nur langsam arbeitende Stoffabbau der organischen Substanz - schwach entwickeltes Bodenleben (Edaphon) mit wenig Mikroorganismen - zusätzlich durch die lange Unterbrechung der biochemisch aktiven Zeit gesteuert wird. SCHULTZ (1995: 139) sieht die ökologische Benachteiligung der Tundren mit ihrer Nettoprimärproduktion von nur 2 t/ha/Jahr bei der Zersetzung und Mineralisierung der organischen Substanz noch verstärkt. Die Zersetzungsdauer soll 100 bis 1000 Jahre betragen. (Zum Vergleich der tropische Regenwald: Er produziert die zehnfache Biomasse bei einer Zersetzungszeit von nur einem Jahr.) Die Anreicherung von Humus in und auf polaren Böden bei nur sehr langsamer Mineralisierung wirkt sich nachteilig auf die Stickstoff- und Phosphorversorgung vieler Tundrengebiete aus und bewirkt regional eine Wachstumslimitierung (vgl. SCHULTZ 1995: 140).

Im folgenden wird die Charakteristik arktischer Böden grob nach den Drainagebedingungen beschrieben und in Beziehung zur zonalen Vegetation gesetzt.

1.) Böden auf Standorten mit guter Drainage

Wie oben erwähnt, entwickeln sich lediglich 1 - 10% arktischer Tundrenböden auf gut drainierten Standorten. Rascher Wasserabzug bremst gravitativ oder kryogen gesteuerte Abtragung. Der so geomorphologisch 'beruhigte' Standort erfährt potentiell durch zuvorige Entkalkung, schwache Fe-Freisetzung sowie eine partielle Umstrukturierung lithogener Tonminerale (EBERLE 1994) langsam eine pedogene Horizontierung.

Am Übergang zur Frostschuttzone und innerhalb dieser Kältewüste (Abb. 45) mit Niederschlägen zwischen 100 und 200 mm produziert die sporadische Vegetation (häufig Flechten und Moose) nur noch wenig Humus. Steinpflaster durch Auffrieren und Deflation des Feinmaterials mit darunterliegendem Vesikularhorizont (Frostgefüge) bilden den Bodentyp des *Leptosols*. Lokale Alkalisierung und Salzausblühungen zeigen bereits gewisse Konvergenzerscheinungen zu den Böden warmer Trockengebiete an.

In der *Hocharktischen Tundra* (Abb. 45) - bei manchen Autoren auch *Fleckentundra* genannt - führt der Wärmemangel zu nur geringer Biomassenproduktion. Geringmächtige Ah-Horizonte mit schwacher Tätigkeit des Edaphons (WÜTHRICH 1989) und langsamer Mineralisation sind kennzeichnend. Nach EBERLE (1994) sind *Gelic Leptosols* und *Gelic Regosols* prägende Bodentypen der trockenen hocharktischen Tundra. Sie werden auch als *Lockersyroseme* benannt, besitzen charakteristische flache Auflagehorizonte von 0,5 bis 2 cm Mächtigkeit oder initiale A-Horizonte (Abb. 68). "*Darüberhinaus weisen die Böden keine pedogene Differenzierung auf.*" (EBERLE 1994: 73).

Braunerden (*Arctic Brown Soils* nach TEDROW 1977 oder *Gelic Cambisols* nach der FAO-Klassifikation) sind wegen der erforderlichen ungehemmten Drainage auf besondere Ausgangsbedingungen beschränkt (vgl. EBERLE 1994): Sedimentologisch günstig sind - wie oben angeführt - Lockersubstrate in geeigneter Reliefposition. Tundrenvegetation stützt entsprechend die Bildung eines Ah-Horizontes und verstärkt den hydrolytischen Verwitterungsprozess. Verbraunung ist jedoch auch unabhängig von Vegetationsbedeckung zu beobachten.

Bei einem *Cambisol* (Braunerde, Abb. 70) bildet sich unter einem geringmächtigen Ah-Horizont ein brauner Verwitterungshorizont mit Fe-Freisetzung und Aufweitung von Glimmermineralen. Echte Tonmineralneubildung bei der Silikatverwitterung findet nach EBERLE (1994: 99) nicht statt. Ebenfalls ist eine pedogene "*Transformation des lithogenen Tonmineralspektrums*" nicht nachzuweisen. Die letzte Aussage bezieht sich auf tonhaltige devonische Sedimente als Ausgangssubstrat wie auch auf verwitternde Glimmerschiefer, die im bearbeiteten Gebiet Nordwest-Spitzbergens anstehen. *Cambisole* erhalten ihre diagnostischen Kennzeichen in erster Linie aus pedogenem Eisen und einer sekundären Verlehmung toniger Sedimente bzw. aus einer feinklastischen Neuverwitterung (vgl. Kap. 6.2.4.1). Als resultierender Horizontaufbau eines *Gelic Cambisols* kann die Abfolge Ah-Bw-Cf gelten (Abb. 68).

Mit der hydrolytischen Verwitterung ist Entbasung und Versauerung gekoppelt, wird möglicherweise eine Podsolierung eingeleitet. Arktische Braunerden oder Braunerde-Ranker (*Cambi-umbri Gelic Leptosole*; EBERLE 1994: 113) werden beim Anfall von saurem Humus unter Zwergsträuchern wie *Betula nana, Empetrum nigrum, Vaccinium* o. a. leicht podsoliert (SCHULTZ 1995: 128). Gehemmter Humusabbau und nur langsame Mineralisierung sorgen selbst bei geringer Biomassenproduktion für eine beachtliche Akkumulation von Rohhumus, was die Podsolierung beschleunigt. Standorte mit pH 3,8 sind keine Seltenheit. Podsolierungsprozesse werden auf silikatisch-sauren Gesteinen und Substraten zusätzlich intensiviert.

TEDROW (1968) versuchte, arktische Böden nach dem Grad der Podsolierung zu unterteilen. So reicht das Spektrum von flachgründigen podsoligen Braunerden (*Dystric podzolic Cambisols*) und flachgründigen Zwerg- oder Nano-Podsolen (*Gelic Podzols*) bis zu Gley-Podsolen auf Feuchtstandorten. In *Waldtundren* oder in der *Niederarktischen Tundra* sind Podsole typischer und mächtiger ausgebildet als in der kargen *Hocharktischen Tundra*.

2.) Hydromorphe Böden

In überstauten Senken und Tiefenlinien sowie auf abflusshemmenden, weiten Flachformen sind versumpfte, anmoorige oder moorige Bodentypen verbreitet. Akkumulation organischer Substanz unter Überstauung (Luftabschluss) lässt Tundragley-Böden (SEMMEL 1993: 88) mit humusreichen Oberböden entstehen (*Gelic Gleysols, Humi-Gelic Gleysols*). *Gelic Gleysols* gelten nach SCHULTZ (1995: 126) als der häufigste arktische Bodentyp mit großflächigen Vorkommen in Kanada und Sibirien. Aufbau: A-Horizont (bis 40 cm mächtig) mit hohem Anteil an organischer Substanz / Humus, gefolgt von einem blau-grauen, manchmal gefleckten Gley-(=Gh-)Horizont.

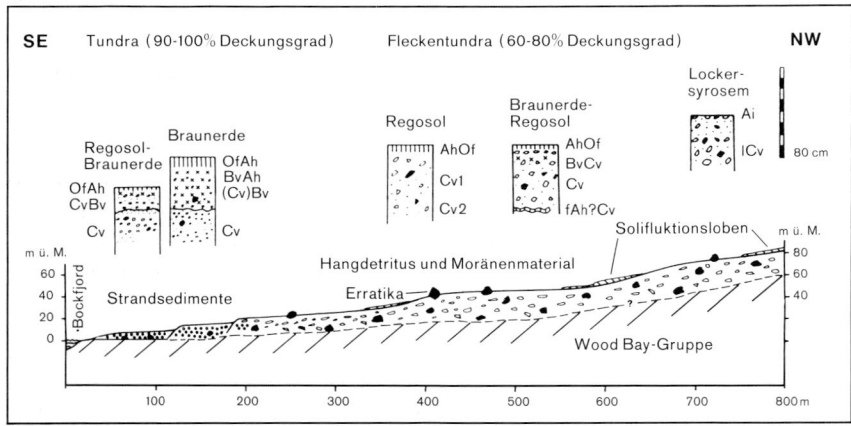

Abb. 68:   Die Catena 'Roosfjellbekken' (Germania-Halbinsel/Nordwest-Spitzbergen) zeigt typische Böden in Abhängigkeit von Reliefposition und Substrat. Auf gut drainierten Standorten und bei dichtem Tundrenbesatz (*Hocharktische Tundra*) sind Braunerden (*Gelic Cambisols*) oder Braunerde-Regosols (*Cambic Regosols*) entwickelt (aus EBERLE 1994: 79).

Bei einer Mächtigkeit von > 40 cm des H-Horizontes (Torf) gliedert man den *Gelic Histosol* aus (Profilaufbau: H-Cr-Cf oder H-Cf). *Histosols* enthalten eine Biomasse von 300 bis 700 t/ha und gehen häufig aus *Sphagnum-* oder anderen Moos-Arten hervor. Die Arktis hat in diesem Zusammenhang eine wichtige weltklimatische Rolle, indem ihr Ökosystem 23% des festländischen Kohlenstoffs speichert (WÜTHRICH 1991).

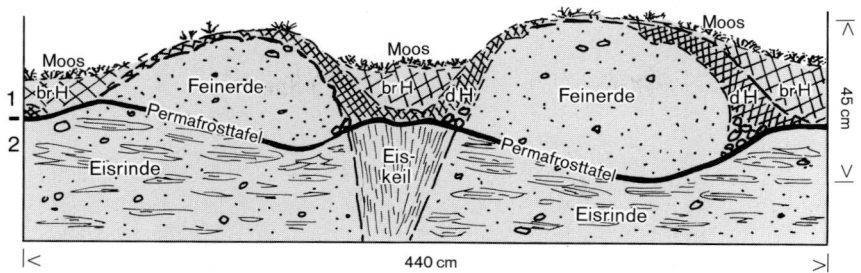

1 Auftaubereich: br H brauner Humus,   d H dunkler Humus
2 Permafrost

Abb.69: Bodenbildung auf gut drainiertem Grundmoränenmaterial (Sigridholmen, Kongsfjord/West-Spitzbergen; aufgenommen BLÜMEL 1969). Die Insel ist von Eiskeilnetzen durchsetzt. In den kleinen feuchten Tiefenlinien darüber sowie zwischen den Feinerdebeeten hat sich eine moos-reiche Pflanzengesellschaft angesiedelt, die einen torfartigen Humus erzeugt. Die Zentren der schwach verbrannten Feinerdebeete sind dagegen nicht oder nur wenig bewachsen. Auf kleinstem Raum stellt sich somit ein differenziertes Vegetations- und Bodenmuster ein.

Der Zusatz 'Gelic' bei den hydromorphen Bodentypen ist hier als kennzeichnendes Merkmal angebracht, da sicherlich die Existenz des plombierenden Permafrostes für die unmittelbare Stauwirkung des Wassers in zahlreichen Gebieten verantwortlich ist. Permafrost kann in Polargebieten als zonaler bodenbildender Faktor betrachtet werden.

Fazit: Zusammmenfassend lässt sich nach SCHULTZ (1995) die Tundren- und Frostschuttzone auf Grund der beiden dominanten Bodentypen als 'Gelic Leptosol / Gelic Gleysol-Zone' klassifizieren. Bodengeographische Differenzierungen resultieren neben den hydrologischen Gegebenheiten in starkem Maße aus den petrographischen Eigenschaften des Ausgangsmaterials/-substrates (vgl. EBERLE 1994; BLÜMEL & EBERLE 1994). Dessen Eigenschaften wiederum sind das Ergebnis der konkreten geomorphologischen Entwicklung des betreffenden Raumes. Innerhalb einer Bodenbildungszone lässt sich somit häufig ein buntes Mosaik standortgeprägter (Abb. 69) oder petrographisch bedingter (intrazonaler) Böden finden, die häufig durch rezente Abtragungsprozesse in ihrem Profilaufbau modifiziert werden (vgl. Abb. 70). Catenare Beziehungen - wie in Abb. (68) exemplarisch aufgezeigt - bilden ein weiteres Regelgerüst im Gefüge terrestrischtrockener Bodengesellschaften. Die Vorstellung eintöniger, wenig differenzierter Bodenlandschaften des Nordpolargebietes ist überholt.

Abb. 70: Regosol-Braunerde *(Gelic Cambisol)* mit *Salix polaris*-Tundra *(Schneebodenvegetation*; Germania-Halbinsel/Nordwest-Spitzbergen). Das auf durchlässigen Standgeröllen entwickelte Profil wurde mehrfach von Abluationsmaterial (abgespültes Feinsediment) überschüttet, erkennbar an eingeschalteten fossilen Humusbändern (Aufnahme BLÜMEL, Juli 1990).

Der momentane Zustand eines Bodenprofils kann nicht als unmittelbares Ergebnis aktueller klimatischer Milieubedingungen angesehen werden: Es hat auch im Polargebiet eine postglaziale, holozän-warmzeitliche, recht komplexe Entwicklung stattgefunden, so dass der gegenwärtige pedogenetische Zustand und die Verwitterungsmerkmale nicht zwangsläufig mit den rezenten Klima- und Standortbedingungen gleichzusetzen sind (EBERLE 1994). Zur Konkretisierung dieser Feststellung kann auf aktuelle Änderungen der Auftautiefe (Abb. 71), Kryoturbationsdynamik oder denudativer und fluvialer Formungsprozesse (Abb. 70) verwiesen werden.

Abb. 71: *Gelic Andosol* (BwAh-Bw-C-Hor.) auf lockeren, dominant vulkanischen Strandter-
rassensedimenten im Vorland des Sverrefjell-Vulkans (Bockfjord/Nordwest-
Spitzbergen, Abb. 48). Deutlich ausgeprägt ist der verbraunte ehemalige sommerliche Auftaubereich (50 - 60 cm Tiefe), dessen Untergrenze auch die intensive Verbraunung abschließt. Ein teilweise ausgetauter Eiskeil ist mit Verwitterungsmaterial
verfüllt. Im Sommer 1992 lag die Permafrosttafel bei etwa 120 cm Tiefe - ein mögli-
ches Indiz für aktuelle Veränderungen im hocharktischen Ökosystem (Aufnahme
BLÜMEL 1992).

8.2 Tundren - Kennzeichen arktischer Vegetation

Aus den zahlreichen geobotanischen, taxonomischen, pflanzensoziologischen oder
physiologischen Untersuchungen zu den arktischen Tundren seien einige wesentlich
erscheinende, übergeordnete Aspekte herausgegriffen. Der gesamten Vielfalt des Phänomens *Tundra* kann hier weder aus botanischer noch aus vegetationsgeographischer
Sicht ausreichend gerecht werden. Verwiesen sei auf Abb. 2, die als grobe Untergliede-
rung arktischer Vegetation zwei Tundrenzonen unterscheidet - die *Waldtundra* und die
baumlose *Arktische Tundra*. Zonal lässt sich auf der Nordpolarkalotte ein Übergang von
geschlossenem Bewuchs bis hin zu stark aufgelösten, schließlich sporadischen Pflanzen-
vorkommen innerhalb der *Frostschutzzone* (Kältewüste) verfolgen. In der Kampfzone der

Vegetation erlauben zuletzt noch lokale Begünstigungen wie Feinmaterialvorkommen oder mikroklimatische Nischen ein oasen-haftes Wachstum.

In Richtung Pol nimmt die Artenarmut zu und die Vegetationshöhe ab. Die Pflanzengesellschaften ändern sich zugunsten der Hemikryptophyten, Pflanzen also, deren Erneuerungsknospen unmittelbar an der Erdoberfläche liegen (z.B. Horstgräser, Knöterich und andere unverholzte Stauden). Zwergsträucher verschwinden nahezu gänzlich. Abb. 45 differenziert deshalb die Vegetationszonierung oberhalb der *Waldtundra* nochmals, und zwar nach dem Bedeckungsgrad. So wird die *Niederarktische Tundra* (> 80% Vegetationsbedeckung) von der Zone der *Hocharktischen Tundra* (10 - 80% Bedeckung) gesondert ausgewiesen. Als *Kältewüste* firmiert die vegetationslose oder nur sporadisch bewachsene Zone (< 10% Bedeckung).

Die *Waldtundra* umfasst den Übergangsbereich von der polaren Wald- zur Baumgrenze bzw. zur baumlosen Tundra. Die nachfolgende Kennzeichnung stützt sich weitgehend auf die Ausführungen von WALTER & BRECKLE (1986: 485ff): Dominante Baumarten im ozeanisch geprägten Klima Fennoskandiens sind die Birke *(Betula tortuosa)*, im Norden Osteuropas die Fichte *(Picea obovata)*, mit zunehmender Kontinentalität in West-Sibirien die Lärche *(Larix sibirica)*, in Zentral- und Ost-Sibirien *Larix dahurica* und im pazifisch-ozeanischen Bereich *Betula ermani*. Schneebedeckung, Bodennässe und Windeinwirkung bestimmen unter anderem ein zunehmendes Zurückweichen von Baumbeständen: Freigewehte Bestände bieten dem Jungwuchs keinen Schutz mehr vor der Frosttrocknis. Zuviel Schnee oder eine lang anhaltende Schneebedeckung (z.B. in Niederungen) verkürzt die Vegetationsperiode; sehr nasse Standorte mit mangelnder Bodenerwärmung sind ungünstig für Baumwuchs mit der Folge, dass Waldinseln mehr und mehr verschwinden. Am weitesten stößt Baumwuchs entlang von Talböden nach Norden vor, da dort Windschutz und höhere Temperaturen (durch fließendes Wasser) herrschen und besser drainierte Böden an den Talhängen vorkommen. Des weiteren sind süd-exponierte Lagen thermisch begünstigt. In kontinental geprägten Gebieten dringt aufgrund der sonnigen, warmen Sommer die Waldgrenze und auch die Waldtundra am weitesten nach Norden vor (Abb. 2). Ozeanische Klimate mit ihren kühlen Sommern dagegen drücken den Baumwuchs in Richtung Süden. Zunehmende Weitständigkeit zwischen den Bäumen erklärt sich aus der nach Norden abnehmenden sommerlichen Auftautiefe. Die Wurzelkonkurrenz der Bäume geht vermehrt in die Fläche. Den Unterwuchs in den Waldinseln bilden meist die Zwergsträucher *Vaccinium, Betula nana,* Moose und Flechten (WALTER & BRECKLE 1986: 485f).

Als bestimmend für die Lage der polaren Baumgrenze - die meines Erachtens die geographisch am besten geeignete Begrenzung der Arktis ist - erweist sich nach WALTER & BRECKLE (1986, 486): "*1) die ungenügende Ausreifung der äußeren Schutzgewebe (Nadelepidermis, Korkschichten) während des zu kurzen Sommers, 2) die dadurch bedingte Zunahme der Wasserverluste infolge von Frosttrocknis im Winter während der langen Polarnacht mit den starken Stürmen, die austrocknend wirken. Windgeschützte Standorte sind deshalb für das Überleben am günstigsten.*"

Die *Niederarktische Tundra* (Abb. 45; 'Südliche Tundra' bei WALTER & BRECKLE 1986) mit ihrer geschlossenen Vegetationsdecke und Zwergstrauch-Vegetation ist heute baumfrei. Noch im postglazialen Wärmeoptimum (9000 - 7000 Jahre vor heute) war diese Zone bewaldet. Die Sommertemperaturen waren etwa 2,4°C wärmer als heute (WALTER & BRECKLE 1986: 492). Im Bereich der Hocharktischen Tundra (Abb. 45; 'Nördliche Tundra' bei WALTER & BRECKLE 1986) herrscht kein geschlossener Bewuchs mehr, aber eine geschlossene Wurzelschicht, so dass von einem Wettbewerb der Pflanzen verschiedener Gesellschaften ausgegangen werden kann. Im nördlich angrenzenden Subzonobiom *'Arktische Wüste'* (Kältewüste), dessen Verbreitungsgebiet bei der +2°C-Juli-Isotherme liegt, trägt auch die Wurzelschicht sporadischen Charakter.

Arktische Lebensräume mit ihren kurzen, kühlen Vegetationszeiten und (sehr) kalten Wintern tragen nur artenarme Gesellschaften, regional dominiert von Zwergbirken, Zwergweiden, Sauergräsern, Wollgräsern, Moosen und Flechten. SCHULTZ (1995: 128) fasst zusammen: *"Viele Arten (wohl immer die Gattungen) zeigen eine zirkumpolare Verbreitung. Häufig vertretene Gattungen sind z.B. bei den Kräutern/Zwergsträuchern Vaccinium, Arctostaphylos, Empetrum, Dryas (octopetala), Betula (nana), Rubus (chamaemorus), Equisetum (silvaticum), Eriophorum, Ledum, Salix, Carex, Saxifraga und Cassiope; bei den Flechten Cetraria und Cladonia; bei den Moosen Polytrichum und Dicranum. Manche Arten haben als Folge der Eiszeiten eine arktisch-alpine Verbreitung wie z.B. Salix herbacea, Ranunculus glacialis und Dryas octopetala."*

Zur Erklärung der Wuchsbedingungen, Anpassungsstrategien der Pflanzen usw. reicht die Beschreibung des polaren Großklimas nicht aus (vgl. BILLINGS 1974). Die Tundrenzone ist klimatisch heterogen in den verschiedenen räumlichen Maßstäben. Mikroklimatische Standortbedingungen und Expositionsunterschiede, regionale/lokale Windverhältnisse und vor allem die Dauer der lokalen Schneebedeckung bringen häufig ein stark differenziertes, kleinräumiges Vegetationsmuster zustande. Zusätzlich modifiziert wird das Bild durch Bodenfeuchte, Abtragungsprozesse oder Substrateigenschaften. So zeigt sich xeromorpher Wuchs oft auf nährstoffarmen und sehr trockenen Böden. Trockenheit wird dann zu einem limitierenden Faktor, wo zur Niederschlagsarmut eine hohe Wasserdurchlässigkeit des Untergrundes hinzutritt. Dies ist häufig der Fall bei gehobenen kiesigen Strandterrassen, feinmaterialarmen glazialen Sedimenten oder Schuttdecken (vgl. EBERLE 1994). Auch lokale Salzausblühungen und echte Salzböden tragen zu einer weiteren Differenzierung der Tundra bei und dokumentieren so weitere 'aride' Züge im kaltklimatischen Milieu.

Abb. 72:   Vegetationsmuster der hocharktischen Tundra (Liefdefjord/Nordwest-Spitzbergen
und Kongsfjord/West-Spitzbergen): *oben links:* Fleckentundra um Lehmaufbruch;
oben rechts: Frostmusterpolygone (*non-sorted circles*) mit *Dryas octopetala*; *unten
links:* Polster von *Silene acaulis* in Moostundra; *unten rechts:* Schneebodengesell-
schaft mit *Salix polaris* (Aufnahmen BLÜMEL 1990 und 1992).

Abb. 73:   *Oben links*: Moor und Sumpfwiesen mit Wollgras; *oben rechts*: Verlandungsgesell-
schaft in Rundhöckerlandschaft; *unten links*: *Cassiope tetragona* auf trockenem
Standort; *unten rechts*: Rentier in hocharktischer Tundra - Liefdefjord/Nordwest-
Spitzbergen (Aufnahmen BLÜMEL 1990 und 1992).

Wie schon bei den Verwitterungsprozessen erläutert, ist nicht die Lufttemperatur (z.B. in 2 m Höhe) als Wuchsfaktor wichtig, sondern die Temperaturen unmittelbar über (0 - 10 cm) und unter der Oberfläche. Sie sind meist zumindest bis in 10 - 20 cm Bodentiefe wesentlich höher als die umgebenden Luftschichten. Bezeichnend ist auch, dass zahlreiche Tundrenpflanzen am Boden kriechend wachsen und die Mehrzahl der Arten nur Höhen von 1 - 20 cm erreichen (WALTER & BRECKLE 1986). Zu berücksichtigen ist zusätzlich, dass bei Standorten oberhalb des Polarkreises ein 24-Stunden-Tag herrscht (Abb. 1), also im Polarsommer kaum 'nächtliche' Abkühlung erfolgt. Steilere Südhänge bieten in der Arktis besonders günstige Wachstumsbedingungen.

Dem Schnee und seiner Verteilung kommt eine besondere Rolle bei der Vegetationszusammensetzung zu: Einerseits verhindert eine langlebige Schneedecke oder ein Schneefleck einen frühen Einsatz der Vegetationsperiode, was als ökologisch nachteilig zu werten ist. Als Anpassungsform hat sich häufig die 'Schneeboden- oder Schneetälchengesellschaft' mit *Salix polaris* eingestellt. Andererseits schützt Schnee vor allem vor Austrocknung und extremen Temperaturen. So können auf winterlich freigewehten Standorten oft nur wenige Arten überdauern. Dafür führen WALTER & BRECKLE (1986: 493) Nowaja Semlja an, wo nur fünf von 41 Arten ohne Schneebedeckung überwintern können. Oft zitiert findet man das bezeichnende Beispiel der Wipfeltischbirke (nach BLÜTHGEN 1960; s. Abb. 74), bei der die Wuchsform den Schutz durch die winterliche Schneedecke und die Beeinträchtigung durch Treibschnee ausdrückt. In Nordwest-Spitzbergen beschreibt EBERLE (1994: 169f) unlängst abgestorbene Tundrenstandorte, deren Entwicklung zu einer heute wüstenhaften Oberfläche durch schneearme oder schneefreie Winter ausgelöst worden sein könnte. Zwei Wirkungen scheinen in diesem Zusammenhang wichtig: 1. Fehlender Schutz durch eine Schneedecke führt bei einigen Pflanzen zu spontanem Absterben durch Austrocknung. 2. Unzureichende Durchfeuchtung des sommerlichen Auftaubodens lässt weitere Pflanzen an Wassermangel eingehen. Die Auftautiefe nimmt kräftig zu und entzieht auch den tieferen Wurzeln den ehemaligen Feuchthorizont über der Permafrosttafel (vgl. Abb. 71).

Weitere, zirkumpolar immer wiederkehrende Beispiele für eine kleinräumige Vegetationsdifferenzierung durch wechselnde Standortbedingungen seien an einigen Beobachtungen aus der Hocharktis Nordwest-Spitzbergens beschrieben (THANNHEISER 1992, 1994; EBERLE 1994, eigene Beobachtungen):

-- Schlecht drainierte Standorte (z.B. Flachformen) tragen moor- oder wiesenartige Gesellschaften (Wollgras, Seggen, Moose). Torflagen isolieren den Permafrost und führen zu nur geringer sommerlicher Auftautiefe (20 - 30 cm), was die Vernässung und Moorbildung weiter stützt (Abb. 73).

-- Zuschusswasserstandorte in Senken und an flachen Hangfüßen tragen häufig Moospolster. Eiskeilnetze heben sich farblich oft gut von der Umgebung ab, da unmittelbar über dem Eiskeil feuchteliebende Pflanzen (v.a. Moose) ein dichtes Polster bilden (Abb. 69).

-- Frostwechselbedingte Strukturbodenbildungen wie 'non-sorted circles' und Kryoturbationsprozesse mit resultierenden Steinpolygonen oder -ringen ('sorted circles'), Trokkenriss-Flächen, Formen der freien und gebundenen Solifluktion und andere morphodynamische Prozesse mit Substrat- und Feuchteunterschieden differenzieren auch den Pflanzenbesatz (Abb. 72).

-- Das gleiche gilt für Lehmaufbrüche, die sich beim Gefriervorgang durch das oberflächliche Auspressen von Feinmaterialfladen bilden. Pflanzen werden dabei z.T. verschüttet und wachsen nur randlich (Abb. 75).

-- Hänge steuern in ausgeprägter Weise die Anordnung von Vegetationstypen. Beispielhaft sei hier auf THANNHEISER (1996: 270) verwiesen, dessen Darstellung eindringlich die differenzierende Wirkung unterschiedlicher Schneerücklagen, Zuschusswassereffekte oder edaphischer Trockenheit vor Augen führt (Abb. 75).

-- Wo Feinmaterial fehlt, finden sich auf Felsflächen und grobem Schutt Krusten- und Strauchflechten, wobei stark abtrocknende Standorte den schwächsten Bewuchs zeigen.

-- Sonderstandorte mit spezifischen Pflanzengesellschaften sind unter Brutkolonien arktischer Vögel zu finden (Vogelfelsen, Abb. 76). Steuernd für das Pflanzenspektrum und biologische Aktivitäten ist der Düngeeffekt (Eutrophierung; vgl. WÜTHRICH 1994; THANNHEISER 1996: 270).

Diese wenigen Hinweise mögen die Vorstellung der Tundra als monotone, gleichförmige Pflanzengesellschaft korrigieren. Auch muss betont werden, dass selbst hocharktische Räume wie Nordwest-Spitzbergen - am Rand des nördlichen Festlandes - noch immer ein beträchtliches Artenspektrum aufzuweisen haben: Von 170 auf der gesamten Inselgruppe Spitzbergen/Svalbard nachgewiesenen Gefäßpflanzen sind im hohen Norden (Liefde-/Wood-Fjord-Gebiet) noch 104 zu finden. 70 Arten davon sind im Untersuchungsgebiet häufig und teils weit verbreitet; 34 Arten gelten als selten und sind an Sonderstandorte gebunden (THANNHEISER 1992: 143). Für die biotische Vielfalt ist somit nicht das Makroklima, sondern sind die multiplen geomorphologischen, substratspezifischen und expositionsbedingten Standorte mit ihren mikroklimatischen Gegebenheiten mit entscheidend.

Chamaephyten (Zwergsträucher) und vor allem Hemikryptophyten (ausdauernde Kräuter, Polsterpflanzen, Stauden, Gräser) stellen die Mehrzahl der Tundrenpflanzen. Einjährige Pflanzen (Therophyten) fehlen fast völlig, da kaum Zeit zur Samenreife existiert (SCHULTZ 1995). Die ökologische Überlegenheit der Chamaephyten und Hemikryptophyten lässt sich aus dem angesprochenen Schutz vor Frost und Austrocknung erklären. Winterlicher Schnee hält die extremen Oberflächentemperaturen von den Sprossteilen fern. Mit dem Sommerbeginn kann das neuerliche Wachstum von Blättern und Knospen wegen des intakten Wurzelsystems oder vorhandenen Sprosssystems der Chamaephyten rasch beginnen. Bei immergrünen Zwergsträuchern kann die Photosynthese ohne zeitliche Verzögerung einsetzen. Hemikryptophyten bilden zudem häufig unterirdische Speicherorgane, deren Anteil den der saisonalen oberirdischen Teile um ein Mehrfaches übersteigt. SCHULTZ (1995: 129) nennt bis zu 20-fach größere Anteile bei seggenreichen Gesellschaften in Vernässungsgebieten. Mit der Schneeschmelze (frühestens Ende Mai) setzt die Vegetationsperiode ein; spätestens im September ist sie zu Ende. Bei Gebieten oberhalb des Polarkreises ist Photosynthese im 24-Stunden-Tag möglich (Abb.1). Die Primärproduktion der Tundra ist fast immer positiv. Verglichen mit der Leistung anderer Klima- und Vegetationszonen bleibt sie aber weit zurück, besitzt die niedrigste Rate aller humiden Gebiete (Tab. 4; vgl. WEBBER 1974).

Fazit: Je nach Standort und zonaler Position resultiert eine spezifische Vegetationszusammensetzung, aus der sich Tundrentypen ausgliedern lassen (Wald-, Zwergstrauch-, Wiesen-, Moos- oder Flechtentundra). Die Primärproduktion kann bei den einzelnen Tundrentypen weit auseinander klaffen.

	Phytomasse T/ha	PPN T/ha/a	Phytomasse in % PhS	oberird.	unterird.
Arktische Tundra	1 – 2 (4)	0,36 – 0,7	-	-	hoch
Steppe	23	13		35	65
Borealer Nadelwald	150 – 300	4 – 8	4 – 5	75	20
Sommergrüner Laubwald	240 – 300	9	1 – 2	80	20
Immergrüner Hartlaubwald	150	7	-	-	-
Tropischer Regenwald	500	20 - 30	2 - 3	75 - 90	10 - 20

Tab. 4: Primärproduktion in unterschiedlichen Vegetationszonen. PPn = Nettoprimärproduktion, PhS = photosyntheseaktive Organe (nach Angaben bei SCHULTZ 1995)

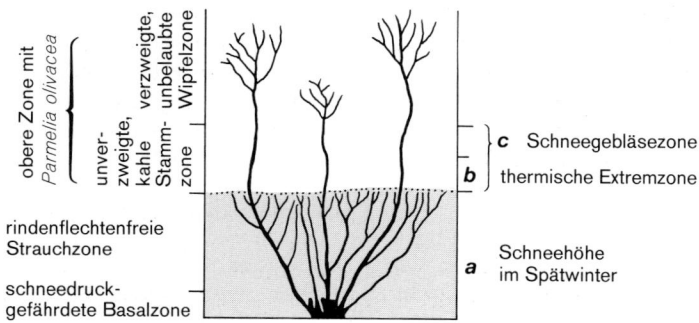

Abb. 74: Wipfeltischbirke in Abhängigkeit von der Höhe der Schneedecke (nach BLÜTHGEN 1960 veränd. aus MÜLLER-HOHENSTEIN 1979).

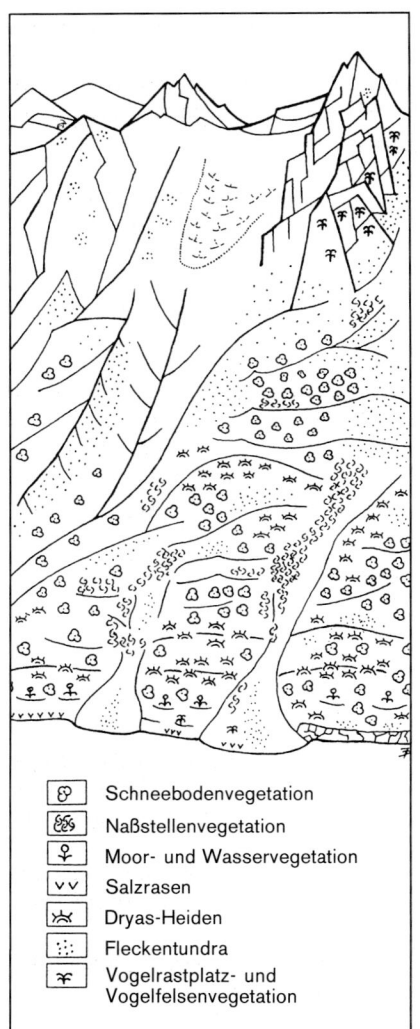

Schneebodenvegetation

Naßstellenvegetation

Moor- und Wasservegetation

Salzrasen

Dryas-Heiden

Fleckentundra

Vogelrastplatz- und
Vogelfelsenvegetation

Abb. 75: Vegetationstypen an einem
Hang der Germania-Halbinsel
(Nordwest-Spitzbergen). Deutlich wird der Einfluss kleinräumiger Standorteigenschaf-
ten(nachTHANNHEISER 1996).

Als landschaftsökologische Fallstudie aus der
Kanadischen Arktis sei auf die Arbeit von
THANNHEISER (1988) verwiesen: Behandelt
wird ein Teil der Südküste von Victoria
Island (69°6'N/105°14'W), das lt. Abb. 45
zur *Niederarktischen Tundra* zählt. Das
Klima ist kontinental, wobei der kälteste
Monat bei -35°C liegt, der wärmste erreicht
knapp 8°C. Die Niederschlagshöhe beträgt
etwa 140 mm/Jahr, davon fällt die Hälfte
während der Sommermonate als Regen.
Während der letzten Eiszeit lag die Insel
unter Inlandeisbedeckung. Grundmoränenmaterial wechselnder, meist geringer Mächtigkeit bildet das Substrat, stellenweise
durchsetzt von Osern oder Kamesterrassen.
Folgende Vegetationstypen lassen sich in
diesem, vermutlich für den Großraum
repräsentativen Gebiet ausweisen. Ähnliche
Vegetationstypen und -gesellschaften mit
variierenden Arten sind zirkumpolar in der
niederarktischen Tundra zu erwarten
(nach THANNHEISER 1988):

1.) *Fleckentundra* mit schütterem, teils insel-
artigem Bewuchs (v.a. artenarme *Oxytropis
arctobia* und *Saxifraga tricuspidata*-Gesell-
schaften) auf Bergrücken oder Erhebungen.

2.) *Fjellheide* nimmt als fast geschlossene
Tundra die größten Flächenanteile ein mit
Dryas integrifolia als dominierende Polster-
pflanze. Dazugehören *Astrugalus*- und *Oxytropis*-Arten. Innerhalb der Fjellheide gliederte THANNHEISER neun Phytozönosen
aus, die auf unterschiedlichen Feuchtigkeits-
und Schneeschutzlagen beruhen.

3.) In der *Grasheide* ('arktische Steppe')
wachsen neben *Dryas*-Polstern die Gräser
Carex rupestris, *Kobresia myosuroides* und
K. hyperborea. Grasheide ist an trockene
Standorte gebunden.

4.) Der *Schneebodenrasen* entwickelt sich im kleingekammerten Relief dort, wo Schneeflecken länger liegen bleiben. In Schneetälchen mit zwar dicker, aber nicht lang ausdauernder Schneedecke wächst eine *Cassiope tetragona*-Gesellschaft. Bei besonders langer Schneebedeckung und eine auf zwei bis drei Wochen verkürzte Vegetationszeit existieren nur noch *Salix polaris*- und *Cetraria delisei*-Gesellschaften.

5.) Eine artenreiche Pflanzengesellschaft mit kniehohen Weidengebüschen kartierte THANNHEISER in wasserzügigen Muldenlagen, oft umgeben von Grasmooren.

6.) Schlecht drainierte Standorte in Mulden und Randbereichen von Seen lassen Grasmoore und Sumpfwiesen entstehen. Derartige Sumpfwiesen leisten die höchste Biomassenproduktion der Arktis.

Literaturhinweis: Bei WALTER & BRECKLE (1986) wird das Zono-Ökoton VIII/IX der Waldtundra und das Zonobiom IX der arktischen Tundra Eurasiens ausführlich behandelt. ALEKSANDROVA (1988, 1980) und CHERNOV (1985) befassen sich intensiv mit den geobotanischen Verhältnissen russisch-sibirischer Tundren und Kältewüsten. THANNHEISER hat zahlreiche vegetationsgeographische Arbeiten über Spitzbergen und die Kanadische Arktis verfasst (s. Aufstellung in 'D. THANNHEISER 60 Jahre', Geogr. Institut Hamburg).

8.3 Geoökologische Aspekte und ökologische Jahreszeiten

Von der Geographie her kommend, befasst sich die 'Forschungsgruppe Polarökologie Basel' um H. LESER und E. PARLOW seit 1984 mit landschaftsökologischen Fragestellungen in der Arktis Spitzbergens. Die vielseitigen Arbeiten (vgl. LESER in POTSCHIN 1996:If) sollen Beiträge zu folgenden Problemstellungen liefern (Zitat):
- *"Erforschung des ökofunktionalen Zusammenhanges Geos/Bios und dessen stofflich-wasserhaushaltlich-energetische Modellierung, um das Geoökosystem in der topischen Dimension räumlich und funktional möglichst exakt darzustellen.*
- *Kennzeichnung des jahreszeitlichen Ablaufes des ökologischen Prozessgeschehens in den hochpolaren Geoökosystemen (im Sinne der "Ökologischen Jahreszeiten").*
- *Erfassen des Klima- und Umweltwandels in der Hocharktis durch Rückschlüsse aus Zustandsveränderungen des aktuellen Funktionierens der Geoökosysteme in Zeit und Raum."*

Im geoökologischen Ansatz wird versucht, die einzelnen, raumbezogenen kausalen und funktionalen Beziehungen zwischen Organismen ('*Bios*') und den anorganischen Komponenten ('*Geos*') aufzuklären und so in der Gesamtschau zu einem tieferen Verständnis der komplexen ökosystemaren Verflechtungen oder Synergismen zu kommen. Solchen Studien liegt eine empirische Datengewinnung aus Messfeldern ('*Tesserae*'), Geländesurveys und begleitenden Laboranalysen zugrunde.

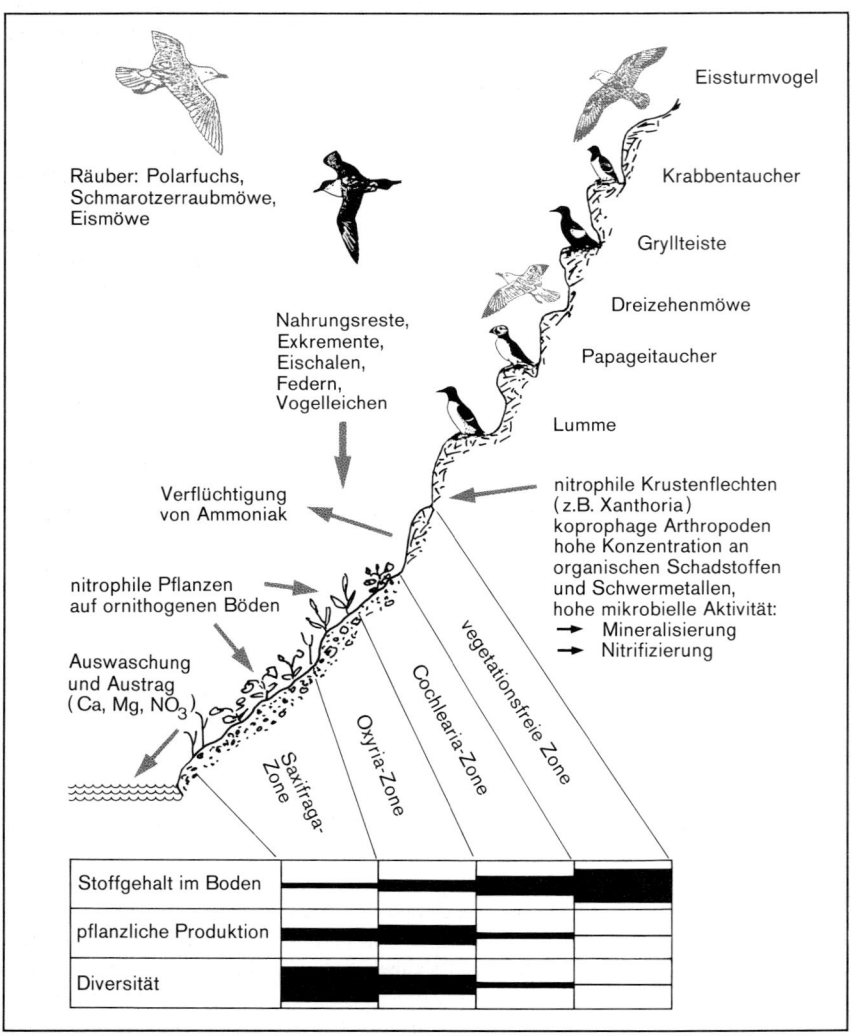

Abb. 76: Meeresnahe Tundrenstandorte werden nicht selten von Einflüssen geprägt, die unmittelbar oder in Form catenarer Stoffflüsse erfolgen. Diese Idealzonierung an einem Vogelfelsen ist Folge von Eutrophierung und steht für das Ökosystem 'Ornithogene Tundra'. Angedeutet sind auch Schadstoffeinträge über die Zugvögel aus industrialisierten Regionen in die arktischen Lebensräume; vgl. dazu PECHER (1992) (veränd. nach THANNHEISER 1996).

Im Rahmen einer *Landschaftsökologischen Komplexanalyse* (s. MOSIMANN 1984) werden verschiedene Parameter erfasst oder gemessen. Dazu gehören nach LESER (1996) die Substrate (geomorphogenetische Oberflächenmaterialtypen mit Böden), die Bodenbedeckung (Vegetation) und das Mikroklima.

Zum Verständnis der bisher wenig erforschten Geoökosysteme der Hocharktis müssen die teils extrem unterschiedlichen Energie-, Stoff- und Bodenwasserhaushaltsparameter verschiedener Standorte untersucht und in eine raum-zeitliche Differenzierung gebracht werden. Der von den Parametern Substrat, Vegetation und Mikroklima bestimmte Stoffhaushalt wird vom saisonalen Auf- und Abbau des Auftaubereichs über der Permafrosttafel geregelt. Dieser wiederum ist eine unmittelbare Funktion des Witterungsverlaufs.

POTSCHIN (1996, 1998) untermauerte und ergänzte durch ihre einschlägigen Untersuchungen in Nordwest-Spitzbergen das von REMPFLER (1998) aufgrund des Wasser- und Nährstoffhaushalts erstellte Konzept der 'Ökologischen Jahreszeiten'. Es wurden dazu zahlreiche Parameter mit Hilfe der Klimatologie und Photogrammetrie sowie aus Tesserae-Messungen verwandt (Nährstoffkonzentration, -fracht, Bodenatmung, Pflanzen/Phänologie, Tensiometerwerte u.a.). Resultierend sind für die Hocharktis NW-Spitzbergens nach POTSCHIN (1998) jetzt folgende fünf Phasen mit ihren Kennzeichen auszugliedern, die einen Eindruck von der Jahresdynamik eines polaren Geosystems gewinnen lassen:

I) *Winter*: ab Mitte September/Anfang Oktober nach geschlossener Schneedecke; ca. 400 mm Wasseräquivalent; im Tagesmittel negative Strahlungsbilanz; Gefrornis; kein Abfluss; keine Bodenlösung; keine geomorphologisch-pedologischen Prozesse; keine pflanzliche/mikrobielle Aktivität;

II) *Frühling*: Mitte bis Ende Mai; positive Strahlungsbilanz mit dem Beginn des Polartages; Erwärmung der Schneedecke; Einsetzen von Schmelzprozessen, aber noch ohne Abfluss; Untergrund plombiert; keine Bodenlösung usw. (wie I);

III) *Schneeschmelzperiode mit 'Slush'*: Ende Mai; Schneeschmelze über positive Strahlungsbilanz und fühlbare Wärme bei Warmluftzufuhr; Vernässungen mit Auftreten von '*slush streams*' (vgl. SCHERER 1994); längere Schneeflecken in geschützten Lagen; Freisetzung von Wasser- und Nährstoffreserven aus der Schneedecke; regelmäßiger Abfluss; schneller Bodenauftau; Lösung der an die Bodenmatrix gebundenen Ionen; Beginn der Vegetationszeit; Abtragungsprozesse (Abluation, Rutschungen etc.);

IV) *Sommer*: Anfang bis Mitte Juli; Abschluss der Schneeschmelze, Beginn der Eisschmelze; höchste Strahlungsbilanz mit höchsten Temperaturen; sensibler Wärmestrom am höchsten; geringe Regenniederschläge; Schnee nur noch in perennie-
renden Schneeflecken; Freisetzung zusätzlicher Wasser- und Nährstoffreserven parallel zur Auftautiefe; Lösung von Ionen aus der Bodenmatrix; geringerer Vorfluter-
abfluss; vermehrter Anteil an Gletschereisschmelze im Wasser; Hauptblütezeit der
Pflanzen, Hauptbiomassenzuwachs; Solifluktion;

V) *Herbst*: Ende August / Anfang September; Bodenaustrocknung, Trockenrisse; Ende
des 24-Stunden-Tages; Strahlungsbilanz nimmt deutlich ab; positive Temperaturen
auf Bodenoberfläche; wenig Abfluss; sommerlicher Auftaubereich friert von Permafrost aus nach oben wieder zu; Nitrat in Bodenlösung ansteigend; Blühaktivität
abnehmend, Herbstfärbung; höchste Stickstoffmineralisierung; Bodenatmung erhöht.

Nähere Details und Ergebnisse aus den geoökologischen Untersuchungen in der Hohen
Arktis können hier nicht ausgebreitet werden. Es wird auf zugehörige Literatur verwiesen: DÖBELI (1995); LESER ET AL. (1990); LESER & SEILER (1986); POTSCHIN (1996,
1998); POTSCHIN & LESER (1994); WÜTHRICH (1994).

8.4   Periglaziale geomorphologische Prozesse und Oberflächenformen

Generell sind an der charakteristischen Oberflächengestaltung und Reliefbildung polarer
Periglaziallandschaften drei Prozessgruppen beteiligt:

- *Fluviale Reliefformung*: Sie wird dominiert durch nivale und regional auch durch
  glazio-nivale/nivo-glaziale Abflussregime (s. Kap. 8.4.2). Sommerliche Regenniedr-
  schläge spielen im Abfluss- und Abtragungsgeschehen der Mehrzahl periglazialer
  Räume nur eine untergeordnete Rolle. Eine Verallgemeinerung ist jedoch problematisch.

- *Quasi-stationäre, strukturbildende und denudative Prozesse*: Hierzu ist die Vielzahl von
  meist sehr komplexen Frostmusterstrukturen und Abtragungsvorgängen zu zählen,
  die in starkem Maße von Frostwechselwirkungen, Destabilisierung durch Wasserübersättigung sowie von Abspülprozessen geprägt sind. Darin einzuschließen ist
  auch die teils linienhaft einschneidende, runsenbildende Hangformung und –rückverlegung - vergleichbar dem Prozess 'erosiver Hangentwicklung' bei WIRTHMANN
  (1987, 1964: 56; s. Abb. 93).

- *Äolische Prozesse*: Sie sind am Rand von Vereisungsgebieten (katabatische Winde)
  besonders wirksam sowie vor allem in der Frostschutzzone, wo durch Kammeisbil-
  dung und Austrocknung Partikel zur Deflation bereitgestellt werden. In den Nord

- polargebieten dürfte die quantitative Wirkung äolischer Prozesse vergleichsweise schwach sein. Zumindest wird sie im Landschaftsbild kaum formprägend wirksam. (Diese Feststellung sollte nicht verwechselt werden mit atmogenen Stoffeinträgen in polare Ökosysteme, die beträchtliche Anteile besitzen und ökologische Wirkungen ausüben können. Vgl. dazu unter anderem BARSCH ET AL. 1992; PECHER 1992; POTSCHIN 1996.)

8.4.1 Denudative und quasi-stationäre Prozesse

8.4.1.1 Formen der Materialsortierung und Kryodynamik (Kryoturbation)

Gängigerweise werden die auffälligen Steinpolygone, Steinringe, netzförmig-symmetrisch strukturierte Feinsubstrate oder verwandte Erscheinungen als 'Frostmusterböden' bezeichnet und bisweilen noch immer unter die Rubrik 'Böden der Polargebiete' eingeordnet (WEISE 1983). Hier soll aber wiederholt deutlich getrennt werden: Böden sind Produkte einer 'belebten Dekompositionssphäre', das heisst, lebende und abgestorbene Organismen sollten darauf/darin zu finden sein. Die Formung von Steinpolygonen o. ä. ist jedoch lediglich ein mechanischer Sortierungs- und Entmischungsprozess, der mit Bodenbildung im engeren Sinne nichts zu tun hat. Deshalb wird in diesem Kontext der Begriff 'Frostmusterstrukturen' an Stelle von 'Frostmusterböden' verwendet.

In zahlreichen Publikationen über Polargebiete sind symmetrische (Abb. 39, 78, 80, 82) oder - flächenhaft weniger stark verbreitet - unregelmäßige Sortierungsformen (Abb. 81) in lockerem Verwitterungsmaterial beschrieben und erklärt worden (BÜDEL 1987, 1977, 1960; FRENCH 1976; JAHN 1975; KARTE 1979; SCHUNKE 1986, 1975; SUGDEN 1982; VAN VLIET-LANOE 1985; WASHBURN 1979; WEISE 1983; WILLIAMS & SMITH 1989 u.a.). Derartige Erscheinungen sind das Ergebnis intensiver Frostwechselwirkungen. Sie finden sich auf beiden Polarkalotten, aber auch auf zahlreichen Hochgebirgsstandorten verschiedener Klimazonen. Unterlagernder Permafrost kann dabei den Bildungsprozess und diverse Parameter steuern, ist aber keine zwingende Voraussetzung für die Anlage von Frostmusterstrukturen. Idealformen von Steinpolygonen und -ringen sind in der Frostschutzzone entwickelt, wo die allenfalls sporadische Vegetation keinen unmittelbaren Einfluss ausübt. Voraussetzung für Entmischungsprozesse sind (neben einem aus verschiedenen Korngrößen zusammengesetzten Substrat) eine ausreichende Feuchte der Auftauzone. Sie bildet den 'Motor' einer saisonalen und/oder täglichen (diurnalen) Volumenveränderung, die sich beim Gefrieren und erneuten Auftauen von Wasser einstellt. (Der Übergang von der flüssigen in die feste Phase des Wassers ist mit einer Volumenzunahme von ca. 1/9 verbunden.)

Eine grobe Modellvorstellung zum Sortierungs- und Entmischungsablauf sei hier zusammengefasst (BLÜMEL 1987, 1990): Die von Frostwechselereignissen betroffene Landoberfläche erfährt eine wiederholte dreidimensionale Ausdehnung wasserhaltiger/feuchter Verwitterungsdecken. Die horizontale Druckwirkung führt zur Kompres sion in der Fläche, die zum Teil eine Aufwölbung der Oberfläche innerhalb von Stress-feldern bewirkt (Abb. 77; BLÜMEL 1990: 95). Alle Partikel des Auftaubereichs haben dabei einen räumlichen Versatz (vertikal wie horizontal) erfahren. Bei einem neuerlichen Auftauvorgang sinkt, von der Oberfläche ausgehend, das Substrat zusammen. Größere Komponenten bleiben dabei etwas länger vom Frost fixiert, während ihre Umgebung mit kleineren Korngrößen die Sackungsbewegung bereits mitmacht (Abb. 77). Auf diese Weise frieren gröbere Bestandteile auf, sie erfahren einen Frosthub - ein Vorgang, der schon früh von HAMBERG (1916; zit. bei BÜDEL 1977: 53) beschrieben wurde. Die Volumenverminderung einer auftauenden Schicht führt zu Entlastungsrissen (Schwundrissen), die die betroffene Fläche in ein polygonales Muster gliedern. An diesen aufgehenden Spalten geht der Wärmestrom beim Auftauprozess nun auch seitlich schneller gegen die noch gefrorenen Zentren der Polygone vor. Auch hierbei werden gröbere Komponenten etwas länger im eingefrorenen Zustand festgehalten als ein benachbartes feineres Partikel mit der Folge, dass z.B. große Schuttstücke eher an die Oberfläche kommen bzw. schneller seitlich-aufwärts durch die Frostwechseldynamik bewegt werden. Dieser Vorgang ist in Abb. 77 schematisch dargestellt. Alle vom Verfasser beobachteten Steinpolygone oder -ringe in der Arktis oder Antarktis zeigten das gleiche Bild (Abb. 79, 80): Die groben Komponenten liegen oben und in der Mitte der Schuttmäntel (Abb. 80), erreichen also die Oberfläche bzw. Ränder der Stress-Strukturen (Polygone) als erste. Kleinere Korngrößen bilden deren randliche Mäntel (vgl. Abb. 78). Es ist also eine Art pulsierende jahreszeitliche Volumenänderung, die Grobkomponenten mit seitlich-aufwärts gerichteter Bewegung in die sich bildenden Grobschuttmäntel wandern lässt (Abb. 77).

Diese einfache Erklärung wird sicherlich nicht allen Varianten kryogener Sortierungs-formen gerecht, resultiert aber aus einer Vielzahl von eigenen Grabungen und Gelände-befunden in der Arktis wie Antarktis. Entstehungsmodelle, wie sie bei KARTE (1979: 61) in Verbindung mit Spaltenpolygonbildung diskutiert werden, sind im Einzelfall zwar möglich, aber sicherlich nicht der Normalfall. Stark turbate Strukturen ('Würgeböden', 'Brodelböden' etc.) stellen sich unter wesentlich komplexeren Vorgängen ein, wenn z.B. lagige Substrate stark unterschiedlicher Körnung und Wassergehalt der Forstwechseldy-namik unterworfen sind (vgl. VAN VLIET-LANOE ET AL. 1990: 61ff; VAN VLIET-LANOE 1985).

Frostmusterstrukturen kennzeichnen mit heterogenem Lockermaterial bedeckte Flach-standorte und Neigungen < 2°. Die konkreten Erscheinungsformen der 'sorted circles' bzw. 'sorted polygons' variieren nach dem Mischungsverhältnis und den im Substrat enthaltenen absoluten Korngrößen. Gründe für die unterschiedlichen Dimensionen - die Durchmesser liegen zwischen wenigen Dezimetern und einigen Metern - sind noch unklar. Werden sie durch das Mischungsverhältnis, die Frostwechselhäufigkeit, die Tiefe des Auftaubereiches oder den Wassergehalt bestimmt oder durch verschiedene Variablen gemeinsam? (vgl. Diskussion bei KARTE 1979: 65). Vermutlich ist neben den Substratei-genschaften ein wichtiger Parameter das Temperaturverhalten, das heißt, die absolute Tiefe der Wintertemperaturen, die Jahrestemperaturamplitude oder die Frostwechsel-häufigkeit.

In jedem Fall ist der genetische Prozess ein sehr komplexer, bei dem zahlreiche Kräfte und Parameter im Einzelfall beteiligt sein können. Signifikant ist der Wassergehalt des Substrats: So zeigen schlecht drainierte Standorte in der West-Antarktis wie auf West- und Nord-Spitzbergen die stärkste Dynamik und die reinsten Formen, und dies unabhängig vom Lehmgehalt. Schließlich ist die Volumenveränderung zwischen den beiden Aggregatzuständen des Wassers (gefroren / aufgetaut) verantwortlich für die absolute Dimension der Volumenvergrößerung beim Gefrieren bzw. für die Volumenverminderung beim Auftauen. Davon wird das Maß des räumlichen Versatzes von Feinpartikeln oder des Grobskeletts im Auftaubereich bestimmt (Abb. 77).

Polygonale Frostmusterstrukturen sind übergeordnet als Folgen flächenhafter Volumenveränderungen zu betrachten: Schrumpfung äußert sich in netzförmigen Mustern, ähnlich den Eiskeilpolygonen (Abb. 63) oder einfachen Trockenrissen. Lokal können hohe Feinmaterialgehalte mit entsprechender Feuchte Frostaufbrüche erzeugen, die in der Landschaft oft aufgrund der frischen Gesteinsfarbe auffallen (Abb. 82).

JAHN (1975) macht für das Auftreten von *Steinringen* einen hohen Sandanteil im Lockermaterial, für *Steinpolygone* steigenden Schluffgehalt und für *extreme Steinringe* mit hohem Steinrahmen einen starken Tonanteil verantwortlich. Schuttmaterial mit wenig Feinsubstrat wird durch die Kryodynamik häufig zu rosettenartigen Strukturen eingeregelt.

Bei homogenem Substrat, z.B. skelettarmen Lehmen, äußert sich die Frostwechseldynamik in der Anlage von *Feinerdenetzen*. Dies sind im Zentrum leicht gewölbte Strukturen ('*non-sorted polygons*' nach WASHBURN 1979; 'Zellenböden' bei SCHUNKE 1986: 43). In den Tiefenlinien - den Rändern der Stresspolygone - siedeln sich bisweilen bestimmte Pflanzen an (z.B. *Dryas*-Polster), die dann die Strukturen optisch betonen (Abb. 82). In unterschiedlich feuchten/nassen Feinsubstraten treten immer wieder Gärlehmbeulen, Frostaufbrüche oder Lehmknospen auf, wenn die Frostfront von oben noch ungefrorenes, stark wasserhaltiges Material einschließt und es durch die entstehende Druckwirkung zum Durchbrechen an die Oberfläche kommt (Abb. 82).

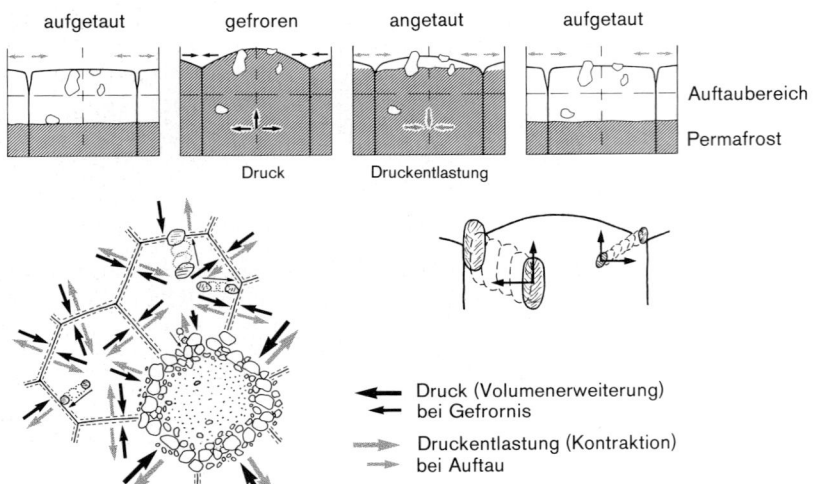

Abb. 77: *Oben*: Volumenveränderungen durch Auftau und Wiedergefrornis führt zum Auffrieren (Frosthub) grobköriger Komponenten und zu einem räumlichen Spannungsmuster in Form von Polygonen.
Unten: Beim Gefriervorgang hebt gerichteter flächiger Druck aus allen Richtungen den sommerlich 'entspannten' Zustand des Auftaubereichs wieder auf (*schwarze Pfeile*). Schrumpfspalten oder lockere Bereiche an den Polygonrändern schließen sich wieder. Die einzelnen Substratkomponenten nehmen dadurch eine leicht veränderte Position innerhalb des Profils ein. Beim erneuten Auftauprozess kehrt sich der Vorgang um. Der Auftaubereich sinkt etwas zusammen und schrumpft in der Fläche, so dass an den Polygonrändern (= Ergebnis dieses Prozesses) wieder Entspannung auftritt (Spalten, Lockerung; *graue Pfeile*). Bei diesem wiederholten Volumenwechsel werden Grobmaterialien seitlich-aufwärts bewegt und bilden Schuttmäntel an den Polygonrändern (Weitere Erläuterungen s. Text; nach BLÜMEL 1990).

Abb. 78: Frostmuster-Mikropolygone (Länge des Taschenmessers: 8,5 cm): Durch den in Abb. 77 schematisiert dargestellten Prozess kommt es zu besonders schnellen Auffrierbewegungen der gröberen Komponenten. Sie erscheinen als erste an der Oberfläche und finden sich somit in der Mitte der Grobmaterialpolygone. Kleinere Korngrößen folgen verzögert und sammeln sich bevorzugt an deren Innenrändern (Aufnahme BLÜMEL 1984, West-Antarktis).

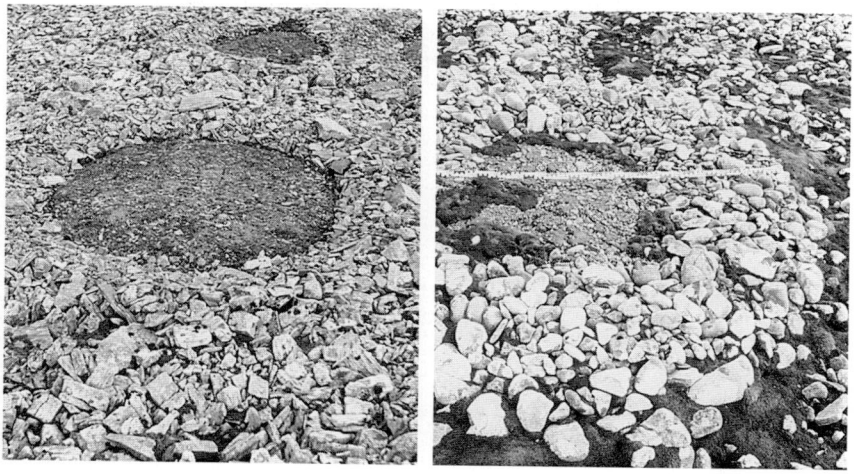

Abb. 79: Steinringe aus der Arktis (*links*) und West-Antarktis (*rechts*): Beide Sortierungsformen gleichen sich in ihren charakteristischen, klar getrennten Einheiten mit Feinerdebeet und Grobmaterialmantel (Aufnahme BLÜMEL 1969 und 1984).

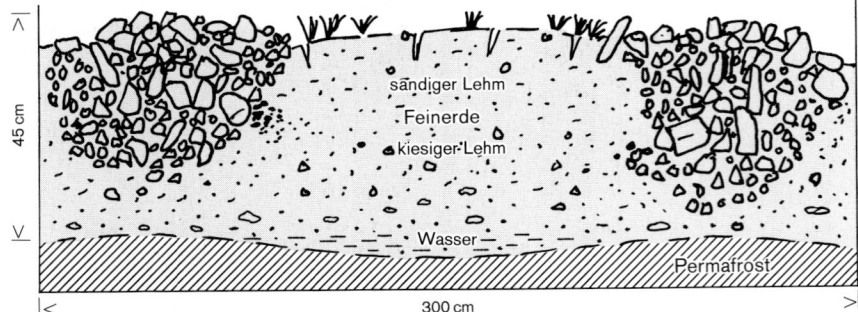

Abb. 80: Grabung durch ein Steinpolygon: Die Kryoturbation hat eine nahezu vollständige Trennung von Grob- und Feinkomponenten erzeugt. In der Mitte des Grobmaterialmantels finden sich die größten Schuttstücke, während die kleineren Durchmesser in den Randzonen und an der Basis der Grobschuttbeete gehäuft vorkommen. Zum Prozess siehe Abb. 77 (Grabung BLÜMEL 1969, Kongsfjord/West-Spitzbergen).

Abb. 81: *Links*: Formen nicht-symmetrischer Kryoturbation auf einer isostatisch gehobenen marinen Terrasse; im Hintergrund ein fossiles Kliff mit Schutthalde (Kongsfjordneset/West-Spitzbergen; Aufnahme BLÜMEL 1969).
Rechts: Makropolygone aus blockigem Schutt mit mehreren Metern Durchmesser (Reinsdyrflya, Liefdefjord/Nordwest-Spitzbergen Aufnahme BLÜMEL 1990).

Abb.   82: *Links*: Gewölbte Feinerdepolygone ohne Grobschuttmantel ('*non-sorted circles*') auf
der Reinsdyrflya (Liefdefjord). In den Randzonen haben sich Polster von *Dryas octopetala* angesiedelt. Kleine Trockenrissstrukturen untergliedern die Oberfläche der
unbewachsenen Feinerdebeete (Aufnahme BLÜMEL, August 1990)
Rechts: Frostaufbrüche von stark wasserhaltigem Substrat haben frisches, helles
Verwitterungsmaterial an der Oberfläche ausgebreitet. In der Nachbarschaft dunkel
patinierte, teils bewachsene Oberflächen. Im frischen Substrat zeigen sich bereits
wieder die Ansätze von kryoturbaten Sortierungsformen (Kvaadehuken, Kongs-
fjord/West-Spitzbergen; Aufnahme BLÜMEL 1969).

8.4.1.2   Solifluktionsprozesse / Arten der Solifluktion

Allgemein wird unter der Bezeichnung *Solifluktion* (Gelisolifluktion) ein Bodenfließen
unter periglazialen Rahmenbedingungen verstanden. Häufig wird damit die Vorstellung
der gravitativen Bewegung einer wasserübersättigten Auftauschicht assoziiert. Das ist
jedoch nur *eine* Variante durchaus verschiedenartiger Prozesse, die sich unter dem
Begriff *Solifluktion* subsummieren lassen. Solifluktion wird hier gebraucht im Sinne
gravitativer und/oder frostwechselbedingter Bewegungen von Verwitterungsmassen
oder Lockersubstraten auf Oberflächen mit > 2° Neigung. Die Existenz von Permafrost wird oft in die Begriffsbestimmung mit einbezogen, was nicht zwingend nötig
ist. So gibt es in ozeanisch gemilderten Subpolargebieten ohne Permafrost (Island,
Aleuten) intensive solifluidale Massenbewegungen durch saisonalen und diurnalen
Frostwechsel.

Frostwechselsolifluktion

Permafrost als Plombierung des Untergrundes kann gerade unter flachen Böschungswinkeln zu gehemmter Drainage oder Übersättigung führen, so dass durch die Überwindung der inneren Scherfestigkeit Bewegungen in Gang kommen. Nicht selten resultieren dann echte Rutschungen oder Fließvorgänge, die in ihrer Dynamik aber nichts mit der eigentlichen, sehr langsamen Bewegung der *Frostwechsel-Solifluktion* ('Frostkriechen', s. unten) gemein haben.

Der Überbegriff *Solifluktion* als Terminus für vielfältige Erscheinungsformen sollte nur dann verwendet werden, wenn Gefrornis und Auftauen des Untergrundes wesentlich sind für die Bewegung (Frostwechsel-Dynamik). Im angelsächsischen Sprachraum wird synonym *congelifluction, gelifluction* oder *frost creep* benutzt (stv. WILLIAMS & SMITH 1989).

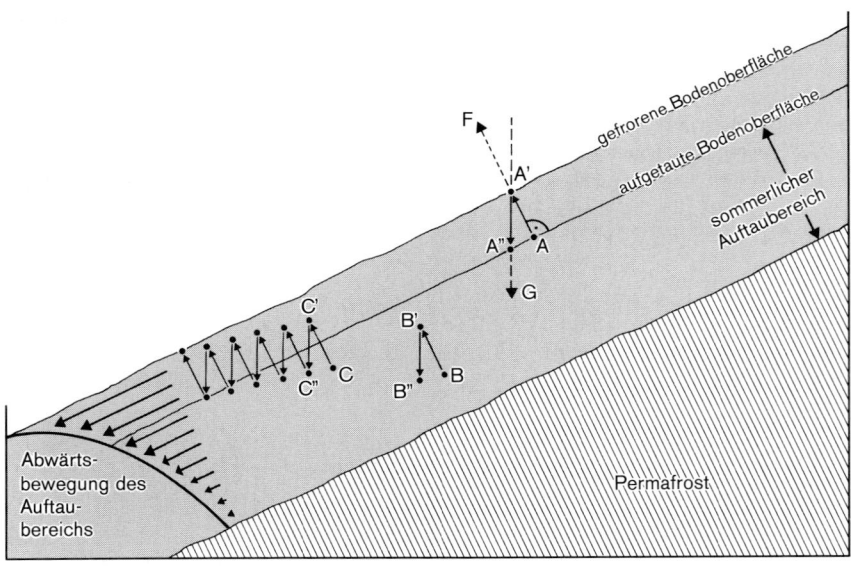

Abb. 83: Schematische Darstellung der Frostwechsel-Solifluktion (*frost creep*) als Folge saisonaler oder diurnaler Volumenveränderungen durch Gefrornis und Auftauen feuchter Lockermaterialdecken. Erläuterungen s. Text: Punkte 1. - 4.
(ergänzt nach BLÜMEL 1990, in Anlehnung an FRENCH 1976).

Solifluktion in Form des *Frostkriechens* ist ein Vorgang, der von WILLIAMS & SMITH (1989: 125f) unter der Kapitelüberschrift '*The mystery of solifluction*' behandelt wird. Für das mysteriös anmutende Bild solifluidal geprägter Hänge lässt sich durchaus eine nüchterne, stark simplifizierte Erklärung anbieten (Abb. 83). Diese Form denudativer, zusammenhängender Massenbewegungen mit Geschwindigkeiten von wenigen Millimetern bis etwa 10 cm pro Auftausaison dürfte ein typisch periglazialer Standardprozess sein, der feuchte, mehr oder minder gut drainierte, aber nicht wasserübersättigte Hangpartien abträgt. Frostkriechen hat einen prägenden Platz in beiden polaren Kalotten - äußerst trockene Räume der Ost-Antarktis ausgenommen (s. Kap. 6.2.4.3). Solifluktion hat ebenfalls maßgeblich die Reliefbildung in pleistozän-kaltzeitlichen Periglazialgebieten der Mittelbreiten mitgestaltet. Gerade in Breiten mit Tag-Nacht-Wechseln wird diese Bewegungsart nicht nur durch jahreszeitliche, sondern zusätzlich durch tageszeitliche Frostwechselereignisse verstärkt und damit besonders wirkungsvoll. Aktuelle Polargebiete mit dieser diurnalen Frostdynamik liegen unterhalb des Polarkreises: Süd-Grönland, Teile der Kandadischen Arktis, Alaska, das äußerste Ost-Sibirien oder das subpolare Island. Nachfolgend wird das Prinzip der Frostwechsel-Solifluktion (Frostkriechen) an einem wenige Grad geneigten Hang modellhaft beschrieben (vgl. Abb. 83):

1. Zustand des sommerlichen Auftaus: Die feinmaterialhaltige Verwitterungsdecke hat eine bestimmte Feuchte und ihre geringste vertikale Ausdehnung. (Die beobachteten Partikel A, B und C sind in ihrer Ausgangsposition.)

2. Der winterliche Frost dringt ein, die Wassermoleküle aggregieren sich zu unterschiedlich großen Eiskristallen. Das Volumen der Solifluktionsdecke nimmt zu. Skelettanteile, Feinpartikel oder Bodenaggregate werden aus ihrer ursprünglichen Lage *senkrecht* nach oben und gegebenenfalls zur Seite bewegt. Ist das gesamte Profil durchgefroren, erreicht es seine maximale vertikale und laterale Ausdehnung. Die Partikel haben neue Raumkoordinaten (A', B', C').

3. Mit dem Beginn des nächsten Sommers sinkt der Auftaubereich wieder zurück. Die einzelnen Partikel erhalten dabei nicht die ursprüngliche Lage zurück: Sie machen die Sackungsbewegung *lotrecht* mit, liegen jetzt etwas unterhalb des Ausgangspunktes.

4. In der saisonalen (oder bisweilen täglichen) Wiederholung vollführt somit die Solifluktionsdecke im Laufe der Jahre auf- und abwärtsgerichtete Bewegungen und wird zusammenhängend mit wenigen Zentimetern (oder einigen Millimetern) pro Jahr hangabwärts verlagert. Die oberen Partien bewegen sich gegenüber der Basis deutlich schneller (s. Abb. 83), das haben Feldmessungen wiederholt nachgewiesen (vgl. WILLIAMS & SMITH 1989: 127). Dafür könnten Frostwechselereignisse verantwortlich sein, die in den kurzen Übergangsjahreszeiten zunächst die oberen Zentimeter / Dezimeter betreffen, bevor das Profil durchgefriert. Auf diese Weise können die oberen Partien eine größere Strecke per 'Frostkriechen' zurücklegen. Zusätzlich kann Kammeis-Solifluktion unmittelbar an der Oberfläche und intensive Eisnadelbildung in den obersten Zentimetern ('Frostgefüge', BARSCH ET AL. 1985) beschleunigend wirken.

Bei heterogen zusammengesetzten Solifluktionsdecken erfolgt - analog zur Bildung sortierter Steinpolygone auf Flachformen - eine Trennung von grobem und feinerem

Material. Steinstreifen und Feinerdebeete als typische Begleiterscheinungen der Solifluktion in der Frostschuttzone ('ungebundene Solifluktion') hat BÜDEL (1960, 1977, 1987) aus Ost-Spitzbergen dokumentiert. Regelhafte Strukturen dieser Art (Abb. 84) können als zirkumpolare Phänomene, und zwar auf beiden Polarkalotten angetroffen werden (vgl. Abb. 40). Grabungen an Steinstreifen zeigen, dass auch hier die gröbsten Komponenten im Zentrum liegen, seitlich und unterhalb von kleineren Fraktionen gesäumt werden. Als Modellvorstellung könnte wiederum ein saisonaler, lateral wirkender Schrumpfungs- und Ausdehnungsprozess angewandt werden (vgl. Prozess der Kryoturbation, Abb. 77), der beschleunigt die Grobkomponenten im Auftaubereich zur Seite wandern lässt.

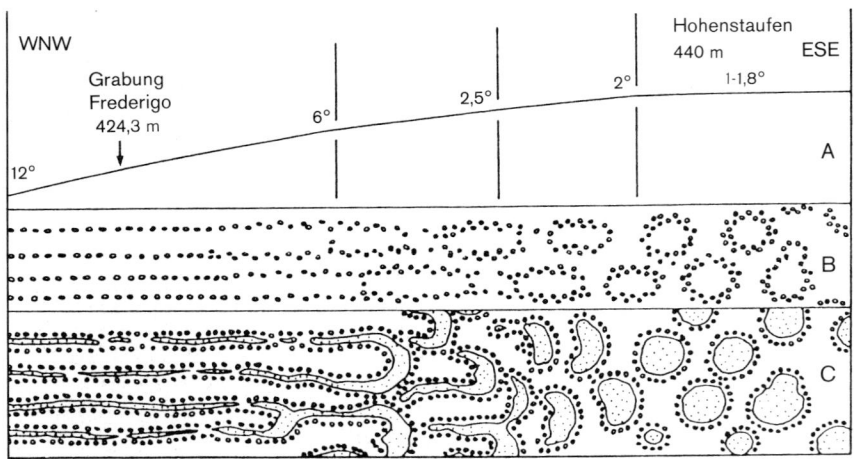

Abb. 84: Übergang von Kryoturbations- zu Solifluktionsstrukturen auf flachkonvexem oberen Hangteil. A = Hangneigung. B = Bei schwacher Drainage- und Filterspülung: Verzerrung von Steinringen über Ellipsen zu Steinstreifen. C = Bei starker Drainage- und Filterspülung: Bildung von Zwischentypen: Nierenformen, Halbmonde und Kometenschweife (aus BÜDEL 1977: 69).

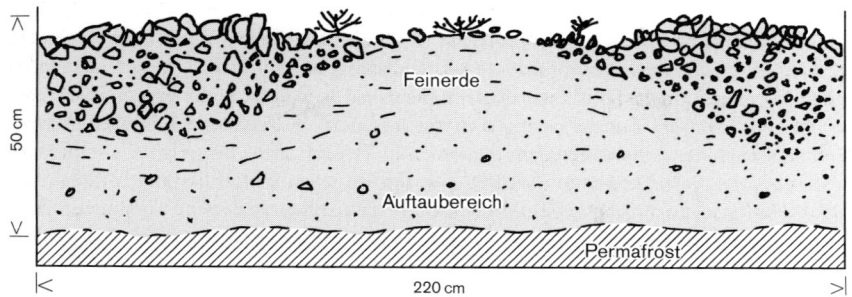

Abb. 85: Grabung durch einen Solifluktionshang mit 4° Neigung Nähe Ny Alesund/West-
Spitzbergen, der in Abb. 86 als Photographie wiedergegeben ist. Der Hang ist in eine parallele Abfolge von Steinstreifen und Feinerdebeete gegliedert. Analog zu den
Beobachtungen an Steinpolygonen /-ringen bilden auch hier bei den Steinstreifen
die kleineren Korngrößen die Ränder und Basis, während die gröberen Durchmesser
in der oberen Mitte dominieren   (Grabung BLÜMEL 1969).

Abb. 86: *Links*: Solifluktionshang mit Steinstreifen eines asymmetrischen Tälchens Nähe Ny
Alesund/West-Spitzbergen (zu Abb. 85). Im Hintergrund verläuft der Talboden der
Delle, auf die der Hang eingestellt ist. *Rechts*: Schmale Steinstreifen mit eingeregeltem
Scherbenschutt (Germania-Halbinsel, Liefdefjord/Nordwest-Spitzbergen; Aufnah-
men BLÜMEL 1969 und 1990).

Formen gebundener Solifluktion

Die beschriebene *Frostwechsel-Solifluktion* ist den langsamen, zusammenhängenden Massenbewegungen in vegetationslosen (-armen) periglazialen Gebieten zuzuordnen (= freie oder ungebundene Solifluktion). Beim dichteren Auftreten von Pflanzen, besonders bei flächendeckender Tundra bewegt sich der sommerliche Auftaubereich nach anderen Gesetzmäßigkeiten, aber ebenfalls zusammenhängend und langsam. Es entstehen Spielarten der *gebundenen Solifluktion* (= *differenzierte Solifluktion* nach SCHUNKE 1986), häufig in Form von Solifluktions-Loben bzw. Fließerdeloben, Girlanden-Böden o.ä.. Von der Seite gesehen erscheint der Hang gestuft oder terrassiert (Abb. 87). Girlandenförmige Solifluktions-Terrassen scheinen vom Vegetationsbesatz 'gebremst' zu sein. Zahlreiche Beispiele aus den verschiedensten Polarregionen zeigen vergleichbare Phänomene: Die Loben überfahren sich selbst, was durch begrabene Humushorizonte belegt wird (Abb. 87; vgl. WILLIAMS & SMITH 1989: 128; SCHUNKE 1986: 56f; SEMMEL 1969: 29, 32; WASHBURN 1979). Girlandenböden oder verwandte Formen sind in ihrer geographischen Verbreitung keine rein 'polaren' Erscheinungen, sondern überall in stark von Frostwechseln geprägten Gebieten zu finden, so in Hochgebirgen der Mittleren Breiten wie der Tropen, wo der diurnale Frostwechsel zu intensiven, wenn auch weniger tiefgreifenden Prozessen führt (vgl. TROLL 1944). Dies gilt auch für die nachstehende Kammeis-Solifluktion, die selbst in hiesigen Waldklimaten für oberflächennahen Abtrag sorgt.

Eine weitere Variante differenzierter Solifluktion ist in Form langsamer *Makro-Fließerdeloben* ('Erdströme') mit z.T. einigen Zehnern Meter Durchmesser entwickelt. Charakteristischerweise zeigt sich an der Stirn der Loben ein Saum aus Grobmaterial (Abb. 88). Die Bewegung als solche ist in erster Linie von einem hohem Feinmaterialanteil gesteuert. Fehlt dieser, entwickelt sich nicht diese dynamische Form. Auch hierbei wird Vegetation mit ihrem zugehörigen Humushorizont überwälzt. ^{14}C-Datierungen an vier fossilen Humushorizonten verschiedener Fließerdeloben in Nordwest-Spitzbergen ergaben Alter von 1200, 680, 590 und 470 yBP (EBERLE 1994: 45). Von den Daten lassen sich jedoch keine Aussagen zur Dynamik dieser Massenbewegungen ableiten. Vom Geländeeindruck her scheinen die Loben eine polygenetische Geschichte zu haben. Sie leben zeitweilig als spontane, schnellere Bewegungen auf. Änderung des Auftauverhaltens oder Wasserübersättigung der Hänge führen dann zu Rutschungen oder Fließzungen (s. unten). In Zeiten besserer Drainage kommen die ausgeflossenen Formen zur Ruhe und bewegen sich in der beschriebenen langsamen Frostwechsel-Solifluktion oder gebundenen Solifluktion weiter.

Kammeis-Solifluktion

Zu den charakteristischen denudativen Abtragungsprozessen in Frostwechselklimaten zählt die *Kammeis-Solifluktion*. Sie beschränkt sich in ihrer Wirkung unmittelbar auf die Oberfläche oder die obersten Zentimeter. Das Wirkungsprinzip erscheint einfach: Ausstrahlung an der Erdoberfläche oder eingeströmte Kaltluft (Minusbereich) zieht

Wasserdampf aus dem wärmeren Untergrund an. Dies führt zur Sublimation z.B. unter Schutt, Bodenaggregaten oder Streu und zur Bildung von bündelförmigen Eisnadeln bis zu einigen Zentimetern Höhe ('*Kammeis*'). Die betroffenen Körper werden entsprechend senkrecht zur Oberfläche angehoben. Beim erneuten Abtauen oder Zusammenbrechen der Eisnadeln sinken sie lotrecht zurück - an Hängen oder gewölbten Oberflächen nun nicht mehr in die Ausgangsposition, sondern leicht versetzt etwas unterhalb. Eine hochfrequente Kammeis-Bildung kann als effiziente Denudationsart angesehen werden. Wirkt sie auf oder unmittelbar unter der Oberfläche von Solifluktionsdecken, führt dieses zu einer zusätzlichen Verstärkung der Abtragung.

Kammeis-Solifluktion trägt nicht nur unmittelbar zur Verlagerung von Gesteinsbruckstücken, Bodenaggregaten oder -partikeln bei, sondern erzeugt ein eigenes Kammeis-Gefüge innerhalb der oberen Zentimeter (Abb. 36). Voraussetzung ist stets die Verfügbarkeit von Bodenfeuchte oder Wasserdampf aus der Umgebung. Wiederholte Eisnadelbildung in feinkörnigen Verwitterungs- oder Bodendecken führt zu einer Lockerung der Partikel und Aggregate. Damit wird das Feinmaterial sowohl für die Deflation wie auch für Abspülprozesse (Abluation) bereitgemacht.

Spontane Massenbewegungen: Fließzungen, Nano-Muren

Fließbewegungen im engeren Sinne gehen auf Wasserübersättigung des Auftaubereichs zurück und sollten nicht mit dem langsamen Massenversatz der Frostwechsel-Solifluktion gleichgestellt werden. Sie treten auf in feinmaterialreichen Verwitterungsdecken, die eine hohe Wasseraufnahmekapazität besitzen und zu Zeiten besonders starken Wasseranfalls in spontane, rasche Bewegung geraten. Nach einer Distanz von mehreren Metern oder Dekametern kommt die zungenförmige Rutschmasse durch Entwässerung wieder zum Stillstand. Am Außensaum der Fließzungen hat sich vermehrt Grobmaterial angesammelt, während im Zentrum übersättigtes Feinmaterial zurückbleibt, das langsam aussaigert. Aktive Fließzungen wurden anlässlich der *Geowissenschaftlichen Spitzbergen-Expedition (SPE 90 - 92)* beobachtet: Bisher stabile Hänge mit Fleckentundra und langsamer Solifluktionsdynamik gerieten aus ihrem Gleichgewicht und produzierten Fließzungen in großer Zahl. Grund für diese neuen Hanginstabilitäten scheint ein derzeit tiefergreifender sommerlicher Auftau mit starker Übersättigung zu sein (BLÜMEL 1993). Vorzeitliche, inzwischen wieder bewachsene Fließzungen deuten auf instabilisierende Wirkungen früherer Klimafluktuationen hin, die sich z.B. auch in den erwähnten holozänen Gletscherschwankungen ausdrücken (vgl. Kap. 7.4.4). Manche der oben beschriebenen, heute langsam bewegten Solifluktionsloben könnten in ihrer Anlage auf derartige spontane Fließzungen zurückgehen.

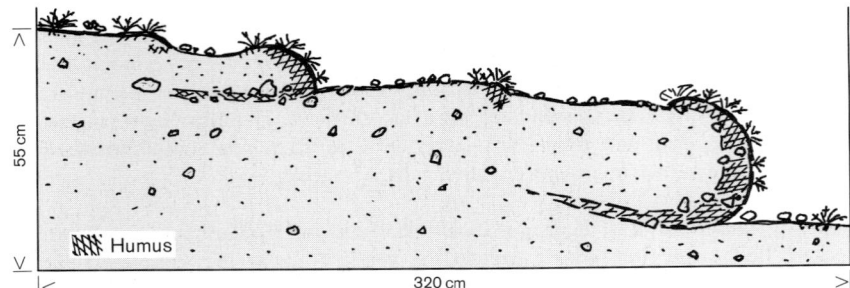

Abb. 87: Querschnitt durch eine Abfolge von Fließerdeloben mit überfahrenem, fossilisiertem
Humushorizont. Der 6° geneigte Hang ist durch hintereinandergestaffelte bogenför-
mige' Solifluktionsstufen' gegliedert (Krossfjord/West-Spitzbergen;Grabung BLÜMEL
1969).

Abb 88: *Links:* Gebundene Solifluktion in der maritimen West-Antarktis (Clarence Island/Süd-
Shetlands). Aufbau und Bewegung entsprechen der Darstellung in Abb. 87 (Aufnahme
BLÜMEL 1987).
Rechts: Stirn eines langsamen Makro-Fließerdelobus' mit Grobmaterialsaum in der
hocharktischen Tundra (Liefdefjord/Nordwest-Spitzbergen). Ein unter der Stirn fossi-
lisierter Humushorizont weist ein ^{14}C-Alter von einigen hundert Jahren auf (Aufnahme BLÜMEL 1990).

Abb. 89: Zungenartige spontane Rutschungen, aufgenommen unmittelbar nach der Bewegung. Wasserübersättigung des Auftaubereichs ist die Ursache für diese Fließzungendynamik ('Nano-Muren'): Der zuvor durch Frostwechsel-Solifluktion geformte, teils vegetationsbedeckte Hang hat möglicherweise durch klimatische Veränderungen seinen stabilen Zustand verloren (Liefdefjord/Nordwest-Spitzbergen; Aufnahme BLÜMEL, Juli 1990) .

8.4.1.3 Abluation (Abspüldenudation) und Deflation

Ein Prozess, der bislang in seiner quantitativen Leistung im periglazialen Milieu zu wenig Beachtung fand, ist die Abspüldenudation. LIEDTKE hat dafür den Begriff *Abluation* eingeführt. Er beschreibt die selektiv wirkende, unmittelbare Oberflächenabspülung feiner Korngrößen durch die Schneeschmelze sowie damit verbundene *"..stellenweise akkumulativ-aquatische Aufschüttungsvorgänge im periglaziären Milieu..."* (LIEDTKE & GLATTHAAR 1992: 303). Besonders wirkungsvoll ist dieser Prozess, wenn der Untergrund nur leicht angetaut ist und eine Versickerung verhindert wird (Abb. 90). Selbst nur schwach rieselnde Wasserfilme sind dann in der Lage, die feinen Korngrößen abzuspülen und umzulagern. Zusammen mit der subkutanen Filter- und Drainage-Spülung (BÜDEL 1960, 1977), die über selektive Ausspülung z.B. in wasserwegigen Steinstreifen arbeitet, sind beträchtliche Stofftransporte mit landschaftsökologischen Auswirkungen festzustellen. So sind untere Hangpartien und Flächen von Feinmaterialzufuhr betroffen, was die dortigen Standorteigenschaften und Bodenprofile in Bezug auf Wasserhaushalt, Nährstoffversorgung etc. entscheidend verändern kann (Abb. 70; vgl. EBERLE 1994: 76f).

Bei wachsender Auftautiefe versickern die anfallenden Wässer zunehmend, bewegen sich in einer Art '*interflow*' über der Permafrosttafel abwärts. In tiefergelegenen Hangpartien tritt des öfteren Wasserübersättigung (mit entsprechender gravitativer Solifluktionsverstärkung) ein.

Abb. 90:   *Links*: Abluation durch Wasseraustritt aus dem übersättigten Auftaubereich (Elephant Island/West-Antarktis).
Rechts: Abluation vor einem Schneefleck über noch gefrorenem Untergrund. Diese Abspüldenudation ist maßgeblich beteiligt an der Rückverlegung der Hänge dieses periglazialen Tälchens. Am Bewuchs erkennbar ist die gegenwärtig nur schwache fluviale Abtragung in der Mitte des Talbodens (King George Island/West-Antarktis; Aufnahmen BLÜMEL 1987 und 1984).

Deflation nimmt in der Formung aktueller arktischer Periglazialgebiete wohl keine sehr bedeutsame Rolle ein. Staubmobilisierung und -deposition wird regional festgestellt; sehr mächtige Lössablagerungen sind aber kaum beschrieben worden. Staubeinträge werden von der Tundra abgefangen und in die Bodenbildung integriert, was z.B. auch zur Konservierung/Bedeckung frühgeschichtlicher Kulturen geführt hat (frdl. Mitt. H. MÜLLER-BECK, Tübingen). Für eine quantitativ bedeutsame Bildung von Lössdecken ist offensichtlich das heutige arktische Periglazialmilieu nicht trocken genug bzw. es existieren zu wenig freie Flächen mit entsprechender Staubproduktion.

8.4.1.4 Hangentwicklungsprozesse unter periglazialen Bedingungen

Im Folgenden sollen - ergänzend zu den Spielarten der Solifluktion - einige weitere Prozesse schlagwortartig vorgestellt werden, die bei der klimageomorphologischen Hangformung in Periglazialgebieten von Bedeutung sind.

Nivation: Steuernde Wirkung von Schneedecken und -flecken

Beobachtungen über den Polarsommer hinweg zeigen in bewegt reliefierten Landschaften die geomorphodynamische Bedeutung ungleich verteilter und ungleich mächtiger Schneeakkumulationen an. Die steuernde Wirkung jahreszeitlicher oder perennierender Schneeflecken auf die Abtragung (durch Schmelzwasser, Schneedruck u.a.) wird unter dem Begriff *Nivation* zusammengefasst. Auch hierunter sind vielfältige Teilprozesse und Einflüsse zu verstehen, die an dieser Stelle nicht im Detail behandelt werden können (vgl. FRENCH 1976; SCHUNKE 1986: 78ff; WASHBURN 1979; WEISE 1983: 103). Formende Effekte über Schneeflecken gehen vor allem von der Durchfeuchtung deren Vorfelder aus, mit folgenden exemplarischen Wirkungen:

- Auslösung gravitativer Massenbewegungen (Muren, Fließzungen, Hangrutschungen) aufgrund von Übersättigung des Auftaubereichs;
- Verstärkung von Frostwechsel- und Kammeis-Solifluktion durch Nachlieferung von Substratfeuchte;
- Verstärkung und ständige Reaktivierung von Kryoturbationsprozessen durch Wassernachlieferung für die Frostbewegung: Im Auslaufbereich von Nivationsnischen steht das Agens Wasser in weit größerem Maße zur Verfügung als in benachbarten, vergleichsweise trockenen Standorten.
- Abluation (Abspüldenudation) mit flächenhaft-selektiver Wirkung;
- Eintiefung von Spülrinnen und Akkumulation von Feinmaterial;
- Anlage von Hangrunsen durch linienhafte Einschneidung;
- Ausformung und Erweiterung von Hangrunsen (Nivationsnischen) durch Abspülung und Stimulierung gravitativer Prozesse in der Hangkerbe;
- Weiterentwicklung von Runsen zu Kleineinzugsgebieten und damit Start einer Kerbtälchenbildung;
- Akkumulation von Schneefleckmoränen, indem Schuttmaterial über den Schneefleck abrutscht und am Saum abgelagert wird.

Zusätzlich zu geomorphodynamischen müssen landschaftsökologische Effekte von Schneeflecken angesprochen werden. Auf sie geht eine größere Biodiversität und Standortvielfalt zurück: Im Laufe des Polarsommers wird nämlich mit zunehmender Abtrocknung der Zuschusswassereffekt deutlich. Entlang von Nivationsrinnsalen kann sich feuchtigkeitsliebende Vegetation ansiedeln (Abb. 75). Am Unterhang und auf davor liegenden Flachformen sind Vernässungsgebiete häufig (Moose, Moorgesellschaften) mit zugehörigen hydromorphen Böden (Anmoor, Moorgleye, Torfbildungen).

Kryoplanation

Unter diesem Begriff lassen sich Einebnungsprozesse zusammenfassen, die aus dem vielfältigen periglazialen Prozessgefüge resultieren. Dies kann Nivellierung flachwelliger Landschaften bedeuten (z.b. Abtragung von Kuppen und Auffüllung von Mulden), die Anlage sogenannter *Glatthänge* durch Frostwechselwirkungen und Abspülprozesse, die Bildung von Frostkliffen und Kryoplanationsterrassen an Hängen (vgl. KARRASCH 1972; DEMEK 1968) oder die Anlage langgestreckter *'periglazialer Pedimente'* (*Kryopedimente*) an Gebirgsrändern oder Füßen von Talflanken (Abb. 93). PRIESNITZ (1981) beschreibt hierzu eindrucksvolle Formen aus Nordwest-Kanada und Alaska - aus Bereichen, die während des gesamten Quartärs Periglazialgebiet und nie vergletschert waren. Darin wird die Andersartigkeit der Hangformung deutlich, als sie in jungquartär vergletscherten Landschaften zu beobachten ist. Die Ausführungen PRIESNITZ' wie die auch anderer Autoren lassen den Schluss zu, in der periglazialen Dynamik den Trend zur Nivellierung und Flächenbildung zu sehen.

Hangzerschneidung unter periglazialen Bedingungen

Eine langsam ablaufende solifluidale Hangentwicklung unter Frostwechselwirkung ist bei Böschungswinkeln > 23 - 25° kaum noch möglich (FRENCH 1976: 151). Die Abtragung wird dann entweder von Formen der Steinschlag- und Sturzkegeldynamik bestimmt oder von Abspülprozessen dominiert, die auf unterschiedliche Weise arbeiten können: Oberflächenabspülung (Abluation), subkutane Feinmaterialausspülung (Filter- und Drainagespülung) oder linear-einschneidend (Zerrachelung, Runsenbildung). Gerade der letztgenannte Fall liefert charakteristische Hangformen in der Frostschutzzone, die sehr starke Konvergenzerscheinungen mit denen in semiariden Gebieten aufweisen. Gemeinsamkeiten bestehen in der Vegetationsarmut, der raschen Wassermengenzunahme und damit entsprechender Transportkraft, die das Runseneinzugsgebiet eintieft und erweitert. Je nach den petrographischen Gegebenheiten entstehen unter nivalen Klimabedingungen stark zerschnittene Oberhänge, in denen sich alljährlich erneut Schneerücklagen bilden (Abb. 91). Das in den Runsen bereitgestellte Verwitterungsmaterial wird im mittleren bis unteren Hangbereich zumindest teilweise zwischenakkumuliert, bildet dort konkave Hangschleppen oder Schwemmschuttkegel.

Je nach Ausgangsrelief und Petrographie entsteht bei fortschreitender Zerschneidung ein differenziertes Bild des Hanges mit Runsen im Oberhang und konkavem Aufschüttungsprofil am Unterhang, dazwischen die (noch) stehengebliebenen 'Dreieckshänge' - als Ganzes von BÜDEL (1977: 73) in Ost-Spitzbergen als *dreiteiliger Frosthang* benannt (Abb. 93). Bei langgestreckten Hangfußaufschüttungen (vgl. BÜDEL 1977) entstehen fußflächenähnliche Längsprofile (*Kryopedimente*, Abb. 93; WEISE 1983: 130f). Feine Korngrößen finden sich verstärkt in distalen Bereichen des Lieferhanges und unterstützen eine solifluidale Weiterbewegung, die Kammeissolifluktion, Abluation und lineare Einschneidung flacher Gerinnebetten.

Ost-Spitzbergen ist damit aber nur ein regional gültiges Modell für die Hangentwicklung arktischer Regionen: Es war in der letzten Eiszeit vergletschert, überkommene Formen wie U-Täler in Altflächen (WIRTHMANN 1964) - in flachlagernde Sedimentgesteine eingetieft - bilden das Vorrelief einer holozänen periglazialen Hangentwicklung. Markante Hangformen stellen sich dort ein, wo Sedimentgesteine unterschiedlicher geomorphologischer Härte anstehen, wie z.B. in Teilen Grönlands oder Spitzbergens (strukturgestützte Hangformung).

Beim Übergang von einer Fläche zu einem zerrunsten, rücklaufenden Hang entwickelt sich insbesondere bei Sedimentgesteinen eine Arbeitskante (Hangknick). WIRTHMANN (1964: 37) kennzeichnete treffend diese Stelle als das '*Abreißen der Denudation*': Auf der Flachform herrschen vor allem stationäre Kryoturbationsprozesse ohne unmittelbare abtragende Wirkung. Hier fehlt das für gravitative Prozesse nötige Gefälle. Abschmelzende Schneerücklagen und diverse Denudationsvorgänge in den Hangrunsen dagegen lassen den Hang aktiv zurücklaufen, die Fläche selbst bleibt passiv.

Abb. 91: *Links*: Postglaziale Hangentwicklung am Woodfjord (Nordwest-Spitzbergen) durch erosiv-denudative Zerschneidung des Oberhanges und Bildung junger Schuttkegel und -halden am Hangfuß. Der Boden der Hangrunse war während des letzten Glazials auf die Oberfläche des Woodfjord-Gletschers eingestellt und ergänzte so den Schutt der Seitenmoräne. *Rechts*: Postglazialer Steinschlag-Frosthang mit Schuttkegeln bei Longyearbyen/West-Spitzbergen (Aufnahmen BLÜMEL 1990)

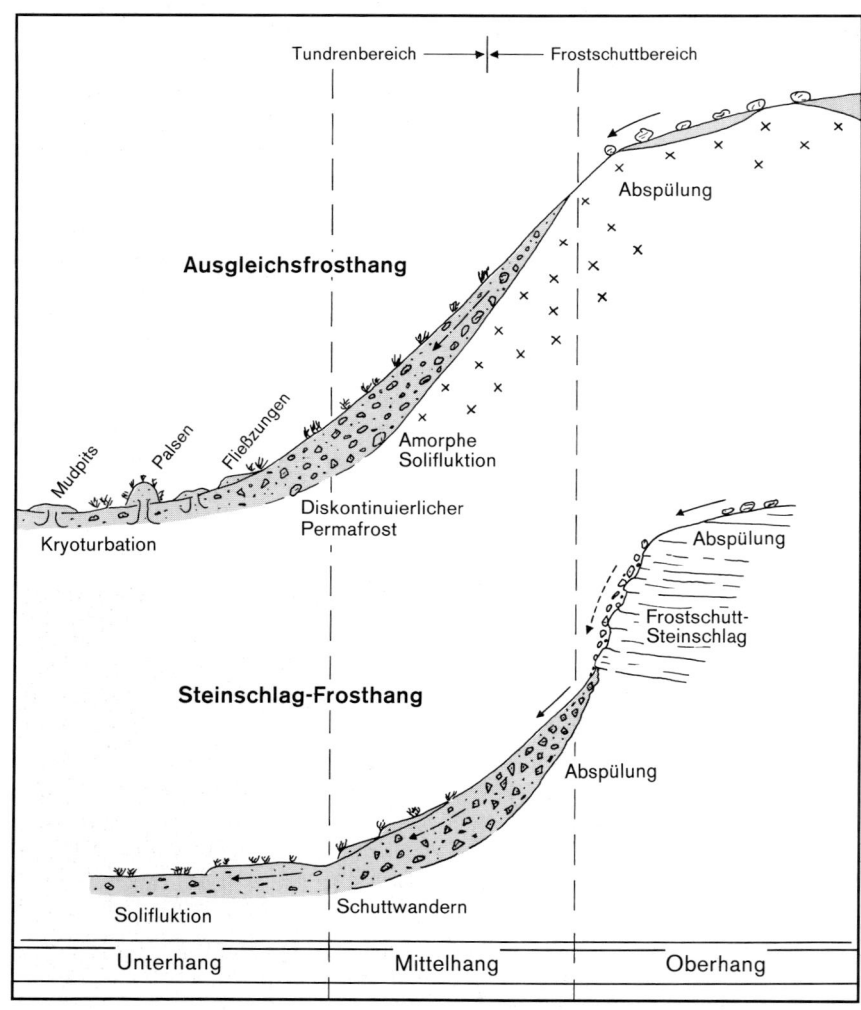

Abb. 92: Periglaziale Hangtypen in Grönland (nach STÄBLEIN 1977: 27): Modell eines Ausgleichs-Frosthanges in Massengesteinen sowie eines strukturgestützten Steinschlag-Frosthanges in Sedimentgesteinen.

Ein anderes Vorrelief (Alaska, Sibirien), das bereits sehr lange periglazial geformt wurde, besitzt zumeist wesentlich ausgeglichenere Hangformen und -profile. Dort dominieren gegenüber den Zerschneidungsformen die Spielarten der Kryoplanation und gebundenen Solifluktion in den Tundrengebieten. Jede Gesteinsart prägt durch ihre Petrovarianz individuelle Formen. Massengesteine bringen weniger akzentuierte Hangprofile mit sich wie Sedimentpakete unterschiedlicher Widerständigkeit. Insofern gibt es nicht *den* periglazialen Hang, sondern nur eine klimamorphologische Prozesskombination, die auf die Vorgaben wie Vorrelief, Reliefenergie, Petrovarianz oder Vegetation entsprechend reagiert. STÄBLEIN (1977) unterscheidet in diesem Kontext zwei sogenannte *Frosthangtypen* (Abb. 92): Der *Ausgleichsfrosthang* steht modellhaft für Massengesteine, zeigt im Oberhang oft ein konvexes Profil. Verwitterungsprodukte werden am Mittel- und Unterhang (zwischen-)akkumuliert, wobei sie am Unterhang ein konkaves Profil erzeugen. An petrographisch differenzierten Gesteinsabfolgen entwickelt sich oft ein *Steinschlag-Frosthang* mit Wandbildungen im Fels des Oberhanges, wobei härtere Gesteinslagen herauspräpariert werden und Gesimse bilden. Darunter setzt eine Frostschutthalde an, die in konkave Solifluktionsprofile übergeht. Weitere Formen und Prozesse beispielhafter periglazialer Hangentwicklung beschreibt STÄBLEIN (1987) aus Ost-Grönland.

Abb. 93: Dreiteiliger Frosthang mit Runsen und Kryopediment; Flussterrasse und anastomosierender Flusslauf (Raddetal/Südost-Spitzbergen). Am Übergang zur Hochfläche wird ein scharfer Hangknick sichtbar. Hier findet das 'Abreißen der Denudation' statt: Von der Fläche wird kaum Abtragungsmaterial in die Runsen geliefert. Es wird ausschließlich der Hang aktiv zurückverlegt (Aufnahme GLASER 1967).

8.4.1.5   Glossar zu weiteren perglazialgeomorphologischen, hydrologischen und biotischen Formen in arktischen Tundren und Kältewüsten

Thufure, Hummocks, Erdbulten:

Frostbedingte Druckwirkung und Aufpressung erzeugen diese *Auffrierhügelchen* von Dezimeter bis Meterhöhe. Nach SCHULTZ (1995) gehören sie zu den am weitesten verbreiteten, vergesellschaftet auftretenden Periglazialformen vor allem in ozeanischen Wiesen-Tundren. Sie sind von einer geschlossenen Vegetationsdecke besetzt, zeigen einen 'Kern' aus mineralischem Material, der nicht ganzjährig gefroren bleibt (SCHUNKE 1977a). Dynamisch werden Torfhügel durch das ungleichmäßige Eindringen der winterlichen Frostfront gesteuert. Unterschiedlich isolierend wirkt dabei der aktuelle Bewuchs und die Humus- oder Torflagen. Kryostatische Drucke, insbesondere bei unterschiedlich wasserhaltigem Substrat, pressen Lehmfladen oder Sand-Kies-Beulen als minerogene Thufur-Kerne auf.

KING (1981b) unterscheidet aufgrund von Standortbedingungen in der Kanadischen Arktis drei Typen von Torfhügeln, die zwischen 30 und 200 cm Höhe aufweisen und nicht nur aus einem mineralischen Inneren bestehen: *"1. Die größten Hügel sitzen auf stark exponierten, trockenen Stellen. Große Vogelkotmengen, Knochen und Gewölle von Schnee-Eulen weisen darauf hin, dass sie als Vogelsitzplätze benutzt werden. Sie entstehen über einem vorhandenen Kern aus sandigem Kies oder einem großen Stein. Dieser überzieht sich dank der starken Düngung mit einer im Vergleich zum umgebenden Gebiet wesentlich mächtigeren Torfdecke. Eislamellen können vorkommen. 2. In Mooren treten Torfhügel häufiger auf. Notwendige Voraussetzung für die Hügelbildung ist die primäre Zerlegung des Untergrundes der Moore durch Kontraktion und Bildung von Eiskeilen. Linsen von Segregationseis sind für die stärkere Heraushebung der Hügel verantwortlich. Diese Torfhügel sind dem Eiskeilformenschatz zuzuordnen. 3. In schlecht drainierten Mulden sind Torfhügel selten. Der hier vorkommende dritte Typ ist kuppelförmig und weist im Inneren einen massiven Eiskern auf. Die Hügel entstehen in der Auftauschicht durch Aufpressung von gefrierendem Wasser in einem geschlossenen, allseits von Dauerfrost umgebenden System. Dieser Typ ist genetisch mit den wesentlich größeren Pingos verwandt."*

Frost- und Eishügelformen: Palsas, Pingos, saisonale Frosthügel

Den genannten Überbegriff *Frost- und Eishügelformen* ('*frost mounds*') benutzt KARTE (1979) zur Ausgliederung größer dimensionierter, unregelmäßig vergesellschafteter oder isolierter Hügel, die sich deutlich von ihrer Umgebung abheben. Ihr Inneres kann jahreszeitlich begrenzt gefroren sein (Frostbeulen, Hydrolakkolithe, Aufeishügel). Die Höhe solcher noch wenig untersuchter, saisonaler Formen wird mit 0,5 bis 4,2 m angegeben, bei Durchmessern zwischen 6 und 50 m. Ihre Entstehungprozesse sind auf den Auftaubereich beschränkt.

Perennierende und langlebige Formen (*Palsas, Pingos*) stehen in direktem Zusammenhang mit dem Permafrost. *Palsas* (Sing. Pals, Palsa) sind 0,5 bis 10 m steil aufragende

Frosthügelformen mit ovalem Grundriss und Durchmessern von wenigen Metern bis zu 50 Metern. Der aus Torf oder teils minerogenem Material bestehende Kern ist ständig gefroren. Häufig sind Palsas in Mooren und auch der Waldtundra. Nach KARTE (1979: 52) sind sie charakteristische Formen in Gebieten mit diskontinuierlichem oder sporadischem Permafrost. Zur Erklärung der schild- oder domförmigen Palsas wird die progressive Bildung von Eislinsen/Segregationseis im Substrat angeführt. Plateauartige Palsas sind nach SCHUNKE (1975) Formen des Abbaus (*Thermokarst*).

Pingos sind sogenannte Eiskernhügel mit Höhen bis 50 - 100 m und einer ovalen oder runden Basis bis zu 300 - 1200 m Durchmesser. Die Mehrzahl der Pingos soll Durchmesser zwischen 20 und 300 m sowie Höhen von 5 bis 70 m aufweisen (KARTE 1979: 56). Ihre Flanken sind bis zu 35° steil, die ganze Form überragt isoliert ihre Umgebung. Im Kern bestehen Pingos aus einem (Blank-)Eiskörper, der von einem mehrere Meter dicken Sedimentmantel überdeckt ist. Er bleibt solange ganzjährig im Inneren gefroren, bis die allmählich abgetragene mineralische Deckschicht das Antauen des Eiskerns ermöglicht und der Pingo in der Folge ausschmilzt. Zurückbleibt ein saisonaler See an der Stelle des Eiskerns oder eine ausgelaufene Mulde.

Namensgebend für Pingos ist das Gebiet der Mackenzie-Mündung in die Beaufort-See (Nordwest-Kanada), wo sie als '*Geschlossen-System-Pingos*' auftreten (FRENCH 1976). Im Zuge der Landschaftsentwicklung dieses seen-reichen Aufschüttungsgebietes gefrieren Taliki (Kap. 7.6) unter angezapften oder ausgelaufenen Seen. Beim Eindringen der Frostfront und Inkubation des Permafrostes geraten ungefrorene, stark wasserhaltige Lagen unter Druck, der beim definitiven Kristallisieren des Taliks den linsenartigen Eiskern erzeugt, der den Pingo als solches aufwölbt. Pingos vom Mackenzie-Typ sind in Gebieten zu erwarten, wo junge Sedimentation oder Landhebung stattgefunden hat, in denen sich der aktuelle Permafrost noch ausbreiten muss. So sind sie stellenweise auch in den postglazialen Fjordablagerungen Nord-Spitzbergens oder Teilen Ost-Spitzbergens zu finden. '*Offen-System-Pingos*' (Ost-Grönland-Typ) wurden von MÜLLER beschrieben (1959, zit. bei KARTE 1979). Ihre Genese soll an zuströmendes Wasser innerhalb diskontinuierlicher Permafrostgebiete gebunden sein: *"Sie entstehen dort, wo in lückenhaftem Dauerfrostboden Oberflächenwasser eindringt und als Intra- oder Subpermafrostwasser unter hohem hydrostatischem, z.T. artesischem Druck im Dauerfrostboden entlang von Klüften, permeablem Material oder geologischen Schwächezonen aufsteigt und dabei zur Bildung eines Eiskörpers führt."* (KARTE 1979: 57).

Auffrierblöcke (Kryostasie-Blöcke)

Auffrierprozesse (Frosthub) von Grobmaterial aus dem Auftaubereich sind grundsätzlicher Natur im periglazialen Milieu und mitverantwortlich für die Anlage von Frostmusterstrukturen (Kap. 8.4.1.1; Abb. 77). Insofern stellen auch größere *Kryostasieblöcke* keine Besonderheit dar. Spektakulär sind Riesenblöcke bis zu mehreren Metern Durchmesser. Sie werden vermutlich mit Hilfe von Eiskissen an der Basis 'hydraulisch' über ihre Umgebung aufgepresst und sind auffällige Erscheinungen in der Landschaft. Bisweilen tragen sie noch eine Kappe aus frischem Bodenmaterial oder Sediment. Diese von

BLÜMEL (1993) beschriebenen Kryostasieblöcke in Nordwest-Spitzbergen werden als Ausdruck sich ändernder klimatischer Bedingungen aufgefasst. Tiefer reichender sommerlicher Auftau als in der Zeit zuvor könnte für das zahlreiche Erscheinen junger Kryostasieblöcke verantwortlich sein (Abb. 94).

Abb. 94: Kryostasieblock mit Bedeckung durch Bodenreste: Zahlreiche durch Frosthub über die Oberfläche gehobene Blöcke fallen im Landschaftsbild um den Liefdefjord/ Nordwest-Spitzbergen auf. Der Erhalt der Bodendecke zeigt, das der Block noch unlängst im Untergrund verborgen war und vermutlich durch jetzt tiefergreifenden sommerlichen Auftau in die Auffrier/-Frosthub-Dynamik einbezogen wurde (Aufnahme Blümel 1990).

Blockgletscher

Blockgletscher sind nach BARSCH (1996) ganzjährig gefrorene, unverfestigte Materialien (Schutt, Moräne u.ä.), übersättigt mit Poreneis und Eislinsen. Sie sind das Ergebnis von Permafrostausbreitung in zunächst ungefrorenen Lockersubstraten. Ihr Fließverhalten ähnelt dem von Gletschern. Es ist strukturviskos und erzeugt zungenartige Formen mit teils bogenförmigen Fließwülsten. Blockgletscher sind Teil des periglazialen Formen schatzes und Prozessgeschehens und sollten nicht mit von Toteis bedeckten Gletscherzungen verwechselt werden.

Literaturhinweise
Zu geomorphologischen Prozessen und Formen in der Arktis existiert eine Vielzahl regionaler Untersuchungen, die weder in Bezug auf ihren detailreichen, differenzierenden Inhalt noch auf räumliche Streuung hier wiedergegeben werden können. Dazu existieren eigenständige Darstellungen in Lehrbüchern AHNERT (1996), BÜDEL (1977), SEMMEL (1985), WEISE (1983) oder teils umfangreiche Monographien und Übersichten wie FRENCH (1976), WASHBURN (1979), SUGDEN (1982), WILLIAMS & SMITH (1989) u.v.a. Zahlreiche regionale Studien lieferten u.a. SCHUNKE und STÄBLEIN über Island und Grönland. Ausführliche Literaturzitate finden sich bei SCHUNKE (1994). BARSCH & KING (1981) gaben einen Sammelband über die *Ellesmere-Island-Expedition* (Nordost-Kanada) heraus; BLÜMEL (1992, 1994 und 1996) über die *Geowissenschaftliche Spitzbergen-Expedition* 1990-1992 (Liefdefjord/Nordwest-Spitzbergen). Ost- und Südost-Spitzbergen wurde von der Arbeitsgruppe um BÜDEL (1987, 1977, 1960) beschrieben (FURRER, SEMMEL, WIRTHMANN u.a.). Über Teile Sibiriens (Taymir-Halbinsel, Severnaja Semlja) finden sich Beiträge in BOIKE (1997) und MELLES ET AL. (1997)

8.4.2 Flüsse und fluviale Formung in Polargebieten

Abfluss-, Transport und Erosionsverhalten

Eine Kombination aus nivalen und glazialen Ablussregimen (*nivo-glaziale* oder *glazio-nivale Flüsse*) ist überall dort zu finden, wo zusätzlich zum Winterschnee eine aktuelle Vergletscherung ergänzenden sommerlichen Abfluss spendet: Teile der Kanadischen Arktis (Ellesmere Island, Devon Island, Teile von Baffin Island sowie kleinere vergletscherte Inseln); Fjord- und Küstenbereiche am Rand des Grönländischen Inlandeises; südliche Teile Islands; Spitzbergen (Inselgruppe Svalbard) mit Plateauvergletscherung, Eisstromnetzen sowie Tal- und Kargletschern; Franz-Josef-Land; Teile von Novaja Semlja; Sewernaja Semlja und Neusibirische Inseln. Hinzu kommen kleinräumige Vergletscherungen in nordamerikanischen und nordskandinavischen Gebirgen. Diese Flüsse sind allesamt periodisch und insbesondere zur Zeit der Schneeschmelze durch hohe Abflusskoeffizienten bzw. absolut hohe Abflussspitzen zu charakterisieren (Abb. 95). Folge ist eine zumindest kurzzeitig heftige Wasserführung (rasche Aufzehrung von Schneerücklagen) mit großer Schleppkraft, die in der Lage ist, typische Schotterfelder (auch aus gröberen Komponenten) aufzuschütten oder schubweise durchzutransportieren. Nach der ersten heftigen Abflussphase geht der Fluss in das typische verwildernde, anastomosierende Fließverhalten über (*braided river*). Das noch immer recht hohe Belastungsverhältnis (Wasser : Geröll- und Schwebfracht) erzwingt ein ständiges Aufschütten und erneutes Erodieren von Kies- und Geröllbänken und damit ein unstetes Pendeln sich vereinigender und wieder divergierender Wasserarme (Abb. 93, 97). Die Wasserführung nimmt nach der raschen Aufzehrung der Schneerücklagen schnell ab, hält aber aufgrund der langsameren Eisschmelze auf niedrigem Niveau länger an.

Betrachtet man das Abflussverhalten eines 'rein' glazialen Flusses, ergibt sich die Kurve z.b. des Lewis Glaciers/Alaska (Abb. 95 c). Glaziale Regime der Polargebiete wie das des Lewis Gletschers zeigen einen initialen, schwachen Abfluss aus der Schneeschmelze die langsam die Höhenstufen des Einzugsgebietes erobert. Es folgt eine länger anhaltende, ergiebige Spende aus der hochsommerlichen Eisschmelze.

Mit ihren breiten Hochwasserbetten bieten *nivale, nivo-glaziale und glaziale Abflüsse* das bekannte Bild breiter Schotterfluren und Sander in der heutigen Arktis, deren vorzeitliche Formen prägende Landschaftselemente Süddeutschlands stellen (z.b. Main-Tal; Schottersträngen der Iller-Lech-Platte; Oberrheinische Tiefebene). Sie können somit in ihrem Erscheinungsbild als Modelle für die Genese und Dynamik von Flüssen in den pleistozän-kaltzeitlichen Mittelbreiten dienen.

Flüsse in vielen Teilen des heutigen Polargebiets besitzen Einzugsgebiete ohne Gletscher, beziehen in erster Linie ihr Wasser aus den winterlichen Schneerücklagen. Es sind also *nivale Regime*. Besonders häufig sind sie in den Weiten Kanadas und Sibiriens, aber auch in kleineren Systemen auf Grönland und Spitzbergen. Ihr Abfluss- und Fließverhalten ähnelt kurzfristig dem nivo-glazialer Flüsse, und zwar bei durchgreifender Schneeschmelze in Tiefländern. Sommerliche Regenniederschläge tragen meist nur unmaßgeblich zum Abflussaufkommen bei, da das Wasser im Auftauboden versickert und teilweise über die Interzeption und Evapotranspiration verbraucht wird.

Abflusskoeffizienten (= mittl. monatl. Abfluss : mittl. jährl. Abfluss) der Größe 4 und mehr sind bei nivalen Flüssen keine Seltenheit. Selbst bei niedrigem Gefälle resultiert eine hohe Schleppkraft. Charakteristisch sind zugehörige, breite Talsohlen. Periglaziale Flüsse oder kleine Gerinne zeigen häufig folgende Phasen im Fließverhalten:

1. Kurzfristig breitflächiger, starker Abfluss mit hohem Materialtransport;
2. Übergang zu anastomosierendem Abfluss mit kräftigem Transport in den einzelnen Wasserarmen, Erosion und Umlagerung bereits abgelagerter Geröllfracht;
3. zunehmende Zwischenablagerung bei abnehmender Wassermenge;
4. vermehrtes Trockenfallen von Fließrinnen gegen Ende der Schneereserven;
5. Kümmerabfluss aus restlichen Schneeflecken und Austauen von Bodeneis (Auftaubereich über der Permafrosttafel);
6. definitives Trockenfallen spätestens mit den ersten Frösten.

Autochthone Periglazialflüsse kleinerer und mittlerer Einzugsgebiete zeigen trockene Gerinnebetten zu Beginn des Winters (Abb. 95 b). Anders die Situation bei großen Flüssen oder Strömen, wenn aus Großeinzugsgebieten Sibiriens, Kanadas oder Alaskas 'Fremdlingsflüsse' die polare Tundra durchfließen. Ihre restlichen Wasser gefrieren im Winter und brechen mit ihrer Eisdecke im Frühjahr wieder auf. Dieser Vorgang ist meist verbunden mit weitflächigen Überschwemmungen, wenn im wärmeren, südlichen Hinterland (z.B. Borealer Nadelwaldgürtel) die Schneeschmelze rasant in Gang gekommen ist. Die winterliche Eisdecke dieser Flüsse unterstützt das Erosions- und Transportgeschehen: Aufbrechende, teils übereinandergeschobene Eisschollen korradieren die

Ufer und reißen Material mit. Staueffekte durch zusammengeschobene Eismassen verlangsamen den Abfluss, bis der 'Eisdamm' bricht und einen umso gewaltigeren, beschleunigten Abfluss und Transport bewirkt. Eisschollen transportieren auch direkt Schuttmaterial ('*ice-rafting*'), das am Ufer auf die Eisdecke gestürzt oder darin eingefroren war (z.B. 'Driftblöcke').

Eine charakteristische Abflusskurve für ein periglaziales Kleineinzugsgebiet zeigt Abb. 95 mit Beispiel (b): Ein fast unvermittelt beginnender extremer Abfluss mit scharfen Peaks, unterbrochen von Kälterückfällen, geht nach einem Monat fast wieder zu Ende. In den folgenden zwei Wochen fällt nur noch sehr wenig Wasser an. Wie neue Befunde aus Nordwest-Spitzbergen zeigen, beginnt der saisonale Abfluss in bergigen/hügeligen Einzugsgebieten des öfteren mit *Slush-streams* (SCHERER 1994; SCHERER & PARLOW 1994; BARSCH ET AL. 1994). Das sind mit hoher Geschwindigkeit (bis 60 km/h) ausbrechende Schnee-Wasser-Gemische, die beim Abgang Schutt und Geröll mitreißen und den Untergrund korradieren können. Solange dieser noch nicht tiefgründig aufgetaut ist, wird fast das gesamte Schmelzwasser zum Oberflächenabfluss gezwungen und erhält somit seine hohe Erosions- und Schleppkraft. In der zweiten, schwächeren Restphase der Schneeschmelze nimmt ein Teil des Wassers den Weg über den Untergrund: Es sickert in den entstandenen Auftauboden ein und perkoliert dort langsam über der Permafrosttafel. Zusammen mit dabei freigesetztem Bodeneis wird so über eine bestimmte Zeit ein schwacher Abfluss aufrechterhalten, auch wenn die Schneeschmelze nahezu abgeklungen ist.

Das in Abb. 95 d-f dargestellte Vergleichsbeispiel aus der Hohen Arktis Nordwest-Spitzbergens (BARSCH ET AL. 1994) belegt nochmals die Unterschiedlichkeit im Abflussverhalten kleiner periglazialer, periglazifluvialer und glazifluvialer Einzugsgebiete. Auch im Stofftransport verhalten sich die Systeme anders: Der Feststoffaustrag im glazifluvialen Einzugsgebiet liegt um eine Dimension über dem des periglazialen. Verantwortlich hierfür ist die glaziale Erosion, aus der der wesentliche Anteil der Suspensionsfracht stammt. Der Hauptsedimenttransport periglazialer Abflüsse geschieht bei periodischen Hochwässern und episodischen 'slush streams' (Sulzströme/Sulzmuren, s. oben; näheres bei BARSCH ET AL. 1994 und 1992). Vergleichende quantitative Angaben zweier Polarsommer (1990 und 1991) zu Abfluss, Feststoff- und Lösungstransport im periglazifluvialen Einzugsgebiet der Kvikkaa sind Tab. 5 und Abb. 96 zu entnehmen. Sie zeigen die Dominanz der Suspensionsfracht und den beachtlichen Anteil des Lösungstransports auch in polaren Breiten. Der Monat Juli erweist sich als der hydrologisch wirksamste mit 50 - 80% sämtlicher fluvialer Transporte. 58% der Abflussmenge fällt in diesem Monat an, ebenso 52% der Lösungsfracht, 72% der Suspensionsfracht und mehr als 80% der Geschiebefracht. Dieses Fallbeispiel mag als repräsentativ gelten für zahlreiche schwach vergletscherte oder rein periglaziale Kleineinzugsgebiete. BARSCH ET AL. (1994) weisen auf die grundsätzlichen Ähnlichkeiten im Einzugsgebiet und Transportverhalten beider Systeme hin (vgl. Abb. 95 d-e).

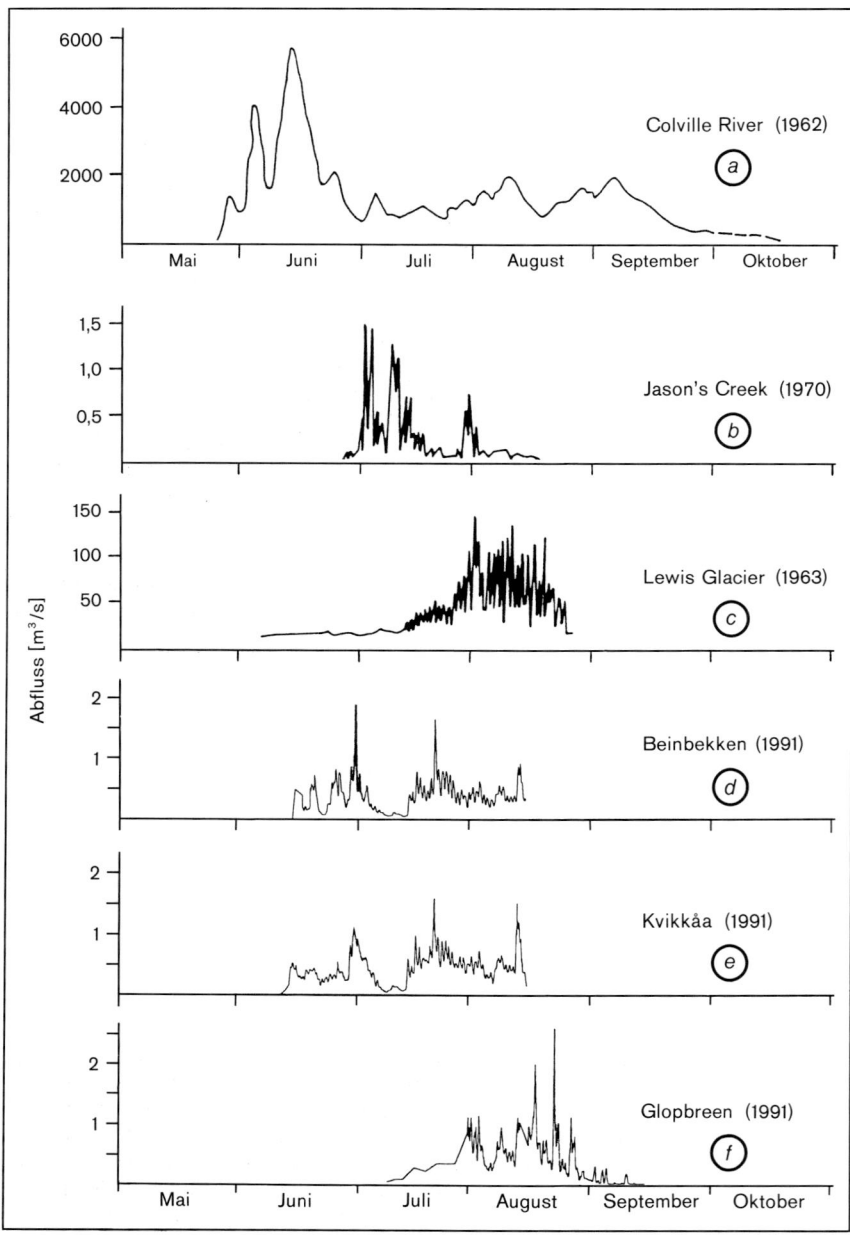

Abb. 95

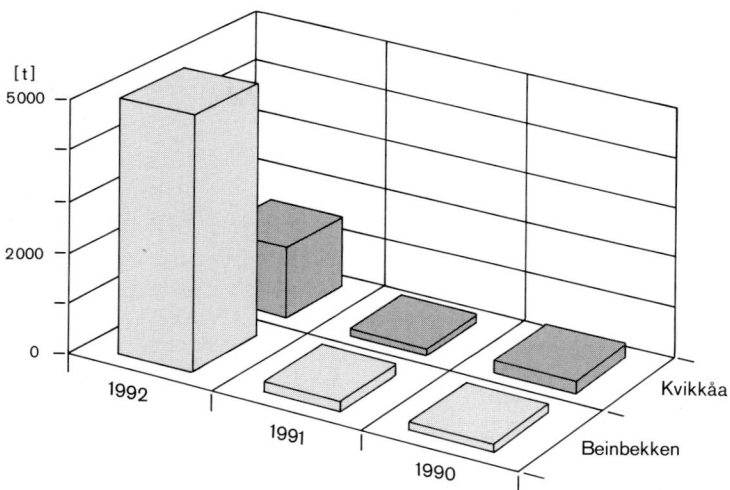

Abb. 96: Drei-Jahres-Vergleich (1990 - 1992) des Feststofftransports aus einem periglazialen
(Beinbekken) und einem periglazifluvialen (Kvikkaa) Einzugsgebiet Nordwest-
Spitzbergens (aus BARSCH ET AL. 1994: 119).

Abb. 95: Saisonale Abflussregime zweier periglazialer Flüsse (a, b), verglichen mit einem gla-
zialen Schmelzwasserstrom (c). (a) = Colville River, Alaska (1962); (b) = der kleine
Jason's Creek, Devon Island (1970); (c) = Lewis Glacier (1963). (nach CHURCH 1974)
Die Abflusskurven d, e und f gehören zu kleinen Einzugsgebieten (EZG) auf der
Germania-Halbinsel (Liefdefjord/Spitzbergen), die im Jahr 1991 gemessen wurden:
(d) Beinbekken = periglaziales EZG; (e) Kvikkaa = periglazifluviales EZG (kleiner
Kargletscher im EZG); (f) Glopbreen = glazifluviales EZG (kleiner Talgletscher) (aus
BARSCH ET AL. 1994: 115).

		1990	1991
Water equivalent of the snow cover		1,2 mio qm	(*)
discharge:	Total discharge (gauge)	2,8 mio qm	2,4 mio qm
	Qmax	2200 l/sec	1600 l/sec
	Events –1000 l/sec	8	4
	Start of discharge	June, 5th	June, 14th
suspension:	Transport trough gauge	237 tons	124 tons
	Total suspension export at the mouth	177 tons	103 tons
	Specific transport/erosion	46 g/qm	24 g/qm
	Number of the great events	3	0
bedload:	Transport trough gauge (basket/sink)	5/- tons	2,2/3 tons
	Total bedload export at the mouth (tub/sink)	226/- tons	60/90 tons
	Max. transport (baskets)	112 kg/h	9 kg/h
solution:	Total transport	89 tons	109 tons
	Input of aerosols	16 tons	(*)
	Specific transport	17,3 g/qm	21,8 g/qm

(*) not yet determined.
- in 1990 not installed.

Tab. 5:   Vergleich von Abfluss, Feststoff- und Lösungsfracht der Kvikkaa in den Jahren 1990 und 1991 (Germania-Halbinsel, Nordwest-Spitzbergen) (nach BARSCH ET AL. 1992 aus BLÜMEL 1993).

Das facettenreiche Reliefbildungsgeschehen hochpolarer periglazialer Gebiete ist von BÜDEL (1969, 1972, 1977) durch seine Untersuchungen in Südost-Spitzbergen bekannt gemacht worden. In seinem System der klimagenetischen Geomorphologie erscheint das Periglazialgebiet als 'Zone exzessiver Talbildung'. Als Erklärung der besonderen Leistungsfähigkeit polarer Flüsse bietet BÜDEL (1969) den 'Eisrindeneffekt als Motor der Tiefenerosion' an. Beide Vorstellungen erweisen sich im großräumigen, zirkumpolaren Bereich als geomorphologische Faustregel jedoch nicht haltbar. So hatte u.a. TRICART bereits 1963 darauf hingewiesen, dass autochthone periglaziale Flüsse häufig den anfallenden Verwitterungsschutt nicht bewältigen können. Andere Autoren kommen zu dem Ergebnis, dass diese Flüsse eher zum Aufschottern als zum Erodieren neigen (vgl. BIBUS ET AL. 1976; WEISE 1983).

Periglaziale Flüsse sind sicherlich individuell in Bezug auf ihr Erosions- und Transport- verhalten zu bewerten und passen nicht in ein einheitliches Schema. Einige äußerliche Merkmale wurden oben erwähnt. Bei entsprechendem Belastungsverhältnis, das aus der Wassermenge, der Geröllfracht und dem vorgegebenen Gefälle resultiert, kann Erosion, Aufschüttung oder Durchgangstransport konstatiert werden. Diese hydrologischen Parameter sind - wie auch in anderen Klimazonen - entscheidend. So wird ein Fluss mit noch so großer Wassermenge sich nicht einschneiden können, wenn sein Gefälle bereits sehr flach auf die Erosionsbasis ausläuft oder sehr widerständige Gesteinspartien ent

sprechende lokale Erosionsbasen bilden. Nur bei bestehender ausreichender Reliefenergie (Gefälle), junger Hebung im Durchflussgebiet oder Senkung der Erosionsbasis kann
mit Taleintiefung gerechnet werden. Die Eisrinde als Hilfsmittel einer schnellen Tieferlegung wird kaum eine Rolle spielen. Sie kann sich nur dort entwickeln (und sich nach
erosiver Entfernung erneuern), wo Poren oder Klüfte im Gestein vorhanden sind.
Kluftarmes Festgestein - wie z.b. dichter Granit - bleibt somit auch unter polaren
Permafrostbedingungen geomorphologisch hart. Umgekehrt benötigt kluftreiches
Gestein keine Eisrinde, um rasch abgetragen zu werden. Winterliche Frostverwitterung
und Tieffrost-Beanspruchung genügen zur Schuttproduktion, die der nächste Abfluss als
Geröll mitführen kann. (*Anmerkung:* Zum Vergleich seien die pleistozänen Periglazialtä-
ler Süddeutschlands angeführt, deren regional beträchtliche Eintiefung in die klüftigen
mesozoischen Kalkgesteine und bröckeligen Mergel keiner zusätzlichen Zerrüttung
durch eine Eisrinde bedurften. Kalklösung dagegen wird eine wichtige, wenn auch
bisher wenig beachtete Rolle gespielt haben.)

Die anhaltende, teils konträre Diskussion über das Wesen periglazialer Flüsse und deren
formende Wirkung ist in der Unterschiedlichkeit der Untersuchungsgebiete begründet.
WEISE (1983: 118) hat diesen Sachverhalt zusammengefasst: *"Es ist schwierig, die Morphodynamik im rezenten Frostschutt- und Tundrenbereich in ihrer Gesamtwirkung einzuschät-
zen, da diese Gebiete während der Kaltzeiten zum größten Teil vergletschert waren und der
Zeitraum seit dem Eisrückzug (rd. 10 000 Jahre) nicht ausgereicht hat, das Glazialrelief
wesentlich umzugestalten. Weiterhin stört regional sehr starke Hebung, wie sie z.B. Spitzbergen nach dem Eisrückgang erfahren hat. Periglazialbereiche, die keine kaltzeitliche Vergletscherung mitgemacht haben, wie z.B. große Teile Sibiriens, zeigen andere Formen. (...) Damit
wird neben der Talbildung eine deutliche Tendenz zur Flächenbildung sichtbar, die in
Spitzbergen nicht in optimaler Deutlichkeit zu erkennen ist."*

Weitere regionale Untersuchungen zur fluvialen Dynamik nordpolarer Räume finden
sich u.a. bei BARSCH ET AL. (1981; Ellesmere-Island/Kanadische Arktis); PEAKE &
WALKER (1973; Brooksrange, Nord-Alaska); SCHUNKE (1989; Nordwest-Kanada);
SCHUNKE (1981, 1985; Zentral-Island); KIEL (1989; Zentral-Island); BOLSHIYANOV &
HUBBERTEN (1996; Sibirien/Taymir-Halbinsel, Severnaya Zemlya).

Periglaziale Mulden- und Kastentälchen (Dellen)

Eine zumindest für die arktische Tundra und Frostschuttzone charakteristische Klein-
form im fluvialen Geschehen repräsentieren die *Dellen (Solifluktionstälchen,* periglaziale
Korrasionstälchen). Sie sind als periodische nivale Gerinne entweder direkt auf das Meer
als Erosionsbasis eingestellt, oder sie sind Teil eines dendritisch verzweigten größeren
Einzugsgebiets, wo sie als direkte Tributäre (Nebenflüsse) bzw. Teile des oberen Einzugsgebietes einzuordnen sind. Sie erfüllen die Funktion von 'Kollektoren', indem sie
Schneeschmelzwasser oder Wasser aus dem Auftaubereich bündeln und so eine progressive Transportleistung des Vorfluters bewirken. Dellen können von wenigen Dekametern (Initialstadien) bis zu einigen Kilometern Länge erreichen. Ihr typischer Quer

schnitt ist im Oberlauf flachmuldenförmig mit angedeuteter Sohle. Letztere wird mit zunehmender Laufstrecke und Wassermenge deutlich ausgeprägt durch ein meist verwildertes Fließverhalten des nivalen Tälchens. Von den Seiten her kommt, zusammen mit dem Schneeschmelzwasser, das die Delle als Tälchen eintieft, vor allem Abluations- und Solifluktionsmaterial von den schon bestehenden, sich weiterentwickelnden Hängen (Abb. 42). Somit ist ein Charakteristikum periglazialer Tälchen, dass Talboden und Talhänge synchron entstehen. Sie sind als eine genetische Einheit aufzufassen. Einzelformen wie ganze Tributärsysteme von Dellen tragen rückschreitend ab und vergrößern somit ständig das Einzugsgebiet des nivalen Abflussregimes. Dabei beteiligte Teilprozesse sind die gleichen, wie sie nachfolgend bei der Bildung *asymmetrischer Dellen*/Tälchen beschrieben werden.

Ehemalige Periglaziallandschaften (z.B. Mitteleuropa) sind abseits der Vorfluter von Gerinnebetten geprägt, die heute zumeist trocken sind und sehr häufig, wenn nicht in der Mehrzahl, asymmetrische Querprofile aufweisen. Gleiche Entwässerungsstrukturen bestimmen das Bild in rezenten polaren Flach- und Hügellandschaften. In ihren Dimensionen sind sie - wie oben genannt - sehr unterschiedlich. Abb. 98 zeigt eine kleine, aber bereits deutlich asymmetrische Delle bei der Einmündung in die nächst größere. Sichtbar wird die an den Flanken arbeitende Solifluktion und Abluation. Folgende Teilprozesse, die zu asymmetrischen Profilen führen, lassen sich an einem bereits existierenden, quer zur Hauptwindrichtung verlaufenden Tälchen ausgliedern:

1. Winterliche Schneeakkumulation über gefrorenem Untergrund; besonders mächtig auf dem Lee-Hang; geringe Bedeckung (oder apere Oberfläche) im Luv.

2a. Frühsommerliche Schneeschmelze mit Abspülungsprozessen (Abluation) vor den zurückweichenden Schneeflecken auf der noch gefrorenen Erdoberfläche.

2b. Zeitgleich Entwicklung eines Gerinnebettes (Sohlentälchen) mit Feststofftransport; Seiten- und Tiefenerosion.

3a. Mit zunehmender Auftautiefe Solifluktionsbewegungen (Frostkriechen, gravitative Bewegung, Fließzungen u.ä.) vor allem auf dem feuchten Lee-Hang.

3b. Geringere morphodynamische Aktivität (Denudation) auf dem Luv-Hang; an vielen Tälchen Unterschneidung des trockeneren Luv-Hanges.

4. Mit dem Abklingen der Schneeschmelze Nachlassen von Abfluss und Denudationsintensität; allmähliches Trockenfallen.

Besonders wichtig erscheint bei der Abtragung der Talhänge die Abluation zu sein (vgl. Abb. 90, 42). Sie arbeitet wegen der nur schwachen Schleppkraft abrieselnder Wasserfilme selektiv. Ausgetragen werden Feinklasten, die wiederum vom Gerinnebett als Suspensionsfracht mühelos transportiert werden können. Mehr Abfluss und länger anhaltende Feuchte auf dem stärker von Schnee bedeckten Lee-Hang bewirkt also:

- starke Oberflächenabspülung,
- stärkere gravitative Verlagerungen des Auftaubereichs,
- verstärkte Frost-(wechsel-)dynamik (Frostkriechen etc.),
- Kammeissolifluktion,
- intensivere Frostverwitterung (Kryoklastik),
- chemische Aufbereitung.

In der Gesamtheit wird der Lee-Hang im Laufe der Zeit wesentlich stärker abgetragen als der Luv-Hang. Über die unterschiedliche Schneeakkumulation wird eine Vielzahl von periglazialen Teilprozessen gesteuert, ergänzt und modifiziert unter anderem durch die Vorreliefkonfiguration, Expositionsunterschiede (Einstrahlung), Substrateigenschaften (Feinkorngehalt, Durchlässigkeit etc.) sowie die Vegetationsdecke.

Vertiefende, stärker problematisierende Literatur (Auswahl): AHNERT (1996), FRENCH (1971, 1976), KARRASCH (1970), KARTE (1979), SEMMEL (1985), WASHBURN (1979), WEISE (1983).

Abb. 97: Anastomosierender Fluss (= 'braided river'; verwilderter Flusslauf) in einem dominant periglazialen Einzugsgebiet Südost-Spitzbergens (Aufnahme GLASER 1967).

Abb. 98: *Links*: Delle mit Solifluktionshängen, eingetieft in eine isostatisch gehobene Fläche; im Vordergrund Kryoturbationsformen.
Rechts: Asymmetrische kleine Delle bei der Einmündung in das nächst größere Tälchen (Kongfjord/West-Spitzbergen) (Aufnahme BLÜMEL 1969).

8.5 Arktische Völker und Naturraum; Ausbeutung der Meere

Im Unterschied zur Antarktis beherbergen arktische Räume indigene Kulturen (Polarvölker): Die Eskimos (Inuit) Grönlands, Kanadas und Alaskas, die Küsten-Tschuktschen in Nordost-Sibirien östlich der Kolyma-Mündung sowie die Völkerschaften im nordeuropäischen und nordasiatischen Bereich wie die Komi, Nenzen (Samojeden), Enzen (Jenissei-Samojeden), Dolganen, Jakuten oder Lappen (TREUDE 1991: 10). Diese Polarvölker haben ihre primären Wurzeln sicherlich nicht in den Tundren der Hohen Breiten, sondern wurden von stärkeren Völkern in die Randbereiche menschlicher Existenzmöglichkeiten verdrängt (IMBERT 1990: 160). Hier entwickelten sie Überlebens- und Lebensstrategien, indem sie zunächst als Jäger und Sammler die Potentiale der festländischen wie marinen 'Nahrungsketten' nutzten (Abb. 99, 100).

Für das Verständnis der Kulturausbreitung und der räumlichen Verteilung von Völkern und Stämmen ist auch der in diesem Buch mehrfach angesprochene Klimawandel zu bedenken. So ist es durchaus möglich, dass heutige 'Tundren-Völker' ursprünglich in lichten Waldklimaten lebten. Dies könnte für die mittel- und jungsteinzeitlichen Kulturen Eurasiens gelten, als während des postglazialen Wärmeoptimums (*Atlantikum*; s. Abb. 50) die Waldgrenze regional recht weit nach Norden verlagert war. (Anmerkung: Auch heutige Wüsten wie die Sahara waren damals deutlich feuchter, trugen eine savannenartige Vegetation und beherbergten Großsäuger wie auch frühe Kulturen.) Mit dem Abklingen dieser 'globalen' klimatischen Gunstphase adaptierten sich die Völker an das zunehmend arktische Tundren-Ökosystem.

Auch bei der Kulturausbreitung auf dem nordamerikanischen Kontinent spielte das Paläoklima und die Paläo-Umwelt eine entscheidende Rolle. Bedingt durch die eustatische Meeresspiegelabsenkung während der letzten Eiszeit um 100 bis 130 Meter existierte im Bereich der heutigen Bering-Straße eine Landbrücke. So konnten asiatische Völker bereits vor etwa 25000 Jahren im letzten *Frühglazial* und nochmals während der *Jüngeren Dryaszeit* (um 11400 Jahren vor heute) von Nordost-Sibirien nach Alaska einwandern und sich in den folgenden Jahrtausenden recht zügig bis nach Süd-Chile ausbreiten. Die *Monte Verde*-Kultur Chiles wird auf 13000 Jahre v.h. datiert (DER SPIEGEL 3/1997). Erklärbar wird diese schnelle Ausbreitung durch die eiszeitliche Veränderung aller Vegetations- und Klimazonen. So kann heute davon ausgegangen werden, dass der tropische Regenwaldbereich Mittel- und Südamerikas nicht flächenhaft erhalten war (WHITMORE 1998) und dass lichte Savannen oder Steppen eine schnelle Ausbreitung von nomadisierenden Jäger- und Sammler-Kulturen erleichterten.

Eiszeitliche asiatisch-mongolische Völker bilden also die stammesgeschichtlichen Wurzeln der amerikanischen Ureinwohner (Indianer, Indios, Eskimos; DER SPIEGEL 3/1997). Die Eskimos Alaskas, Kanadas und Grönlands sind wohl vor allem aus der zweiten 'Einwanderungswelle' vor etwa 11400 Jahren hervorgegangen. Mit dem zunehmenden Zerfall des nordamerikanischen Inlandeises wurden Landoberflächen wieder eisfrei, die sich in der Folgezeit als Lebensräume arktischer Jagdvölker anboten. In der Neuzeit verdrängten während des späten Mittelalters einwandernde Eskimos die Wikinger von ihren grönländischen Wohnplätzen, die sie während der *mittelalterlichen Warmphase* besiedelt hatten und etwa drei Jahrhunderte (bis etwa 1300 n.Chr.) nutzen konnten. Die nachfolgende '*Kleine Eiszeit*' (Klimaverschlechterung ab 1200/1400 n.Chr. bis 1850) führte zur Blockade Grönlands und Island durch langanhaltendes Packeis (LAMB 1989). Die Klimagunst des Mittelalters/Hochmittelalters mit nach Norden ausgeweiteter Waldgrenze und Ackerbaumöglichkeiten auf Island sowie stellenweise auch auf Grönland ging allmählich zu Ende.

Zurück zu den natürlichen Grundlagen und Nutzungspraktiken der teils nomadisierend lebenden Polarvölker: Ihre individuellen Formen der Anpassung und Kulturausprägung stützen sich, in unterschiedlicher Intensität, auf terrestrische wie marine Lebewesen und deren saisonale 'Verfügbarkeit'. Die voreuropäischen Kulturen in Nordeuropa und Nordasien praktizierten Rentierhaltung und Wildrenjagd sowie Fischfang (bei den Nenzen zusätzlich Seesäugerjagd). Diese Nutzungsweise war auch bis in die äußersten Nordosten Sibiriens bei den Rentier-Tschuktschen und -Korjaken zu finden. In der unmittelbaren Küstenzone Nordost-Sibiriens, in Alaska, Nord-Kanada und Grönland herrschte Seesäugerjagd vor (Küsten-Tschuktschen, -Korjaken, Eskimos). Auch diese Völker betrieben zumindest regional die Wildren- bzw. Karibu-Jagd sowie Fischfang. Eine Ausnahme bildeten Eskimo-Gruppierungen im nördlichen Alaska und westlich der Huson-Bay mit überwiegender Karibu-Jagd (TREUDE 1991).

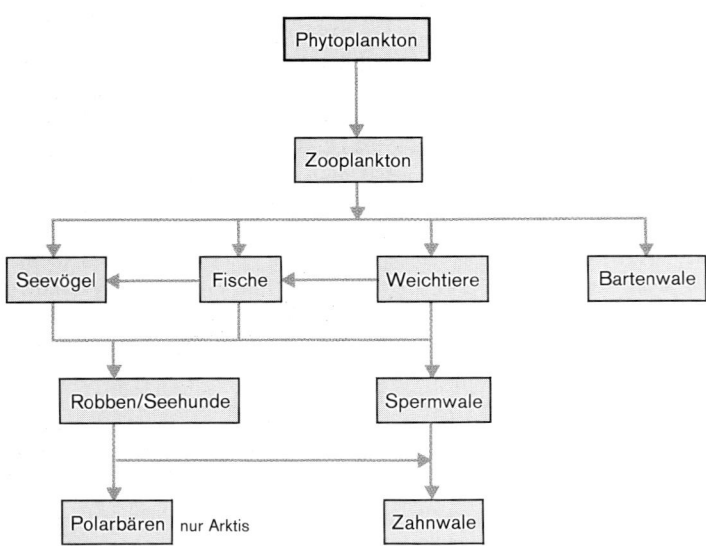

Abb. 99: Nahrungskette in marinen Ökosystemen der Polargebiete: Arktis und Antarktis sind im Prinzip sehr ähnlich, auch wenn die Gattungen oder Arten sich stark unterscheiden. So leben Pinguine nur auf der Südkalotte. Alke, Lummen oder Papageientaucher findet man nur in der Arktis. Eisbären gibt es ebenfalls nur im Nordpolargebiet. Seeschwalben pendeln zum Teil zwischen beiden Polarregionen.

Diese traditionellen Nutzungsformen - primär weitgehend auf Selbstversorgung und allenfalls kleinräumigen Tauschhandel ausgerichtet - stellten keine gravierenden Störfaktoren im arktischen Ökosystem dar, bis dass Fernhandelsverbindungen mit indigenen Völkern (Felle, Tran, Barten, Elfenbein usw.) oder Invasionen von Fangflotten eine systematische, intensive Jagd auf Wale, Robben oder Pelztiere eröffneten.

So begann beispielsweise bereits wenige Jahre nach der Entdeckung Spitzbergens durch W. Barents (1596) eine kommerzielle Ausbeutung des Nordatlantiks durch zahlreiche west- und nordeuropäische Nationen (einschließlich Spanien und Russland), die Walfang und Walrossjagd betrieben. Zunächst wurde der Grönlandwal küstennahe erlegt und in Landstationen verarbeitet. Saisonale Siedlungen mit 10000 bis 20000 Walfängern und ihrem 'Gefolge' entstanden (THANNHEISER 1996). Die bekannteste ist wohl Smerenburg auf der Dänen-Insel (Dansk-Oya/Nordwest-Spitzbergen; ca. 80°N), wo sich während der Polarsommerzeit bis zu 8000 Menschen aufhielten. Begünstigt wurde die Ausbeutung des Europäischen Nordmeers durch die Existenz des Golfstroms/West-Spitzbergen-Stroms, der eine vergleichweise leichte Zugänglichkeit hoher Breiten während der Sommersaison erlaubt (Abb. 15).

Schon um 1650 musste wegen übermäßiger Ausbeutung zur See- oder Eisjagd in küstenfernen Gewässern übergegangen werden (Spitzbergen, Ost-Grönland; später West-Grönland, Beringmeer, Tschuktschen- und Beaufort-See). In der Mitte des 19. Jahrhunderts wurde die Jagd auf Wale und Walrosse um Spitzbergen bereits unrentabel. Eingestellt wurde der Fang von Großwalen erst um 1910, als deren Bestände weitgehend dezimiert waren. Somit erlebten wesentliche Teile arktischer Meere ein der Antarktis vergleichbares Schicksal (Kap. 6.3.1), indem zuerst und am nachhaltigsten in die marinen Bereiche der polaren Ökösysteme eingegriffen, deren Gleichgewicht und Nahrungskette (Abb. 99) gestört wurde.

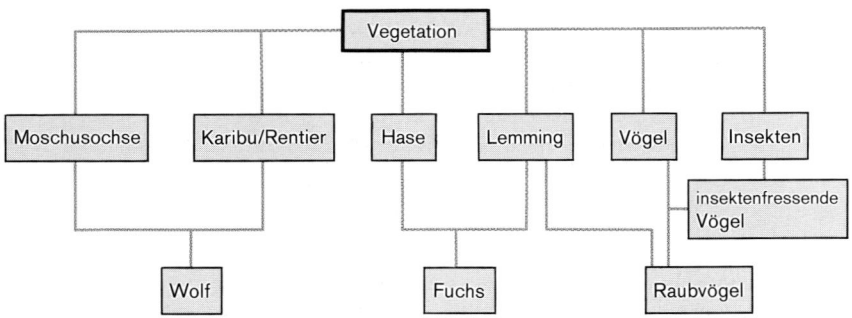

Abb. 100: Nahrungskette der festländischen Arktis: Die ausgedehnten Tundren bieten zahlreichen herbivoren Tieren (Säugetiere, Vögel, Insekten) wie auch ihren Räubern gute Lebensmöglichkeiten. In der kargen antarktischen Tundra und Frostschutzzone sind keine vergleichbaren Lebensmöglichkeiten zu finden. Dort fehlt eine Nahrungskette höher entwickelter Lebewesen vollkommen. Lediglich eine von Aas lebende Landvogelart (*Scheidenschnabel*) wurde in geringer Zahl beobachtet.

Anders als in Antarktika boten die Waldtundren und hochpolaren Tundren mit ihren zahlreichen Pelztieren eine weitere lukrative Nutzungsmöglichkeit. So erlebte der Spitzbergen-Archipel vom Ende des 18. bis zur Mitte des 19. Jahrhunderts eine starke Dezimierung der festländischen Fauna durch Pelztierjäger. Bis zu siebzig Fallensteller lebten zeitweilig auf Spitzbergen, vereinzelt als Überwinterer (THANNHEISER 1996). Zeitgleich wurde weiterhin Jagd auf Robben gemacht.

Im Unterschied zu den fast ausgerotteten Großwalbeständen erholen sich Robbenpopulationen und die festländische Fauna wesentlich schneller. Das gilt auch für die Eisbären, deren Zahl seit ihrer Unterschutzstellung im Jahr 1973 auf Spitzbergen und Fanz-Josefs-Land auf 5000 Exemplare geschätzt wird. Die terrestrische Nahrungskette der Arktis ist diversifiziert (Abb. 100), das gesamte Ökosystem der vergleichsweise produktiven Tundra entsprechend gepuffert, so dass Regenerationsprozesse rasch und erfolgreich ablaufen können. Voraussetzung dafür ist die Erkenntnis und der Wille zur Selbstbeschränkung des wirtschaftenden Menschen. Mit der angesprochenen Erschließung der peripheren Lebensräume und ihrer Einbindung in den Fernhandel und die Rohstoffnutzung, mit dem sozialen und demographischen Strukturwandel der indigenen Bevölkerung, mit der Aufgabe einer an die widrigen Naturverhältnisse angepassten Lebensweise wird dies allerdings ein bloßer Wunsch bleiben. Neben die Übernutzung der biotischen Ressourcen tritt die Überfremdung und ökologische Gefährdung sowie der Landschaftsverbrauch durch die Ausbeutung von mineralischen und organogenen Rohstoffen wie Erdöl, Erdgas oder Kohle. Neue Infrastrukturen in Form von Straßen, Pipelines, Flugpisten und Siedlungen verbunden mit technischen Pannen (Ölkontamination o. ä.) verändern nachteilig und nachhaltig negativ das letzlich sehr sensible Ökosystem der Arktis (vgl. Kap. 6.3.2). Allein die Weite der arktischen Periglazialgebiete läßt hoffen, dass in deren peripheren Gebieten intakte Lebensräume ungeschädigt überdauern können. Hierin liegt eine deutliche Chance gegenüber den wenigen und dazu kleinräumigen Festlandsökosystemen der Antarktis, deren Biodiversität und Regenerationsfähigkeit um Größenordnungen kleiner ist als die der Arktis. Hier werden sich die wachsenden Besucherströme (Stationsbesatzungen, Expeditionen, Touristen) weit gravierender schädigend auswirken.

9 Ausblick: 'Global Change' und 'Klimakatastrophe' auch in den Polargebieten?

Im Zuge der Diskussion um die - offensichtlich unberechenbare - anthropogene Klimabeeinflussung (Treibhaus-Effekt; Ozon-Problematik) wird stets angstvoll auf die Reaktion der Polarregionen mit ihren potentiell schmelzenden Eisreserven geblickt. Eine latente Bedrohung tiefliegender Kontinentbereiche und Inseln durch einen steigenden Meeresspiegel ist nicht von der Hand zu weisen: Die rasche Freisetzung lange gespeicherter fossiler Energien in die Atmosphäre und Ökosphäre bleibt sicherlich nicht ohne Folgen - nur ist die Entwicklung eines so komplexen Systems wie das des Klimas mit all seinen Rückkopplungen und Selbstverstärkungseffekten kaum verlässlich vorherzusagen oder zu berechnen. Allein die Dikussion um die Frage einer Temperaturveränderung in den letzten Jahren und Jahrzehnten verläuft uneinheitlich und teils sogar widersprüchlich. Grund dafür ist unter anderem ein methodisches Problem: *Wo* wird *was womit* in *welcher Höhe* und in *welcher Region* in welcher *Maßstabsebene* zu *welcher Zeit* und in welcher *zeitlichen Auflösung* gemessen? Sind thermische Anomalien wie das El Nino-Jahr 1998, das Oder-Hochwasser oder der extreme Winter Norwegens 1999 als Pro- oder Contra-Argumente zu benutzen - wie dies in der Presse geschieht? Bedeuten solche Ereignisse eine Singularität oder zeigen sie einen Trend? Zahlreiche ähnlich kritische Fragen wären zu stellen (und zu beantworten), wollte man der Problematik von '*Global Change*', von natürlicher und anthropogener Klimaveränderung gerecht werden. Einige auf die Polargebiete bezogenen Aspekte sollen abschließend schlaglichtartig angesprochen werden und die verwirrende Komplexität der Thematik nochmals andeuten.

Widersprüche und Ungereimtheiten der jüngsten Zeit:
Bisher scheint in den letzten 20 Jahren keine Temperaturerhöhung erfolgt zu sein, beobachtet man die Messungen der NOAA-Satelliten (DALY 1999). Nördliche Breiten wie Norwegen und Finnland melden im Januar 1999 mit –52°C Temperaturrekorde im Minusbereich - die tiefsten Temperaturen seit 100 Jahren. Im vorausgehenden Sommer 1998 zeigte der Norwegen-/West-Spitzbergen-Strom als Ausläufer des Golfstroms außergewöhnlich hohe Wassertemperaturen (Kap. 4.2). Der Winter 1997/98 brachte Norwegen riesige Schneemengen; der Frühling mit der erhofften Schneeschmelze verspätete sich regional dramatisch. Seit wenigen Jahren stoßen die Gletscher des Jostedalbreen (West-Norwegen) rasant vor (WINKLER ET AL. 1997).

Aus Neu-Seeland und Patagonien wird ebenfalls von Gletscherzunahmen berichtet; auch Island und Grönland scheinen einen Massenzuwachs zu verzeichnen (DOWDESWELL ET AL. 1977; WINKLER ET AL. 1998). Ganz neu und konträr dazu ist die Pressemeldung vom 5.3.1999, wonach in den niederen Lagen im Osten und Süden Grönlands der Eisabbau dramatisch voranschreitet (1 m Verlust pro Jahr). Anderseits wuchs das Grönlandeis nach Angaben der NASA noch leicht (10 cm/Jahr) in drei Gebieten des Westens. Insgesamt soll sich eine Negativbilanz ergeben. „Die jüngsten Daten lassen jedoch offen, wie sich die Eisdecke an den Polen der Erde insgesamt verhält, ob sie schrumpft oder wächst oder sich letztlich ausbalanciert." (W. KRABILL, *Goddard Space*

Flight Center; Science-Magazine). Generell wurden bisher (seit dem Ende der *'Kleinen Eiszeit'* Mitte des letzten Jahrhunderts) an fast allen Gletschergebieten der Erde Massenverluste konstatiert, besonders dramatisch auch in den Alpen, unübersehbar in Teilen der Polargebiete (s. Kap. 7.4.4). In dem 'Lawinen-Winter' 1999 in den Alpen ein klimatisches Signal für eine anthropogene Klimaveränderung zu sehen ist ebenso verfrüht, wie in Norwegen die nächste Eiszeit starten zu sehen. In der Maritimen West-Antarktis sollen sich in den letzten Jahren die Sommertemperaturen erhöht haben mit der Folge stärkeren Pflanzenwachstums. Am Schelfeis vor allem der West-Antarktis (Larsen-Eisschelf) brachen riesige Tafeleisberge ab, was als Reaktion auf 'global warming' interpretiert wurde. Zeitgleich wird von einer um ca. 11 % größeren winterlichen Meereisbedeckung berichtet. Ursachen wie Wirkungen sind noch unklar (vgl. unten Pkt. 2).

Zum Überdenken:
Ohne im Einzelnen die widersprüchlichen Befunde wissenschaftlich zu belegen, seien als hypothetische Denkanstöße zum Thema *'Polargebiete und Klimawandel'* einige Aspekte festgehalten:

1. Eine Erwärmung ermöglicht grundsätzlich höhere Luftfeuchtigkeit und damit auch eine Verstärkung der Niederschläge. Ozeanisch beeinflusste Regionen (v. a. mit orographischen Hindernissen und damit Steigungsniederschlägen) wie West-Norwegen, Neu-Seeland, Grönland oder die Antarktische Halbinsel können davon profitieren und schnell reagieren durch Eiszuwachs und Gletschervorstöße.

Global erhöhte Luftfeuchtigkeit könnte sich somit auch im Eishaushalt der Polargebiete, z. B. Gesamt-Antarktikas bemerkbar machen, indem ergiebigere Fronten (Kap. 5; Abb. 19) besonders die Randbereiche mit verstärkten Schneeniederschlägen versorgen. In diesen Regionen erfolgt ohnehin die mengenmäßig höchste Gletscher- und Schelfeisproduktion. Bleibt also zu fragen, ob das verstärkte Abkalben von Schelfeismassen nicht die Folge verstärkten Eiszuwachses ist?

Offen bleibt weiterhin die mögliche Ursache für Veränderungen im Witterungs- und Klimaverlauf. Neben der Hypothese von *'global warming'* werden zur Zeit klimatische Telekonnektionen von El Nino-Zyklen oder Sonnenflecken-Aktivitäten diskutiert. Hinzuweisen sei in diesem Zusammenhang nochmals auf das komplizierte ozeanische Zirkulationsmuster ('global conveyor belt', Kap. 5.3.1.; BROECKER 1996), dessen einzelne Parameter, deren Reaktionen unter einander und deren Reaktionsgeschwindigkeiten erst flüchtig bekannt sind.

(Anmerkung: Auch frühglaziale Perioden - also Phasen zunehmend eiszeitlicher Verhältnisse - sind besonders feuchte Zeiten. Sie beginnen meist mit vermehrten Schnee-Niederschlägen, die für ein rasches Eis- und Gletscherwachstum sorgen. Vereisungshochstände ziehen ein trocken-kaltes Klima nach sich (Kältehoch)).

2. Erwärmung über Meeresströme oder Luftmassen kann eine verstärkte Zufuhr von Süßwasser in polare Meere bewirken (Schmelzwasser, Festlandsströme usw.). Da Süßwasser (oder 'verdünntes' Salzwasser) spezifisch leichter ist als Meerwasser mit 3,5 % Salzgehalt, kann sich zeitweilig eine obere Wasserlage ausbilden, die bereits bei Temperaturen oberhalb -1,8°C gefriert. Generell könnten Zeiten mit zunächst verstärkter Schmelzwasseranlieferung oder gesteigerter Eisbergproduktion in den betroffenen Gebieten eine zunehmende Meereisbedeckung bewirken, die wiederum durch Albedo-Effekte eine auch überregionale Abkühlung zur Folge haben kann. (Ob solche Effekte z.B. für die Blockade Islands und Grönlands während der *Kleinen Eiszeit* (nach deren Besiedlung und leichten Zugänglichkeit während des mittelalterlichen Wärmeoptimums) verantwortlich sind, kann zunächst nur als Frage gestellt werden.)

3. Der Kälterückfall der *Jüngeren Dryas-Zeit* (Kap. 7.4.2) - ausgelöst durch eine gigantische Schmelzwasser- und Eisbergflut in den Atlantik - hat eindringlich gezeigt, welche Rolle den Meeresströmungen im globalen Klimageschehen zukommt. Während in kürzester Frist durch den 'abgeschalteten' Golfstrom in Europa wieder kaltzeitliche Verhältnisse einzogen und unter anderem kräftige Gletschervorstöße abliefen, machte sich dieser Effekt im fernen Nordwest-Spitzbergen offensichtlich nicht bemerkbar. Die dortigen Gletscher zeigten keine bisher nachgewiesenen Vorstöße, da durch das Ausbleiben des Golfstroms in hohen Breiten die Niederschläge nachließen.

4. Die Schließung der Panama-Straße vor etwa 4 Millionen Jahren durch plattentektonische Prozesse (Kap. 7.4.1) mag den entscheidenden Impuls für die Vereisung der Nordkalotte gebracht haben, indem sich der feuchtigkeitsbringende Golfstrom etablierte.

Fazit:
Polargebiete reagieren auf klimatische Veränderungen, unmittelbare Auslöser dafür scheinen sie nicht zu sein. Sie halten das globale ozeanische Zirkulationssystem in Gang. Polarregionen verstärken induzierte Veränderungen durch Rückkopplungen und Selbstverstärkungseffekte, bisweilen bis zu einer völlig neuen zonalen und ökologischen Konstellation:

-- Die Vereisungsgeschichte Antarktikas (Kap. 3.4.) - letztlich ebenfalls durch die Plattentektonik initiiert - hat das globale Temperaturniveau in Jahrmillionen auf ein Niveau heruntergekühlt, das die Einflüsse der Milankovich-Parameter (Änderungen der Erdumlaufbahn, Schiefe der Ekliptik, Präzession; Kap. 7.4.2) klimatisch wirksam machten (= Beginn des 'Eiszeitalters'/ Quartär). Seither treiben die Polarkalotten die thermo-haline Zirkulation an, die in den astronomisch gesteuerten Warmzeiten (Interglaziale) besonders dynamisch ist (z.B. weitreichender Golfstrom), in den Kaltzeiten ist sie abgeschwächt: über Europa und Nordamerika bilden sich jeweils riesige Inlandeise. Persistent blieb dagegen seit Jahrmillionen die Eisbedeckung Antarktikas - mit entsprechenden Schwankungen in Eisvolumen und flächenhafter Ausdehnung von Eis, Meereis und Kaltwassergürtel je nach Warm- oder Kaltzeit. Eine durch den Treibhauseffekt um einige Grad Celsius erhöhte Globaltemperatur wird dieses gewaltige Eispaket nicht gravierend abzehren. Aber an den Rändern Antarktikas werden sich Änderungen vollziehen, deren mögliche Richtung oben bereits angesprochen wurde: Es ist nicht auszuschließen, dass nach einem 'Super-Interglazial'(IMBRIE & PALMER-IMBRIE 1981: 225) umso rascher eine neue Kaltzeit folgt, vor allem aufgrund von Albedo-Effekten. Zuvor sind Meeresspiegelanstiege möglich; das Szenarium einer beträchtlich abtauenden ost-antarktischen Inlandeismasse eher unwahrscheinlich. Umstritten ist, wie sich die Vergletscherung der West-Antarktis im Falle einer stärkeren Erwärmung verhalten wird: Da es sich um einen durch Eis verbundenen Archipel handelt, könnte die Gletschermasse eventuell ausbrechen und sich das zerborstene Eis in den angrenzenden Wasser des Ringstroms und der Südozeane ausbreiten - Startsituation für eine neue Kältephase durch größere Meereseisflächen und damit höhere Albedo-Werte?

-- Bei natürlicher oder anthropogener Erwärmung reagieren auch die thermisch gesteuerten Phänomene wie der Permafrost. Intensivierung des sommerlichen Auftaus oder gar flächenhafte Austauprozesse können das gesamte hydrologische System von Tundren und Kältewüsten der Arktis zerstören. Die Geomorphodynamik änderte sich und mit ihr das Vegetations- und Landschaftsbild. So könnten primäre Temperaturerhöhungen z.B. zu Beginn einer Warmzeit deren thermische Entwicklung beschleunigen, indem ehemals im Permafrost konservierte organische Ablagerungen (Torfe, Humus etc.) nun abgebaut und mineralisiert werden können. Dabei wird CO_2 frei und eine weiteres wichtiges, hochwirksames Treibhausgas wird aus den entstehenden Sümpfen entweichen können - Methan. Diese Vorgänge wurden auch bei der Analyse grönländischer Eisbohrkerne bestätigt: Die Warmzeit erhielte so eine natürliche Verstärkung durch einen Treibhauseffekt. Letzterer könnte im Verlauf der Zeit wieder abgeschwächt werden, wenn entsprechende Biomasse in Form neuer, ausgedehnter Waldgebiete produziert wird und somit CO_2 der Atmosphäre auf diesem Wege wieder entzogen wird. Eine anthropogen induzierte Klimaerwärmung könnte in ähnlicher Weise ökosystemare Veränderungen nachsichziehen: Die Baum- und Waldgrenze würde sich weiter nordwärts ausdehnen, die Tundren würden schrumpfen.

-- Polare Ökosysteme reagieren auch auf klimatische Fluktuationen oder Änderungen mit kleiner Amplitude; ob sie sie auch auslösen können, muss ebenfalls noch unbeantwortet bleiben. Das Beispiel der zahlreichen Gletscherschwankungen der Arktis während des Holozäns (Kap. 7.4.4) sollte lehren, dass schnell ablaufende klimatische Veränderungen kleiner Amplitude zum Natursystem gehören, dass man sie einkalkulieren muss. Die zeitlich parallel laufenden klimatischen Fluktuationen in den Mittelbreiten (z.B. Mitteleuropa; s. LAMB 1989) brachten der Menschheit wirtschaftliche Prosperität und Wohlergehen oder andererseits Hungersnöte, Wüstungen und Völkerwanderungen. Dabei bewegten sich die holozänen Temperaturänderungen in Größenordnungen von 1 - 2°C. Gunstphasen wie dem mittelalterlichen Optimum lag eine solche Temperaturzunahme zu Grunde. Etwas wärmere Mittelbreiten sind angenehmere Mittelbreiten - die Natur- wie Kulturgeschichte zeigte das natürliche Auf und Ab im Zyklus von einigen Jahrhunderten. Immer wieder kehrte das System von einem Aufschwung zu einem Abschwung um (LAMB 1989; IMBRIE & PALMER-IMBRIE 1981). So gehen auch seit der Mitte des letzten Jahrhunderts, dem Ende der 'Kleinen Eiszeit', weltweit die Gletscher zurück. Die Erde erlebt eine neue natürliche Wärmeschwankung, möglicherweise verstärkt vom anthropogenen Treibhauseffekt.

Mit diesen Anmerkungen den potentiellen anthropogenen Treibhauseffekt verharmlosen zu wollen, wäre töricht. Es bleibt ungeklärt, bei welchem Wert eine kritische Schwelle überschritten wird, wie die hohen Breiten mit ihrer klimatischen Steuerungsfunktion darauf reagieren oder welche Selbstverstärkungsprozesse sich einstellen werden. Mit dem Verbrennen fossiler Energie wurde der Geist aus der Flasche gelassen, er ist nicht wieder hineinzuzwängen. Was er bewirken wird, bleibt vorläufig noch ungewiss.

Literatur

ABELMANN, A., GERSONDE, R. & SPIESS, V. (1990): Pliocene - Pleistocene Paleooceanography in the Weddell Sea - Siliceous Microfossil Evidence. - In: BLEIL & THIEDE (Hrsg.): Geological History of the Polar Oceans: Arctic Versus Antarctic. - Dordrecht: 729-759

AHNERT, F. (1996): Einführung in die Geomorphologie. - Stuttgart: 440 S.

ALEKSANDROVA, V.D. (1988): Vegetation of the Soviet polar desert. - Studies in Polar Research, Cambridge

ALEKSANDROVA, V.D. (1980): The Arctic and Antarctic: Their division into geobotanical areas. - Cambridge

ALLEY, R.B. & BENDER, M.L. (1998): Grönlands eisiges Klima-Archiv. - In: Spektrum der Wissenschaften 4: 50-55

AMUNDSEN, R. (1993): Die Eroberung des Südpols 1910 - 1912. - Stuttgart/Wien/Bern: 237 S.

ASCASO, C., GALVAN, J. & ORTEGA, C. (1976): The pedogenic action of Parmelia conspersa, Rhizocarpon Geographicum and Umbilicaria Pustulata. - In: Lichenologist 8: 151-171

AWI (1998): Zweijahresbericht 1996/97, Alfred-Wegener-Institut für Polar- und Meeresforschung. - Bremerhaven: 262 S.

BALKE, J. & RICHTER, W. (1995): Cavernous weathering. - In: Petermanns Geographische Mitteilungen, Erg.-Heft 289: 204-206

BARSCH, D. (1996): Rockglaciers. Indicators for the Present and Former Geoecology in High Mountain Environments. – Berlin/Heidelberg: 331 pp

BARSCH, D., GUDE, M. MÄUSBACHER, R., SCHUKRAFT, G. & SCHULTE, A. (1994): Recent fluvial sediment budgets in glacial and periglacial environments, NW Spitsbergen. - Z. f. Geomorph., N.F. Suppl.-Band 97: 111-122

BARSCH, D., GUDE, M., MÄUSBACHER, R., SCHUKRAFT, G. & SCHULTE, A. (1992): Untersuchungen zur aktuellen fluvialen Dynamik im Bereich des Liefdefjorden in NW-Spitzbergen. - In: Stuttgarter Geographische Studien 117 (Hrsg. BLÜMEL): 217-252

BARSCH, D., BLÜMEL, W.D., FLÜGEL, W.-A., MÄUSBACHER, R., STÄBLEIN, G. & ZICK, W. (1985): Untersuchungen zum Periglazial auf der König-Georg-Insel - Südshetlandinseln / Antarktika. Berichte zur Polarforschung 24/'85, Bremerhaven/Bremen: 75 S.

BARSCH, D. & MÄUSBACHER, R. (1986): Beiträge zur Vergletscherungsgeschichte und zur Reliefentwicklung der Südshetland Inseln. - Z. Geomorph. N.F., Suppl.-Bd. 61: 25-37

BARSCH, D. UND KING, L.(Hrsg.) (1981): Ergebnisse der Heidelberg Ellesmere Island Expedition. - Heidelberger Geographische Arbeiten, 69: 573 S.

BARSCH, D., KING, L. & MÄUSBACHER, R. (1981): Glaziologische Beobachtungen an der Stirn des Webber-Gletschers, Borup-Fjord-Gebiet, N-Ellesmere Island, N.W.T., Kanada. – In: Heidelberger Geographische Arbeiten 69: 269-284

BARKER, P.F. & BURREL, J. (1977): The opening of Drake Passage. - Marine Geology 25: 15-34

BARKER, P.F. & BURREL, J. (1982): The influence upon Southern Ocean circulation, sedimentation, and climate of the opening of Drake Passage. - In: CRADDOCK (ed.): Antarctic Geoscience. University of Wisconsin Press, Madison: 377-385

BRITISH ANTARCTIC SURVEY (1981): Karte 'British Antarctic Territory', 1:3000000

BATHMANN, U. (1995): Die biologische Pumpe im Südpolarmeer. - In: HEMPEL & HEMPEL (Hrsg.): Biologie der Polarmeere - Jena: 128-137

BEATTIE, O. & GEIGER, J. (1992): Der eisige Schlaf. Das Schicksal der Franklin-Expedition. - München: 175 S.

BENSON, R.H. (1975): The Origin of the Psychrosphere as Recorded in Changes of Deep-Sea Ostracode Assemblage. - In: Lethaia 8: 69-83

BILLINGS, W.D. (1974): Arctic and alpine vegetation: plant adaptations to cold summer climates. - In: IVES & BARRY (eds.): Arctic and Alpine Environments, London: 403-443

BIBUS, E., NAGEL, G. & SEMMEL, A. (1976): Periglaziale Reliefformung im zen-tralen Spitzbergen. - Catena 3: 29-44

BLAKE, W. (1992): Holocene emergence at Cape Herschel, east-central Ellesmere Island, Arctic Canada: implications for ice sheet configuration. - Canadian Journal of Earth Sciences 29: 1958-1980

BLAKE, W. (1989): Radiocarbon Dating by Accelerator Mass Spectometry; a contributi-on to the Chronology of Holocene Events in Nordaustlandet, Svalbard. - Geografiska Annaler 71A: 59-74

BLAKE, W. (1989): Application of ¹⁴C AMS Dating to the Chronology of Holocene Glacier Fluctuations in the High Arctic, with Special Reference to Leffert Glacier, Ellesmere Island, Canada. - Radiocarbon 31: 570-578

BLAKE, W. (1983): Holocene emergence along the Ellesmere Island coasts of norther-most Baffin Bay. - Norsk Geologisk Tidsskr. 73: 147-160

BLAKE, W. (1981): Neoglacial Fluctuations of Glaciers, Southeastern Ellesmere Island, Canadian Arctic Archipelago. - Geografiska Annaler 63A: 201-218

BLAKE, W. (1975): Radiocarbon Age Determinations and Postglacial Emergence at Cape Storm, Southern Ellesmere Island, Arctic Canada. - Geografiska Annaler 57A: 1-71

BLANCK, E. (1919): Ein Beitrag zur Kenntnis arktischer Böden insbesondere Spitzber-gens. - In: Chemie der Erde 1: 421-476

BLEIL, U. & THIEDE, J. (Eds.) (1990): Geological History of the Polar Oceans: Arctic Versus Antarctic. - Dordrecht: 823 pp

BLUME, H.-P. (1987): Bildung sandgefüllter Spalten unter periglaziären und warma-riden Bedingungen. - In: Z. Geomorph. N.F. 31: 443-448

BLUME, H.-P. & BÖLTER, M. (1993a): Soils of Casey Station, Antarctica.- In: GILINCHSKI (ed.), Proc. 1st Int. Symp. Cryopedol., Pushchino: 96-103

BLUME, H.-P. & BÖLTER, M. (1993b): Podsole, Leptosole und Regosole der Antarktis. - Mitt. Dtsch. Bodenkundl. Gesellsch. 72: 843-846

BLÜMEL, W.D. (Hrsg.) (1996): Geowissenschaftliche Spitzbergen-Expeditionen 1990 bis 1992 (SPE) "Stofftransporte Land - Meer in polaren Geosystemen" - Kurzfassung pu-blizierter Arbeiten - / Geoscientific Expeditions to Spitsbergen 1990 - 1992 (SPE) "Land to sea sediment transports and material fluxes in polar geosystems" - Abstracts of publications. - Stuttgarter Geographische Studien 124: 116 S.

BLÜMEL, W.D. (1996): Das 'ewige' Eis als Klimasensor - Ergebnisse der Spitzberen-Expedition. - In: Forschung, Mitteilungen der DFG 1/96: 4-7

BLÜMEL, W.D. (Hrsg.) (1994): Geowissenschaftliche Spitzbergen-Expedition 1990 - 1992 (SPE 90-92) - Liefde-, Wood- und Bockfjord/NW-Spitzbergen / Geoscientific Spitsbergen-Expedition 1990 - 1992 (SPE 90 - 92) - Liefde-, Wood- and Bockfiord/NW-Spitsbergen. - Z. Geomorph. N.F., Suppl.-Band 97, Stuttgart: 274 S. und Kartenband

BLÜMEL, W.D. (1993): Contributions to Polar Geography by the German Spitsbergen Expeditions 1990-1992. - Z. Geomorph. N.F., Suppl.-Bd. 92: 1-19

BLÜMEL, W.D. (Hrsg.) (1992): Geowissenschaftliche Spitzbergen-Expedition 1990 und 1991 'Stofftransporte Land - Meer in polaren Geosystemen' (Zwischenbericht). - Stuttgarter Geographische Studien 117: 416 S.

BLÜMEL, W.D. (1990a): Die Natur der Polargebiete. - In: IMBERT: Die Pole. Expeditionen ins Ewige Eis. Ravensburg: 148-192

BLÜMEL, W.D. (1990b): Natur und Mensch in der West-Antarktis. Sitzungsberichte der Ges. Naturforsch. Freunde zu Berlin (N.F.) 29/30: 89-110

BLÜMEL, W.D. (1987): Geographische Forschungen in der westlichen Antarktis. – In: Wechselwirkungen, Jahrbuch 1987 an der Universität Stuttgart: 3-18

BLÜMEL, W.D. (1986): Beobachtungen zur Verwitterung an vulkanischen Festgesteinen von King George Island (S-Shetlands/W-Antarktis). - In: Z. Geomorph. N.F., Suppl.-Bd. 61: 39-54

BLÜMEL, W.D. (1984): Zur Natur der West-Antarktis. - In: Fridericiana - Zeitschrift der Universität Karlsruhe, Heft 35: 65-88

BLÜMEL, W.D. (1981): Pedologische und geomorphologische Aspekte der Kalkkrustenbildung in Südwestafrika und Südostspanien. – Karlsruher Geographische Hefte 10: 228 S.

BLÜMEL, W.D. &EBERLE, J. (1994): Merkmale chemischer Verwitterung in hochpolaren Böden - Ergebnisse pedologisch-sedimentologischer Untersuchungen in NW-Spitzbergen. - In: Z. Geomorph. N.F., Suppl.-Band 97, Stuttgart: 233-242

Blümel, W.D., Eberle, J. & Eitel, B. (1994): Zur jungquartären Vereisungsgeschichte und Landschaftsentwicklung in NW-Spitzbergen (Liefde-, Bock- und Woodfjord). – In: Z. Geomorph. N.F., Suppl.-Bd. 97: 31-42

BLÜMEL, W.D., EBERLE, J. & WEBER, L. (1993): Verwitterung, Genese und Bodenverbreitung im Liefdefjord/Bockfjordgebiet (NW-Spitzbergen). - In: LESER Hrsg.): Methoden- und Datenübersicht der Forschungsgruppen der geowissenschaftlichen Spitzbergenexpeditionen 1990 und 1991 zum Liefdefjorden. - Mat. z. Physiogeographie 15, Basel: 171-180 BLÜMEL, W.D. & EITEL, B. (1989): Geoecological aspects of maritime-climatic and continental periglacial regions in Antarctica (S-Shetlands, Antarctic Peninsula and Victoria-Land). -In: Geoökodynamik 10: 201-214

BLÜMEL, W.D., EMMERMANN, R. & SMYKATZ-KLOSS, W. (1985): Vorkommen und Entstehung von tri-oktaedrischen Smektiten in den Basalten und Böden der König-Georg-Insel (S-Shetlands/West-Antarktis). - In: Polarforschung 55 (1): 33-48

BLÜTHGEN, J. (1960): Der skandinavische Fjällbirkenwald als Landschaftsformation. - In: Petermanns Geographische Mitteilungen 104: 119-144

BOCKHEIM, J.G. & UGOLINI, F.C. (1990): A Review of Pedogenic Zonation in Well-Drained Soils of the Southern Circumpolar Region. - In: Quaternary Research 34, 47-66

BOND, G., BROECKER, W., JOHNSEN, S., MCMANUS, J., LABEYRIE, L., JOUZEL, J. & BONANI, G. (1993): Correlations between climate records from North Atlantic sediments and Greenland ice. - In: Nature, vol. 365: 143-147

BOND, G., HEINRICH, H., BROECKER, W.,LABEYRIE, L., MCMANUS, J., ANDREWS, J., HUON, S., JANTSCHIK, R., CLASEN, S., SIMET, CH., TEDESCO, K., MIECZYSLAWA, K., BONANI, G. & IVY, S. (1992): Evidence for massive discharges of icebergs into the North Atlantic ocean during the last glacial period. - In: Nature, vol. 360: 245-249

BOIKE, J. (1997): Thermal, hydrological and geochemical dynamics of the active layer at a continuous permafrost site, Taymyr Peninsula, Siberia. - Berichte zur Polarforschung 242, Bremerhaven: 104 S.

BÖLTER, M., BLUME, H.-P. & ERLENKEUSER, H. (1994): Pedologic, Isotopic and Microbiological Properties of Antarctic Soils. - In: Polarforschung 64 (1), (erschienen 1995): 1-7

BOLSHIYANOV, D.Y. & HUBBERTEN, H.-W. (Eds.) (1996): The Expedition Taymyr 1995 and the Expedition Kolyma 1995 of the ISSP Pushchino Group. - Berichte zur Polarforschung 211: 208 p

BONNER, W.N. & WALTON, D.W.H. (Ed.) (1985): Key Environments - Antarctica. - Oxford: 381 p

BORMANN, P. & FRITZSCHE, D. (Hrsg.) (1995): The Schirmacher Oasis, Queen Maud Land, East Antarctica, and its surroundings. - Petermanns Geographische Mitteilungen, Ergänzungsheft 289: 448 S., Kartenbeilage

BROECKER, W.S. (1996): Plötzliche Klimawechsel. - In: Spektrum der Wissenschaft, Januar-Heft

BROECKER, W.S. & DENTON, G.H. (1990): Ursachen der Vereisungszyklen. - In: Spektrum der Wissenschaft, März-Heft

BRONNY, H.M. & HEGELS, F. (1992): Tourismusentwicklungen in Arktis und Antarktis. - In: Geogr. Rundschau 44: 209-216

BRÜCKNER, H. & HALFAR, R.A. (1994): Evolution and age of shorelines along Woodfjord, Northern Spitsbergen. - In: Z. Geomorph. N.F., Suppl.-Bd. 97, Stuttgart: 75-91

BÜDEL, J. (1987): Die Abtragungsvorgänge in der exzessiven Talbildungszone Südost-Spitzbergens. - Wiesbaden: 131 S.

BÜDEL, J. (1977): Klima-Geomorphologie. - Stuttgart: 304 S.

BÜDEL, J. (1972): Typen der Talbildung in verschiedenen klimamorphologischen Zonen.-In: Z. Geomorph. N.F., Suppl.-Bd. 14: 1-20

BÜDEL, J. (1969): Der Eisrindeneffekt als Motor der Tiefenerosion in der exzessiven Talbildungszone. - Würzburger Geogr. Arbeiten 25: 1-41

BÜDEL, J. (1968): Hang- und Talbildung in Südostspitzbergen. In: Eiszeitalter und Gegen-wart 19: 240 -243

BÜDEL, J. (1960a): Die Frostschuttzone Südostspitzbergens. - Coll. Geographicum 6, Bonn: 105 S.

BÜDEL, J. (1960b): Die Gliederung der Würmkaltzeit. - Würzburger Geogr. Arbeiten 8

BÜDEL, J. & WIRTHMANN, A.(Hrsg.) (1987): Die Abtragungsvorgänge in der exzessiven Talbildungszone Südost-Spitzbergens. - Stuttgart: 131 S.

CAILLEUX, A. & LAGAREC, D. (1977): Aspekte des Periglazials in Kanada. - In: Nova Acta Leopoldina, Abhandlungen der Deutschen Akademie der Naturforscher Leopoldina, N.F. 227, Bd. 47: 9-50

CAMPBELL, I.B. & CLARIDGE, G.G.C. (1987): Antarctica: Soils, weathering processes and environment. - Amsterdam: 368 pp

CAMPBELL, I.B. & CLARIDGE, G.G.C. (1988): Loess sources and aeolian deposits in Antarctica. - In: EDEN & FURKERT (eds.): Loess. - Balkema, Rotterdam: 33-45

CAMPBELL, I.B. & CLARIDGE, G.G.C. (1969): A classification of frigic soils - the zonal soils of the Antarctic continent. - In: Soil Science, Vol. 107/2: 75-85

Cesare, Di, F. & Papetti, I. (1994): Ai confini dell' Artico: Groenlandia e Jameson Land. Ambiente e ricerca. - In: Memorie della Societa Geografica Italiana. Vol. LI, Roma: 97-116

CHERNOV, Y.I. (1985): The living tundra. - Studies in Polar Research, Cambridge: 213 pp

CHURCH, M. (1974): Hydrology and permafrost with reference to northern North America. - In: Permafrost Hydrology; Proceedings of Workshop Seminar 1974, Ottawa: 7-20

COOK, J. (1983): Entdeckungsfahrten im Pacific. Die Logbücher der Reisen von 1768 bis 1779 (Hrsg. A.G. Price). - Stuttgart - Wien: 463 S.

CRAWFORD; R.M.M., CHAPMANN, H.M., ABBOTT, R.J. & BALFOUR, J. (1993): Potential impact of climatic warming on Arctic vegetation. - In: Flora 188: 367-381

CZUDEK, T. & DEMEK, J. (1970): Thermokarst in Siberia and development of lowland relief. - In: Quaternary Research 1: 103-120

DALRYMPLE, P.C. (1966): A physical climatology of the Antarctic Plateau. - In: M.J. RUBIN (Ed.): Studies in Antarctic meteorology. Am. Geophys. Union Antarct. Res. Ser. 9: 195-231

DALY, J.L. (1999): Still waiting for Greenhouse. A Lukewarm View of Global Warining.-http://www.vision.net.au/-daly/ (10.2.1999)

DAVIS, G. & WIEGER, A. (Hrsg.) (1991): Kanada - Gesellschaft, Landeskunde, Literatur. - Würzburg

DEMEK, J. (1968): Cryoplanation terraces in Yakutia. - Biul. Pery. 17, Lodz: 91-116

DENTON, G., PRENTICE, M., KELLOG, D. & KELLOG, T. (1984): Late Tertiary history of the Antarctic ice sheet: Evidence from the Dry Valleys. - In: Geology 12: 263-273

DENTON, G. & HUGHES, T. (1981): The Last Great Ice Sheets. - New York: 484 pp

DIECKMANN, G.S. & KIPFSTUHL, S. (1995): Unterwassereis und grüne Eisberge. - In: HEMPEL, I. & HEMPEL (Hrsg.): Biologie der Polarmeere. - Jena: 86-94

DIETRICH, G., KALLE, K., KRAUSS, W. & SIEDLER, G. (1975): Allgemeine Meereskunde. - Berlin

DIXON J.C. & ABRAHAMS, A.D. (Ed.) (1992): Periglacial Geomorphology. Proceedings of the 22nd Annual Binghamton Symposium in Geomorphology. - Cichester: 354 pp

DÖBELI, C. (1995): Zusammenhänge zwischen abiotischen Systemgrößen und ausgewählten biotischen Kompartimenten (Vegetation, Bodenrespiration) im hocharktischen Geoökosystem (Liefdefjorden, Nordwestspitzbergen). - In: Materialien zur Physiogeographie 18, Basel: 1-100

DOWDESWELL, J.A., HAGEN, J.O., BJÖRNSSON, H., GLAZOVSKY, A.F., HARRISON, W.D., HOLMLUND, P., JANIA, J., KOERNER, R.M., LEFAUCONNIER, B., OMMANNEY, C.S.L., THOMAS, R.H. (1997): The Mass Balance of Circum-Arctic Glaciers and Recent Climate Change. - In: Quaternary Research 48: 1-14

DRESCHER, H.E. (1983): Das antarktische marine Ökosystem. Sein Schutz und seine Nutzung. - In: Geogr. Rundschau 35: 123-126

EBERLE, J. (1994): Untersuchungen zur Verwitterung, Pedogenese und Bodenverbreitung in einem hochpolaren Geosystem (Liefdefjord und Bockfjord / Nordwestspitzbergen). - Stuttgarter Geographische Studien 121: 226 S.

EBERLE, J. (1993): Die Bedeutung der Landschaftsgenese für Verwitterung und Bodenbildung in einem hocharktischen Geosystem (Liefdefjord/Nordwest-Spitzbergen). - In: Berliner Geographische Arbeiten 79: 39-58

EBERLE, J. & BLÜMEL, W.D. (1994): Die Kartierung der Bodengesellschaften auf der Germania-Halbinsel (Liefdefjord/Spitzbergen) - Vorgehensweise, Abgrenzungskriterien und Bodensystematik. - In: Z. Geomorph. N.F., Suppl.-Band 97: 227-233

EBERLE, J. & BLÜMEL, W.D. (1992): Substratgenese und Bodenentwicklung im Bereich devonischer Sedimentgesteine des Liefde- und Bockfjordes (NW-Spitzbergen). - In: Stuttgarter Geographische Studien 117 (Hrsg. BLÜMEL): 193-205

ECOPS (1985): The Arctic Ocean Grand Challenge. A decadal programme 1996-2005. - In: Outcome of the ECOPS Euroscience conference in Helsinki, Finland 2 - 7 September 1994, Bergen: 67 p.

EHRMANN, W.U. (1994): Die känozoische Vereisungsgeschichte der Antarktis. - Berichte zur Polarforschung 137, Bremerhaven: 152 pp

EICHLER, H. (1981): Gesteinstemperaturen und Insolationsverwitterung im hocharktischen Bereich der Obloyah Bay, N-Ellesmere Island, N.W.T., Kanada. - In: Heidelberger Geographische Arbeiten 69 (Hrsg. BARSCH & KING): 441-464

EICHLER, H. (1981): Kleinformen der hocharktischen Verwitterung im Bereich der Obloyah Bay, N-Ellesmere Island, N.W.T., Kanada - Formen und Genese. - In: Heidelberger Geographische Arbeiten 69 (Hrsg. BARSCH & KING): 465-486

EICKEN, H. (1995): Wie polar wird ein Polarmeer durch das Meereis? - In: HEMPEL, & HEMPEL (Hrsg.): Biologie der Polarmeere.- Jena: 58-76

EITEL, B. (1999): Bodengeographie. - Westermann: Das Geographische Seminar, Braunschweig: 241 S.

EITEL, B. (1994): Kalkreiche Decksedimente und Kalkkrustengenerationen in Namibia: Zur Frage der Herkunft und Mobilisierung des Calciumcarbonats. - Stuttgarter Geographische Studien 123: 193 S.

ELVERHOI, A., ANDERSEN, E.S., DOKKEN, T., HEBBELN, D., SPIELHAGEN, R. ET AL. (1995): The Growth and Decay of the Late Weichselian Ice Sheet in Western Svalbard and Adjacent Areas Based on Provenance Studies of Marine Sediments. - In: Quaternary Research 44: 303-316

ELVERHOI, A., SOLHEIM, A., NYLAND-BERG, M. & RUSSWURM, L. (1992): Last Inter-glacial-glacial Cycle, Western Barents Sea. - In: Lundqua Report 35: 17-23

ELVERHOI, A., NYLAND-BERG, M., RUSSWURM, L. & SOLHEIM, A. (1990): Late Weich-selian Ice Regression in the Central Barents Sea. - In: BLEIL & THIEDE (Hrsg.): Geolo-gical History of the Polar Oceans: Arctic Versus Antarctic. - Dordrecht: 289-307

EMBLETON, C. & KING, C.A.M. (1975): Periglacial Geomorphology. - 2. ed., London: 203 pp

FAHRBACH, E. (1995): Die Polarmeere - ein Überblick. - In: HEMPEL & HEMPEL (Hrsg.): Biologie der Polarmeere. - Jena: 24-44

FRENCH, H.M. (1976): The Periglacial Environment. - London: 309 pp

FRENCH, H.M. (1971): Slope asymmetrie of the Beaufort Plain, Northwest Banks Island, N.W.T., Canada. - In: Canad. Journ. Earth Science 8: 717-731

FRENZEL, B., PECSI, M. & VELICHKO, A.A. (1992): Atlas of Paleoclimates and Paleoen-vironments of the Norther Hemisphere. - Stuttgart / New York: 153 S.

FÜTTERER, D. (1988): Marine polare Geowissenschaften. - In: Geograph. Rundschau 40: 6-14

FURRER, G. (1992): Zur Gletschergeschichte des Liefdefjords. - In: Stuttgarter Geogra-phische Studien 117 (Hrsg. BLÜMEL): 267-278

FURRER, G. (1969): Vergleichende Beobachtungen am subnivalen Formenschatz in Ostspitzbergen und in den Schweizer Alpen. - Ergebnisse der Stauferland-Expedition 1967, 9, Wiesbaden: 1-40

FURRER, G., STAPFER, A. & GLASER, U. (1991): Zur nacheiszeitlichen Gletscher-geschichte des Liefdefjords (Spitzbergen). - In: Geographica Helvetica 4 (46. Jahrgg.): 147-155

GANSSEN, R. (1968): Trockengebiete - Böden, Bodennutzung, Bodenkultivierung, Bodengefährdung. - Mannheim: 186 S.

GEBAUER, A., PETER, H.-U. & KAISER, M. (1978): Floristisch-ökologische Unter-suchungen in der Antarktis - dargestellt am Beispiel der Verbreitung von Deschampsia antarctica Desv. im Bereich von Fildes Peninsula / King George Island (South Shet-land Islands). - In: Wiss. Zeitschr. Univ. Jena, Naturwiss. Reihe, 36. Jahrgg., H.3: 505-515

GERLOFF, J. U. (1992): Die Arktis der Russischen Förderation. Entwicklung und aktuelle Probleme. - In: Geogr. Rundschau 44: 224-230

GLASER, U. (1969): Untersuchungen zur isostatischen Landhebung in West-Spitzbergen. - Unveröffentl. Forschungsbericht, Würzburg

Gocht, W. & Pluhar, E. (1978): Erschließung und Gewinnung mineralischer Rohstoffe in der Arktis. - In: Die Erde 109: 188-205

GORDON, A.L. & COMISO, J.C. (1988): Polynjas im Südpolarmeer. - In: Spektrum der Wissenschaft 8/1988: 92-99

GROBE, H. (1995): Aus dem Geschichtsbuch der Polarmeere. - In: HEMPEL & HEMPEL, (Hrsg.): Biologie der Polarmeere. Jena: 45-57

HAAKE, B. & ITTEKKOT, V. (1990): Eine windgetriebene biologische Kohlendioxid-pumpe im Ozean. - In: Spektrum der Wissenschaften, Monatsspektrum Februar

HALL, K.J. (1992): Mechanical Weathering in the Antarctic: A Maritime Perspective. - In: DIXON & ABRAHAMS (eds.): Periglacial Geomorphology. - Cichester: 103-123

HALLBAUER, D.K. & JAHNS, H.M. (1977): Attack of lichen on quartzitic rock surfaces. - In: Lichenologist 9: 119-122

HAUG, G., TIEDEMANN, R. & ZAHN, R. (1998): Vom Panama-Isthmus zum Grönlandeis. - In: Spektrum der Wissenschaft 11: 32-36

HAYS, J.D. (1978): A review of the Late Quaternary climatic history of Antarctic seas. - In: VAN ZINDEREN BAKKER, E.M. (ed.): Antarctic glacial history and world paleoenvironments. - Balkema, Rotterdam: 57-71

HEBBELN, D. (1992): Weichselian glacial history of the Svalbard area: correlating the marine and terrestrial records. - In: Boreas 21: 295-304

HEBBELN, D. DOKKEN, T., ANDERSEN, E.S., HALD, M. & ELVERHOI, A. (1994): Moisture supply for northern ice-sheet growth during the Last Glacial Maximum. - In: Nature 370: 357-360

HELBIG, K. (1965): Asymmetrische Eiszeittäler in Süddeutschland und Ostösterreich. - Würzburger Geogr. Arbeiten 14: 103 S.

HEMPEL, G. (1995): Epilog. - In: HEMPEL & HEMPEL (Hrsg.): Biologie der Polarmeere. - Jena: 348-355

HEMPEL, G. (1987): Die Dynamik des Packeises. - In: Forschung, Mitteilungen der DFG 4/1987: 16-21

HEMPEL, I. & HEMPEL, G. (Hrsg.) (1995): Biologie der Polarmeere. - Jena: 366 S.

HJORT, C. (1981): Present and Middle Flandrian coastal morphology in Northeast Greenland. - In: Norsk Geogr. Tidsskr. 35: 197-207

HJORT, C. & INGOLFSSON, O. (o.J.): Late Quaternary Geology and Glacial History of Hornstrandir, Northwest Iceland: A Reconnaissance Study. - In: Jökull 35.Ar: 9-28

HODELL, D.A. & CIESIELSKI, P.F. (1990): Southern ocean response to the intensification of Northern Hemisphere Glaciation at 2.4 Ma. - In: BLEIL & THIEDE (Eds.) (1990): Geological History of the Polar Oceans: Arctic versus Antarctic. - Dordrecht: 707-728

HÖFLE, H.-CH. (1989): Morphologie und Vereisungsgeschichte eines Antarktischen Gebirges. (Ergebnisse der deutschen geologischen Expedition in die Shackleton Range 1987/88 (GEISHA). - In: Geographische Rundschau 9: 486-492

HÖFLE, H.-CH. (1980): Glazialgeologische Untersuchungen im Transantarktischen Gebirge (Ostantarktis). - In: Westfälische Geographische Studien 36, Münster: 41-52

HOLDGATE, M.W. (1977): Terrestrial ecosystems in the Antarctica. - In: Phil. Trans. Roy. Soc., B.279, London: 5-25

HSÜ, K.J. (1984): Das Mittelmeer war eine Wüste. Auf Forschungsreisen mit der Glomar Challenger. - München: 200 S.

IGNATENKO, I.V. (1971): Soils of the main types of tundra biocenoses in the western Taimyr. - In: Soviet Acad. Sci., Leningrad: 57-107

IMBERT, B. (1990): Die Pole - Expeditionen ins ewige Eis. - Ravensburg: 223 S.

IMBRIE, J. & PALMER-IMBRIE, K. (1981): Die Eiszeiten. Naturgewalten verändern unsere Welt. - Düsseldorf: 256 S.

JAHN, A. (1975): Problems of the periglacial zone. - Warschau: 223 pp

JANKE, B. (1988): Die Antarktis - Der von der Schule unbeachtete Kontinent. - In: Geographische Rundschau 40: 43-44

JANSEN, E., SJOHOLM, J., BLEIL, U. & ERICHSEN, J.A. (1990): Neogene and Pleistocene Glaciations in the Northern Hemisphere and Late Miocene - Pliocene Global Ice Volume Fluctuations: Evidence from the Norwegian Sea. - In:BLEIL & THIEDE (Eds.) (1990): Geological History of the Polar Oceans: Arctic versus Antarctic. - Dordrecht: 677-705

JOHN, B.S. (1972): Evidence from the South Shetland Islands towards a glacial history of West Antarctica. - In: PRICE & SUGDEN (eds.): Polar Geomorphology. - Inst. British Geogr., Spec. Publ. 4, London: 75-92

JOHN, B.S. & SUGDEN, D.E. (1975): Coastal geomorphology of high latitudes. - In: Progress in Geography 7: 53-132

JOUZEL, J.; ALLEY, R.B.; CUFFEY, K.M.; DANSGAARD, W.; GROOTES, P.M.; HOFFMANN, G.; JOHNSEN, S.J.; KOSTER, R.D.; PEEL, D.; SHUMAN, C.A.; STIEVENARD, M.; STUIVER, M. & WHITE, J. (1997): Validity of the temperature reconstruction from water isotopes in ice cores. - In: Journal of Geophysical Research, vol. 102, No. C12: 26471-26487

KAPPEN, L.(1994): Terrestrische Mikroalgen und Flechten in der Antarktis. - In: HAUSMANN & KREMER (Hrsg.): Existenz in Eiseskälte - Organismen unter Polarbedin-gungen. Extremophile Mikroorganismen in ausgefallenen Lebensräumen. - Weinheim: 3-25

KAPPEN, L. (1993): Lichens in the Antarctic Region. - In: E.I. FRIEDMANN (ed): Antarctic Microbiology: 433-490

KAPPEN, L (1988): In den Klimaoasen der antarktischen Kältewüste. Pflanzenleben unter extremen Bedingungen. - In: Forschung, Mitteilungen der DFG 2/88: 15-18

KAPPEN, L (1987): Terrestrische Ökosysteme in der Antarktis. - In: Mitteilungen Kieler Polarforschung, Nr. 2: 30-39

KAPPEN, L (1987): Oasen im ewigen Eis. Wie Flechten in der Antarktis überleben. - Süddeutsche Zeitung, 9. März

KAPPEN, L (1986): Flechtenstandorte als Kleinoasen in der Antarktis. - In: Düsseldorfer Geobotanisches Kolloquium 3: 71-76

KAPPEN, L (1985): Lichen-Habitats as Micro-Oases in the Antarctic - The Role of Temperature. - In: Polarforschung 55(1): 49-54

KARRASCH, H. (1972): Flächenbildung unter periglazialen Klimabedingungen? - In: Göttin-ger Geogr. Abhandlungen 60: 155-168

KARRASCH, H. (1970): Das Phänomen der klimabedingten Reliefasymmetrie in Mitteleuropa. - Göttinger Geogr. Abhandlungen 56: 299 S.

KARTE, J. (1979): Räumliche Abgrenzung und regionale Differenzierung des Periglaziärs. - Bochumer Geographische Arbeiten 35, Paderborn: 211 S.

KELLETAT, D. (1989): Physische Geographie der Meere und Küsten. - Stuttgart: 212 S.

KENNETT, J. P. (1977): Cenocoic Evolution of Antarctic Glaciation, the Circum-Antarctic Ocean, and Their Impact on Global Paleoceanography. - In: Journal of Geophysical Research, vol. 82, no.27: 3843-3860

KIEL, A. (1989): Untersuchungen zum Abflussverhalten und fluvialen Feststofftransport der Jökulsa Vestri und Jökulsa Eystri, Zentral-Island. - Göttinger Geograph. Abhandlungen 85: 128 S.

KING, L. (1981a): Das Sommerklima von N-Ellesmere Island, N.W.T., Kanada - Eine Beurteilung von Stationswerten unter besonderer Berücksichtigung des Sommers 1978. - In: Heidelberger Geogr. Arbeiten 69 (Hrsg. BARSCH & KING): 77-107

KING, L. (1981b): Typen von Torfhügeln im Gebiet der Oobloyah Bay, N-Ellesmere Island, N.W.T., Kanada. - In: Polarforschung 51: 201-211

KING, L. & VOLK, M. (1994): Glaziologie und Glazialmorphologie des Liefde- und Bockfjordgebietes, NW-Spitzbergen. - In: Z. Geomorph. N.F., Suppl.-Bd. 97: 145-160

KLEINSCHMIDT, G. (1997): Antarktis, bei der Erforschung der Paläogeodynamik unverzichtbares Fragment früherer Großkontinente. - In: Courier Forschungs-Institut Senckenberg, H.201, Frankfurt: 243-257

KLEINSCHMIDT, G. (1995): Antarktis - Herzstück des südlichen Superkontinents, seine Bildungs- und Zerfallsphasen. - In: Berichte zur Polarforschung 170/95, Bremerhaven: 6-13

KLEINSCHMIDT, G. (1984): Geologie der Antarktis, Beispiel Victorialand. - In: Jahrb. Ges. Naturkde. Württ., 139. Jahrgg.: 5-35

KLEINSCHMIDT, G. & BRAUN, H.-M. (1988): GEISHA 1987/88. Geologische Expedition in die Shackleton Range (Antarktis). - In: Forschung Frankfurt, Wissenschaftsmagazin der J. W. Goethe-Universität 1/2: 24-30

KLEINSCHMIDT, G. & TESSENSOHN, F. (1987): Early Paleozoic westward directed subduction at the Pacific margin of Antarctica. - In: Geophys. Monogr. 40, AGU Washington D.C.: 89-105,

KOHNEN, H. (1992): Polarforschung: Eine technische und logistische Herausforderung. - In: Geographische Rundschau 44: 201-208

KOHNEN, H. (1983): Erforschung der antarktischen Eisbedeckung. Aktuelle Fragestellungen und Projekte. - In: Geographische Rundschau 35: 104-111

KOHNEN, H. (ohne Jahr): Antarktis Expedition. Deutschlands neuer Vorstoss ins ewige Eis. - Gütersloh: 208 S.

KOSACK, H.-P. (1967): Die Polarforschung - Ein Datenbuch über die Natur-, Kultur-, Wirtschaftsverhältnisse und die Erforschungsgeschichte der Polarregionen. - Braunschweig: 471 S.

KRAUSE, W.E., KRBETSCHEK, M.R., KRÜGER, W. & KNOTHE, D. (1995): Radiolumineszenzdatierungen an quartären Sedimenten des Periglazials der Schirmacher Oase (Ostantarktis). - In: Berichte zur Polarforschung 170, Bremerhaven: 159-161

KRÜGER, W. (1986): Zur Temperatur- und Frostverwitterung in der Schirmacher Oase (Ostantarktis). - In: Wiss. Zeitschr. Pädagog. Hochschule Potsdam, 30/3: 378-387

KUHN, M. (1983): Die Steuerung des globalen Klimas durch die Polargebiete. - In: Geographische Rundschau 35: 112-118

LACHENBRUCH, A.H. (1962): Mechanics of thermal contraction cracks and ice-wedge polygons in permafrost. - In: Geol. Soc. Amer., Spec. Pap. 70: 69 pp

LAMB, H.H. (1989): Klima und Kulturgeschichte. Der Einfluss des Wetters auf den Gang der Geschichte. – Reinbek bei Hamburg: 448 S.

LAUER, W. (1995): Klimatologie. - Braunschweig: 269 S.

LAWVER, L.A., MÜLLER, R.D., SRIVASTAVA, S.P. & ROEST, W. (1990): The Opening of the Arctic Ocean. - In: BLEIL & THIEDE (Eds.): Geological History of the Polar Oceans: Arctic versus Antarctic. - Dordrecht: 29-62

LESER, H. (1996): Landschaftsökologische Forschungen auf Spitzbergen VI - Nährstoff-und Wasserhaushalt im Kvikkaa-Einzugsgebiet, Liefdefjorden (Nordwest-Spitzbergen). Das Landschaftsökologische Konzept in einem hocharktischen Geoökosystem. - In: Physiogeographica, Basler Beiträge zur Physiogeographie 23: I-XV

LESER, H. (1993): Das geoökologische Forschungskonzept im SPE-Projekt. - In: Materialien zur Physiogeographie 15, Basel: 7-16

LESER, H., BLÜMEL, W.D. & STÄBLEIN, G. (1988): Wissenschaftliches Programm der Geowissenschaftlichen Spitzbergen-Expedition 1990 (SPE 90) "Stofftransporte Land-Meer in polaren Geosystemen". - Materialien und Manuskripte 15, Bremen: 49 S.

LESER, H., LEHMANN, R., REBER, S., REMPFLER, A. & WÜTHRICH, C. (1991): Stoffumsätze und biotische Aktivitäten in hocharktischen Geoökosystemen topischer Dimension, untersucht an Typstandorten Nordwest-Spitzbergens (Liefdefjorden, Germaniahalvöya). - In: STÄBLEIN (Hrsg.): Beiträge zur Geowissenschaftlichen Spitzbergen-Expedition 1990 (SPE 90) 'Stofftransporte Land - Meer in polaren Geo-systemen'. - Materialien und Manuskripte 16, Bremen: 131-133

LESER, H., REBER, S. & REMPFLER, A. (1990): Geoökologische Forschungen in Nordwest-Spitzbergen. Erster Bericht über das Teilprojekt Geoökologie der Geowissenschaftlichen Spitzbergen-Expedition 1990 (SPE 90) zum Liefdefjorden. - In: Die Erde 121: 255-268

LESER, H. & SEILER, W. (1986): Geoökologische Forschungen in Südspitzbergen. - In: Die Erde 117: 1-21

LIEDTKE, H. (1981a): Führer für die Exkursion in das Gebiet des Dümmers. - In: LIEDTKE (Hrsg.): Beiträge zur Glazialmorphologie und zum periglaziären Formenschatz. - Bochumer Geographische Arbeiten 40: 97-137

LIEDTKE, H. (1981b): Die nordischen Vereisungen in Mitteleuropa. - Forschungen zur deutschen Landeskunde 204, 2. Aufl., Trier: 307 S.

LIEDTKE, H. & GLATTHAAR, D. (1992): Abluation auf den Gesteinen des Siktefjellet am Liefdefjord (Spitzbergen).- In: Stuttgarter Geographische Studien 117 (Hrsg. W.D. BLÜMEL): 303-314

LINDEMANN, R. (1996): Grönland - Entwicklungsprobleme in einer Großregion der Arktis. - In: Geographische Rundschau 5: 275-284

LÖFFLER, E. (1983): Macquarie Island - eine vom Wind geprägte Naturlandschaft in der Subantarktis. - In: Polarforschung 53: 59-74

LYONS, W. B., HOWARD-WILLIAMS, C. & HAWES, I. (ed.) (1997): Ecosystem Processes in Antarctic Ice-free Landscapes. - Rotterdam/Brookfield: 281 pp

MAGGI, V. & CORAZZA, E. (1994): Greenland Ice-Core Project (GRIP): Tre Anni di Attivita. - In: Verso una nova geografia delle terre polari: Sintesi e prospettive. - In: Memorie della Societa Geografica Italiana, Vol. LI, Roma: 135-156

MANGERUD, J., BOLSTAD, M., ELGERSMA, A., HELLIKSEN, D. ET AL. (1992): The Last Glacial Maximum on Spitsbergen, Svalbard. - In: Quaternary Research 38: 1-31

MANZEL, P.-P. (1990): Reliefmodelle und Abtragungsbilanzen in Polargebieten. - Bremer Beiträge zur Geographie und Raumplanung, Heft 20: 137 S.

MARKUSE, G. (1976): Der Dauerfrostboden in der UdSSR und Probleme seiner Nutzung. - In: Geographische Berichte 79, Heft 2: 118-131

MÄUSBACHER, R. (1991): Die jungquartäre Relief- und Klimageschichte im Bereich der Fildeshalbinsel, Süd-Shetland Inseln, Antarktis. - Heidelberger Geogr. Arb., Heft 89: 207 S.

MÄUSBACHER, R.; MÜLLER, J. & SCHMIDT, R. (1989): Evolution of postglacial sedimentation in Antarctic lakes (King George Island) - In: Z. Geomorph. N.F., 33: 219-234

MAY, J. (1988): Das Greenpeace-Buch der Antarktis. - Ravensburg: 192 S.

MCIVER, E.E. & BASINGER, J.F. (1993): Flora of the Ravenscrag Formation (Paleocene), Southwestern Saskatchewan, Canada. - In: Palaeontographica Canadiana No. 10: 167 pp

MECKELEIN, W. (1974): Aride Verwitterung in Polargebieten im Vergleich zum subtropischen Wüstengürtel. - Z. Geomorph. N.F., Suppl.Bd. 20: 178-188

MECKELEIN, W. (1965): Beobachtungen und Gedanken zu geomorphologischen Konvergenzen in Polar- und Wärmewüsten. - In: Erdkunde XIX: 31-39

MEINARDUS, W. (1930): Arktische Böden. - In: BLANCK (Hrsg.): Handbuch der Bodenlehre, 3: 27-96

MELLES, M., HAGEDORN, B. & BOLSHIYANOV, D. Y. (1997): Russian-German Cooperation: The Expedition Taymyr / Severnaya Zemlya 1996. - Berichte zur Polarforschung 237, Bremerhaven: 170 S.

MILANKOVICH, M. (1936): Durch ferne Welten und Zeiten. - Leipzig

MILANKOVIC, M. (1930): Mathematische Klimalehre und astronomische Theorie der Klimaschwankungen. - In: KÖPPEN & GEIGER (Hrsg.): Handbuch der Klimatologie I. - Berlin: 1-176

MILLER, H. (1983): Der Antarktische Kontinent - Kernstück von Gondwana. - In: Geographische Rundschau 35: 101-103

MIOTKE, F. (1982): Kälter als Sibirien und trockener als die Sahara. Die Antarktis - eine totale Wüste. - In: Forschung, Mitteilungen der DFG 4/82: 25-28

MIOTKE, F. (1980): Zur Salzsprengung und chemischen Verwitterung in den Darwin Mountains und den Dry Valleys, Victoria-Land, Antarktis. - In: Polarforschung, 50 (1/2): 45-80

MIOTKE, F. D. (1979): Zur physikalischen Verwitterung im Taylor Valley, Victoria-Land, Antarktis. - In: Polarforschung, 49(2), 1979: 117-142

MIOTKE, F. D. (1979): Die Formung und Formungsgeschwindigkeit von Windkantern in Victoria-Land, Antarktis. - In: Polarforschung, 49(1): 30-43

MIOTKE, F. & V.HODENBERG, R. (1980): Zur Salzsprengung und chemischen Verwitterung in den Darwin Mountains und den Dry Valleys, Victoria Land, Antarktis. - In: Polarforschung 50, H.1/2: 45-80

MÖLLER, I., THANNHEISER, D. & WÜTHRICH, CH. (1998): Eine pflanzensoziologische Fallstudie in Westspitzbergen. - In: Geoökodynamik XIX: 1-18

MOSIMANN, T. (1984): Landschaftsökologische Komplexanalyse. - Wiesbaden: 116 S.

MOSS, S. & DE LEIRIS, L.(1992): Antarktis - Ökologie eines Naturreservats. - Heidelberg: 197 S.

MÜLLER-HOHENSTEIN, K. (1979): Die Landschaftsgürtel der Erde. - Stuttgart: 204 S.

NANSEN, F. (1995): In Nacht und Eis. Die Norwegische Polarexpedition 1893-1896. - Wiesbaden: 342 S.

NICHOLS, R. L. (1966): Geomorphology of Antarctica. - In: TEDROW (ed.): Antarctic Soils and Soil Forming Processes. - Ant. Research Series, Vol. 8, Washington D.C.: 1-46

NORDENSKIÖLD, A.E. (1987): Nordostwärts. Die erste Umseglung Asiens und Europas 1878-1880. - Stuttgart / Wien: 331 S.

NPI (1983): Bedrock Map of Svalbard and Jan Mayen, 1:1000000. - Norsk Polarinstitutt Oslo

ÖSTERHOLM, H. (1990): The Late Weichselian Glaciation and Holocene Shore Displacement on Prins Oscars Land, Nordaustlandet, Svalbard. - In: Geografiska Annaler 72A: 301-317

PEAKE, J. & WALKER, H.J. (1973): Snowmelt, Runoff, and Breakup in the Colville River Delta, 1971. - In: Climatological Bull. 13

PECHER, K. (1992): Schadstoffe auch in Polargebieten? Organochlorverbindungen als Indizien globaler Umweltverschmutzung. - In: Geographische Rundschau 44: 231-236

PEWE, T.L. (1974): Geomorphic Processes in Polar Deserts. - In: SMILEY & ZUMBERGE (eds.): Polar Deserts and Modern Man. - Tucson: 33-52PFIRMAN, S. & THIEDE, J. (1992): Bathymetrie und Plattentektonik der Fram-Strasse zwischen Grönland und Svalbard. Schlüsselregion für die geologische Geschichte der Arktis. - In: Geographische Rundschau 44: 237-244

PFLÜGER, B. (1997): Gletscher- und Inlandeis in Polargebieten. - In: Hamburger Vegetationsgeographische Mitteilungen 10: 1-60

PIEPJOHN, K. & THIEDIG, F. (1994): Geologie und tektonische Entwicklung der Germaniahalvoya, Haakon II Land, NW-Spitzbergen (Svalbard). - In: Z. Geomorph. N.F., Suppl.-Bd. 97: 19-29

PONAM - Final Report (ohne Jahr): Polar North Atlantic Margins - Late Cenocoic Evolution. - ESF, Strasbourg: 36 pp

POTSCHIN, M. (1998): Ökologische Jahreszeiten in der Hocharktis - Kriterien der Abgrenzung. - In: Die Erde 129: 229-246

POTSCHIN, M. (1996): Nährstoff- und Wasserhaushalt im Kvikkaa-Einzugsgebiet, Liefdefjorden (Nordwest-Spitzbergen). Das Landschaftsökologische Konzept in einem hocharktischen Geoökosystem. - Physiogeographica 13, Basel: 258 S.

POTSCHIN, M. & LESER, H. (1994): Saisonaler Verlauf des Vorfluterchemismus im Kvikkaa-Einzugsgebiet (Liefdefjorden, NW-Spitzbergen). - In: Z. Geomorph. N.F., Suppl.-Bd. 97: 161-174

POTSCHIN, M., REMPFLER, A. & DÖBELI, C. (1993): Die Kompartimente "Boden, Bodenwasser und bodennahe Luftschicht" im Standortregelkreis der Geoökosysteme am Liefdefjorden. - In: Materialien zur Physiogeographie 15, Basel: 17-22

PRIESNITZ, K. (1981): Fussflächen und Täler in der Arktis NW-Kanadas und Alaskas. - In: Polarforschung 51: 145-159

REDON, J. (1985): Liquenes Antarcticos. - Instituto Antartico Chileno, Santiago de Chile: 121 S.

REINKE-KUNZE, CH. (1992a): Aufbruch in die weisse Wildnis. Die Geschichte der deutschen Polarforschung. - Hamburg: 479 S.

REINKE-KUNZE, CH. (1992b): Antarktis - Portrait eines Kontinents. - Braunschweig: 216 S.

REMPFLER, A. (1998): Das Geoökosystem und seine schuldidaktische Aufarbeitung. - Physiogeographica, Basler Beiträge zur Physiogeographie Bd. 26: 204 S.

RICHTER, W. (1991): Schmelzwasser und Seen in der Polarwüste. Zur Hydrogeographie der Schirmacheroase, Ostantarktika. - In: Geographische Rundschau 43: 367-373

RICHTER, W. & BORMANN, P. (1995): Weather and climate. -

RICHTER, W. & BORMANN, P. (1995): Hydrology. -

RICHTER, W. & BORMANN, P. (1995): Geomorphology. - In: BORMANN & FRITZSCHE (Hrsg.) (1995): The Schirmacher Oasis, Queen Maud Land, East Antarctica, and its surroundings. - Petermanns Geographische Mitteilungen, Ergänzungsheft 289, Gotha: 448 S.

ROLAND, N.W. (1983): Mineralische Ressourcen der Antarktis. Kenntnisstand und Nutzungsmöglichkeiten. - In: Geographische Rundschau 35: 120-122

SALVIGSEN, O. & ÖSTERHOLM, H. (1982): Radiocarbon dated raised beaches and glacial history of the northern coast of Spitsbergen, Svalbard. - In: Polar Research 1: 97-115

SARHAGE, D. (1992): Nutzung der lebenden Ressourcen in den Polarmeeren. - In: Geographische Rundschau 44: 217-223

SATER, J. E., RONHOVDE, A. G. & VAN ALLEN, C. C. (1971): Arctic Environment and Resources. - Washington D. C., 310 pp

SCHEFFER, F. & SCHACHTSCHABEL, P. (1992): Lehrbuch der Bodenkunde.- 13. Aufl., Stuttgart: 491 S.

SCHERER, D. (1994): Slush stream initiation in a high Arctic drainage basin in NW-Spitsbergen. An energy balance based approach combining field methods, remote sensing and numerical modelling. - Stratus, Bd. 1, Basel: 96 S.

SCHERER, D. & PARLOW, E. (1994): Terrain as an important controlling factor for climatological, meteorological and hydrological processes in NW-Spitsbergen. - In: Z. Geomorph. N.F., Suppl.-Bd. 97: 175-194

SCHERER, D. & PARLOW, E. (1991): Klimaökologische Untersuchungen in Nordwest-Spitsbergen mit Hilfe der Fernerkundung. - In: STÄBLEIN (Hrsg.): Beiträge zur Geowissenschaftlichen Spitzbergen-Expedition 1990 (SPE 90) 'Stofftransporte Land - Meer in polaren Geosystemen'. - Materialien und Manuskripte, Bremen: 119-130

SCHERER, D., PARLOW, E., RITTER, N. & SIEGRIST, F. (1993): Klimaökologie und Fernerkundung. - In: H. LESER (Hrsg.): Methoden und Datenübersicht der Forschungsgruppen der Geowissenschaftlichen Spitzbergenexpeditionen 1990 und 1991 zum Liefdefjorden ('Datenband'). - Materialen zur Physiogeographie 15, Basel: 51-58

SCHLÜCHTER, C. (1988): Antarktische Gletscher und globale Eiszeitchronologie. - In: Geographische Rundschau 40: 15-19

SCHMITT, E. (1994): Vegetationsdecke und ökologischer Feuchtegrad als Indikatoren für solifluidale Prozesse in hocharktischen Ökosystemen des Liefdefjordes (NW-Spitzbergen). - In: Z. Geomorph. N.F., Suppl.-Bd. 97: 215-226

SCHMITT, E. (1993): Global climatic change and some possible geomorphological and ecological effects in Arctic permafrost environments, Isfjorden and Liefdefjorden, Northern Spitsbergen. - In: Permafrost: Sixth Int. Conf., Beijing 1993, Proceedings Vol. 1: 544-549

SCHROETER, B., KAPPEN, L., GREEN, T. G. A. & SEPPELT, R. D. (1997): Lichens and Antarctic environment: Effects of temperature and water availability on photosynthesis. - In: LYONS, HOWARD-WILLIAMS & HAWES (eds.): Ecosystem Processes in Antarctic Ice-free Landscapes. - Rotterdam/Brookfield: 103-118

SCHULTZ, J. (1995): Die Ökozonen der Erde. - Stuttgart, 2. Aufl.: 535 S.

SCHULTZ, J. (1988): Die Ökozonen der Erde. Die ökologische Gliederung der Geosphäre.- Stuttgart: 488 S.

SCHUNKE, E. (1994 20 Jahre eigene Feldforschungen im arktischen Periglazialraum: Formen, Formensoziologie und Morphodynamik. – Jahrbuch Akademie der Wiss. Göttingen

SCHUNKE, E. (1989): Schneeschmelzabfluss, Aufeis und fluviale Morphodynamik in periglazialen Flussgebieten NW-Kanadas. - In: Erdkunde 43

SCHUNKE, E. (1986): Periglazialformen und Morphodynamik im südlichen Jameson-Land, Ost-Grönland. - In: Abh. d. Akad. d. Wiss. Göttingen, Math.-Nat. Klasse, 3. Folge, 36: 142 S.

SCHUNKE, E. (1985): Sedimenttransport und fluviale Abtragung der Jökulsa a Fjöllum im periglazialen Zentral-Island. - In: Erdkunde 39: 197-205

SCHUNKE, E. (1981): Abfluss und Sedimenttransport im periglazialen Milieu Zentral-Islands als Faktoren der Talformung. - In: Die Erde 112: 197-215

SCHUNKE, E. (1977a): Zur Genese der Thufur Islands und Ost-Grönlands. - In: Erdkunde 31: 279-287

SCHUNKE, E. (1977b): Periglazialformen und -formengesellschaften in der europäisch-atlantischen Arktis und Subarktis. - Abh. Gött. Ak. Math.-Phys. K. 3, Folge 31: 39-62

SCHUNKE, E. (1975): Die Periglazialerscheinungen Islands in Abhängigkeit von Klima und Substrat. - In: Abh. Göttinger Akad., Math.-Phys. Kl., 3. Folge, 30

SEMMEL, A. (1993): Grundzüge der Bodengeographie. - 3. Aufl. Stuttgart: 127 S.

SEMMEL, A. (1985): Periglazialmorphologie. - Darmstadt: 116 S.

SEMMEL, A. (1969): Verwitterungs- und Abtragungserscheinungen in rezenten Periglazialgebieten (Lappland und Spitzbergen). - Würzburger Geographische Arbeiten, Heft 26: 95 S.

SHACKLETON, N.J., BACKMAN, J., ZIMMERMAN, H.B., KENT, D.V., HALL, M.A., ROBERTS D.G. ET AL. (1984): Oxygen isotope calibration of the onset of ice-rafting and history of glaciation in the North Atlantic region. - In: Nature 307: 620-623

SIEGERT, M.J. & DOWDESWELL, J. (1995): Late Weichselian ice-sheet sensitivity over Franz Josef Land, Russian High Arctic, from numerical modelling experiments. - In: Boreas 24: 207-224

SKELKVALE, B.L., AMUNDSEN, H.E.F., O'REILLY, S.Y., GRIFFIN, W.L. & GLELSVIK, W.L. (1989): A primitive alkali basaltic stratovolcano and tectonic significance. - In: Journ. Volcanology and Geothermal Research 37: 1-19

SMILEY, T.L. & ZUMBERGE, J.H (eds.) (1974): Polar Deserts and Modern Man. - Tucson: 173 pp

SMITH, R. I. (1997): Oases as centres of high plant diversity and dispersal in Antarctica. - In: LYONS, HOWARD-WILLIAMS & HAWES (eds.): Ecosystem Processes in Antarctic Ice-free Landscapes. - Rotterdam/Brookfield: 119-128

SOLLID, J. L., ETZELMÜLLER, B., VATNE, G. & ODEGARD, R. (1994): Glacial dynamics, material transfer and sedimentation of Erikbreen and Hannabreen, Liefdefjorden, northern Spitsbergen. - In: Z. Geomorph. N.F., Suppl.-Bd. 97: 123-144

SOPERT, T. (1994): Antarctica: A guide to the wildlife. - St. Peter: 144 pp

STÄBLEIN, G. (1987): Periglaziale Mesorelielfformen und morphoklimatische Bedingungen im südlichen Jameson-Land, Ost-Grönland. - In: Abh. d. Akad. d. Wiss. Göttingen, Math.-Nat. Klasse, 3. Folge, 37: 114 S.

STÄBLEIN, G.. (1985): Permafrost - Faktor des Naturraumpotentials in den kalten Randsäumen der Ökumene. - In: Geographische Rundschau 37: 322-329

STÄBLEIN, G. (1983a): Antarktis und Arktis. Charakteristik und Bedeutung der polaren Landschaftsgürtel. - In: Geographische Rundschau 35: 94-100

STÄBLEIN, G. (1983b): Bedingungen und Möglichkeiten in den Polargebieten. - In: Praxis Geographie 11: 4-8

STÄBLEIN, G. (1982): Grönland am Rand der Ökumene. - In: Geoökodynamik 3: 219-246

STÄBLEIN, G. (1981): Historische Aspekte der deutschen geowissenschaftlichen Polarforschung. - In: Polarforschung 51: 219-225

STÄBLEIN, G. (1979): Verbreitung und Probleme des Permafrostes im nördlichen Kanada. - In: Marburger Geogr. Schriften 79: 27-43

STÄBLEIN, G. (1978): Traditionen und Aufgaben der Polarforschung. - In: Die Erde 109: 229-267

STÄBLEIN, G. (1977): Permafrost im periglazialen Westgrönland. - In: Erdkunde 31: 271-279

STRAHLER, A. & STRAHLER, A. (1997): Physical Geography. Science and Systems of the Human Environment. - New York/Weinheim: 640 pp

SUGDEN, D. (1982): Arctic and Antarctic - A modern geographical synthesis. - Totowa: 472 pp

SUGDEN, D.E. & CLAPPERTON, C.M. (1977): The maximum ice extend on island groups in the Scotia Sea, Antarctica. - In: Quaternary Research 7: 268-282

TEDROW, J.C.F. (1977): Soils of the Polar Landscapes. - New Brunswick: 638 pp

TEDROW, J.C.F. (1974): Soils of the high arctic landscapes. - In: SMILEY & ZUMBERGE (eds.): Polar deserts and modern man. - Tucson: 63-69

TEDROW, J.C.F. (1968): Pedogenic gradients of the polar regions. - In: Journal of Soil Science 19: 197-204

TEDROW, J.C.F., DREW, J.V., HILL, D.E. & DOUGLAS, L.A. (1958): Major genetic soils of the arctic slope of Alaska. - In: Journal of Soil Science 9: 33-45

TEDROW, J.C.F. & UGOLINI, F.C. (1966): Antarctic soils. – In TEDROW (ed.): Antarctic soils and soil forming processes. – Antarctic Research Series 8: 161-204

TESSENSOHN, F. (1979): Mineralische Ressourcen der Antarktis und ihre mögliche Nutzung. - In: Metall 33: 881-885

TESSENSOHN, F. (1979): Ist die Antarktis wirklich die letzte Schatzkammer der Menschheit? - In: Umschau 79: 248-253

THANNHEISER, D. (1998): North Atlantic Coastal Vegetation. - In: KELLETAT (ed.): German Geographical Coastal Research. The Last Decade 1998 - In: Institut für Wissenschaftliche Zusammenarbeit, Tübingen: 222-233

THANNHEISER, D. (1996): Spitzbergen - Ressourcen und wirtschaftliche Entwicklung einer Inselgruppe. - In: Geographische Rundschau 48: 268-274

THANNHEISER, D. (1994): Vegetationsgeographisch-synsoziologische Untersuchungen am Liefdefjord (NW-Spitzbergen). - In: Z. Geomorph. N.F., Suppl.-Bd. 97: 205-214

THANNHEISER, D. (1992): Vegetationskartierungen auf der Germaniahalvöya. - In: Stuttgarter Geographische Studien 117 (Hrsg. BLÜMEL): 141-160

THANNHEISER, D. (1988): Eine landschaftsökologische Studie bei Cambridge Bay, Victoria Island, N.W.T., Canada. - In: Mitteilungen der Geographischen Gesellschaft Hamburg 78: 1-52

THANNHEISER, D. & KÖNTGES, S. (1998): Der Tourismus auf Spitzbergen. - In: HIGELKE (Hrsg.): Beiträge zur Küsten- und Meeresgeographie. - Kieler Geographische Schriften 97: 265-276

THANNHEISER, D., MÖLLER, I. & WÜTHRICH, CH. (1998): Eine Fallstudie über die Vegetationsverhältnisse, den Kohlenstoffhaushalt und mögliche Auswirkungen klimatischer Veränderungen in Westspitzbergen. - In: Verhandlungen der Gesellschaft für Ökologie 28: 475-483

THANNHEISER, D. & MÖLLER, I. (1992): Vegetationsgeographische Literaturliste von Svalbard (einschliesslich Bjornoya und Jan Mayen. - In: Hamburger Vegetationsgeographische Mitteilungen 6: 89-114

TREUDE, E. (1991): Die Arktis. - Problemräume der Welt, Band 14, Köln: 39 S.

TREUDE, E. (1983): Die Polargebiete. Politisch-rechtliche Probleme ihrer Erschliessung und Nutzung. - In: Geographische Rundschau 35: 126-132

TRICART, J. (1963): Geomorphologie des Regions Froides. - Paris: 282 pp

TROLL, C. (1944): Strukturböden, Solifluktion und Frostklimate der Erde. - In: Geologische Rundschau 34: 545-694

UGOLINI, F.C. (1986): Pedogenic zonation in the well-drained soils of the Arctic regions. - In: Quaternary Research 26: 100-120

UGOLINI, F.C. (1966): Soils of the Mesters Vig district, Northeast Greenland. – Meddelser om Gronland 1796: 22 pp

UGOLINI, F.C. & JACKSON, M.L. (1982): Weathering and Mineral Synthesis in Antarctic Soils. - In: Antarctic Geoscience (Craddock ed.), Madison: 1101-1108

UGOLINI, F.C., BOCKHEIM, J.G. & ANDERSON, D.M. (1973): Soil development and patterned ground evolution in Beacon Valley, Antarctica. - In: Permafrost: The North American Contribution to the Second International Conference, Washington, D.C.: 246-254

UGOLINI, F.C. & SLETTEN, R.S. (1988): Genesis of Arctic Brown Soils (Pergelic Cryocrept) in Svalbard. - In: Publ. 5th Int. Conf. on Permafrost, Trondheim: 478-483

VAN VLIET-LANOE, B. (1985): From frost to gelifluction: A new approach based on micromorphology and its application to Arctic environment. - In: Inter-Nord 17: 15-20

VAN VLIET-LANOE, B., SEPPÄLÄ, M. & KÄYHKÖ, J. (1990): Cryoturbation Features Controlled by Holocene Drainage Change. Hietatievat Dune Filed, Finnish Lapland. - In: Regionalisation du Periglaciaire. Comite National Francais de Geographie, Fasc.XV: 61-66

WALKER, H.J. (1975): Intermittent Arctic Streams and Their Influence of Landforms. - In: Catena 2

WALKER, B.D. & PETERS, T.W. (1977): Soils of Truelove lowland and plateau. - In: BLISS (ed.): Truelove lowland, Devon Island, Canada: A high arctic ecosystem. - Edmonton: 31-62

WALTER, H. (1977): Vegetationszonen und Klima. - 3. Aufl., Stuttgart: 309 S.

WALTER, H. & BRECKLE, S.-W. (1986): Spezielle Ökologie der Gemäßigten und Arktischen Zonen Euro-Nordasiens - Zonobiom VI-IX. (Reihe: Ökologie der Erde, Band 3). - Stuttgart: 587 S.

WALTON, D. H., VINCENT, W. F., TIMPERLEY, M. H., HAWES, I. & HOWARD-WILLIAMS, C. (1997): Synthesis: Polar deserts as indicators of change. - In: LYONS, HOWARD-WILLIAMS & HAWES (EDS.): Ecosystem Processes in Antarctic Ice-free Landscapes. - Rotterdam/Brookfield: 275-280

WAND, U. (1995): Salt efflorescences. - In: Petermanns Geographische Mitteilungen, Erg.-Heft 289: 201-204

WASHBURN, A.L. (1979): Geocryology - A survey of periglacial processes and environments. - London: 406 pp

WASHBURN, A.L. (1973): Periglacial processes and environments. - London: 320 pp

WEBB, P.N., HARWOOD, D.M., MCKELVEY, B.C., MERCHER, J.H. & STOTT, L.D. (1983): Late Neogene and older microfossils in high elevation deposits of the Transantarctic Mountains: Evidence for marine sedimentation an ice volume variation on the East Antarctic craton. - In: Antarct. Journal U. S. 18(5): 96-97

WEBBER, P.J. (1974): Tundra primary productivity. - In: IVES & BARRY (eds.): Arctic and Alpine Environments, London: 445-473

WEBER, L. & BLÜMEL, W.D. (1994): Humuszustand und typische Humsprofile bei Böden der oligotrophen Tundra NW-Spitzbergens. - In: Z. Geomorph. N.F., Suppl.-Band 97, Stuttgart: 243-250

WEIDICK, A. (1985): Review of Glacier Change in West Greenland. - In: Z. Gletscherkunde und Glazial. 21: 301-309

WEISCHET, W. (1996): Regionale Klimatologie. Teil 1: Die Neue Welt. - Stuttgart: 468 S.

WEISE, O. (1983): Das Periglazial. Geomorphologie und Klima in gletscherfreien, kalten Regionen. - Stuttgart: 199 S.

WEYANT, W.S. (1966): The Antarctic Climate. - In: TEDROW (ed.): Antarctic soils and soil forming processes. - Am. Geophys. Union Ant. Res. Ser. 8: 47-59

WILLIAMS, P.J. (1986): Pipelines and permafrost. Science in a cold climate. - Ottawa: 137 pp

WILLIAMS, P.J. & SMITH, M.W. (1989): The Frozen Earth. Fundamentals of Geocryology. - Cambridge: 306 pp

WINKLER, S., HAAKENSEN, N., NESJE, A. & RYE, N. (1997): Glaziale Dynamik in Westnorwegen - Ablauf und Ursachen des aktuellen Gletschervorstoßes am Jostedalsbreen. - In: Petermanns Geographische Mitteilungen 141: 43-63

WIRTHMANN, A. (1987): Geomorphologie der Tropen. - Wiesbaden: 222 S.

WIRTHMANN, A. (1964): Die Landformen der Edge-Insel in Südostspitzbergen. - Wiesbaden: 70 S.

WOLFRUM, R. (1992): Wem gehört die Antarktis? Nationale Gebietsansprüche aus völkerrechtlicher Sicht. - In: Geographische Rundschau 44: 196-200

WÜTHRICH, CH. (1994): Die biologische Aktivität arktischer Böden - mit spezieller Berücksichtigung ornithogen eutrophierter Gebiete (Spitzbergen und Finnmark). - Physiogeographica 17, Basel: 222 S.

WÜTHRICH, CH. (1991): Landschaftsökologische Umweltforschung: Beiträge zu den Wechselwirkungen zwischen biotischen und abiotischen Faktoren im hocharktischen Ökosystem (Spitzbergen). - In: Die Erde 122: 335-352

WÜTHRICH, CH. (1989): Die Bodenfauna in der arktischen Umwelt des Kongsfjords (Spitzbergen). Versuch einer integrativen Betrachtung des Ökosystems. - Basler Beiträge zur Physiogeographie, Materialien 12: 133 S.

WÜTHRICH, CH. & THANNHEISER, B. (1997): Die Ökosysteme der polaren und der subpolaren Zone. - In: Handbuch des Geographieunterrichts 11, Köln: 200-214

WÜTHRICH, CH., DÖBELI, CH., SCHAUB, D. & LESER, H. (1994): The pattern of carbon-mineralisation in the high-arctic Tundra (Western and Northern Spitsbergen) as an expression of landscape ecology environment heterogeneity. - In: Z. Geomorph. N.F., Suppl.-Band 97, Stuttgart: 251-264

YERSHOV, E.D. (1998): General Geocryology. - Cambridge: 580 pp

ZWALLEY, H.J., PARKINSON, C.L., COMESCO, J.C. (1983): Variability of Antarctic sea ice and changes in carbon dioxide. - In: Science 220: 1005-1012

Sachbücher/Expeditionsberichte/Belletristik:

ALEXANDER, C.: Endurance – Shackletons legendäre Expedition in die Antarktis. – Berlin Verlag / Geo 1998

BEATTIE, O. UND GEIGER, J.: Der eisige Schlaf - Das Schicksal der Franklin-Expedition. - München 1992: 175 S.

IMBERT, B.: Die Pole. Expeditionen ins Ewige Eis.- Ravensburg 1990: 224 S.

NANSEN, F.: In Nacht und Eis. Die Norwegische Polarexpedition 1893-1896. - Wiesbaden 1995: 342 S.

NORDENSKIÖLD, A.E.: Nordostwärts. Die erste Umseglung Asiens und Europas 1878-1880. - Stuttgart/Wien 1987: 331 S.

RANSMAYR, C.: Die Schrecken des Eises und der Finsternis. - Frankfurt/M. 1987: 266 S.

REINKE-KUNZE, CH.: Aufbruch in die weisse Wildnis. Die Geschichte der deutschen Polarforschung. - Hamburg 1992: 479 S.

RITTER, CH.: Eine Frau erlebt die Polarnacht. - Frankfurt/M. 1989: 199 S.

STONEHOUSE, B. & CASARINI, M.P.: Unternehmen Polarstern. Das Bordbuch der Antarktis-Expedition. - Düsseldorf/Wien/New York 1988: 302 S.

Sachregister